JN094037

数III

極限，級数，微分，積分

試験に出る計算演習

改訂版

河合塾講師 中村登志彦＝著

河合出版

はじめに

この問題集は理系数学の，数列の極限，級数，関数の極限，微分，積分の計算だけに焦点を絞って作成したものですが，決して入門者用ではありません．さらなる計算力を付けようと願っている，ある程度力がある受験生を想定しています．（初学者が使っていけないという意味では決してなくて，それだけ難しいものも入っているという意味です．各テーマの **level 1** は教科書の問レベルですが，**level 5** はそれだけで立派な大問になるものです.）

入試に出てくる計算は複雑で難しく，面倒な場合が多いが，それを出来るようにするという目的で，傍用問題集をいくら繰り返してもなかなか出来るようにはなりません．それは，傍用問題集の日的の多くが公式を覚えるためのものであって，２次力を付けるためのものではないからです．やはり，２次試験用の問題を解答する計算力を付ける練習は，２次試験に出る問題を演習する中でするしかありません．しかし，その演習は解法の習得などが中心になり，有効な計算練習が出来ないのが現実です．

そこで, この問題集では, 実際の入試問題に出てきた計算を元に編集しました．設問として直接出てきたものもあれば，解答の途中に出てきた式もあります．それを取り出した結果，変な係数がついていたり，形が変であったりで妙な問題になっているものもあります．中には誘導付きで大問になっているものを誘導抜きで取り上げた問題もありますし，それがあるだけでも計算が面倒になるという理由から，本質的でない係数をあえて残している式もあります．

１ページ５題構成になっていますが，すぐ終わるページもあれば，かなりの時間が必要となるページもあるでしょう．この問題集は集中してやるよりも（計算が雑になり意味がない場合が多い)，空いているちょっとした時間を有効に活用し，**level** を参考にしながら繰り返し演習をするという利用の仕方をして欲しいと思います．同じ問題でもやりっ放しはよくありません．とにかく繰り返しが大切です．（各問題に付けた *check* の枠は，解答した日時とか○×などを記入するために使って下さい．５枠ある理由は，少なくとも５回は繰り返してほしいという願いからです.）

この問題集では，(但し書きした所もありますが)特に断らない限り，n は自然数，e は自然対数の底，log は自然対数とします．

また，**level** は数が大きい方が難しく，大体次のようになっています．

level 1 … 教科書の問レベル．
level 2
level 3 } … 入試の標準問題に出てくる計算レベル．
level 4 … 入試のやや難しい計算レベル．
level 5 … これだけで大問になり得るかなり難しい計算レベル．

このlevelは独断と偏見で決めました．

［注1］ 本問題集では形式計算に徹することにしました．

例えば**微分 12 演習 4** では，厳密には $|x|<2$ のとき，

$$f'(x)=2x\sqrt{4-x^2}+x^2\frac{-2x}{2\sqrt{4-x^2}}$$

$$\vdots$$

とすべきであり，**微分 12 演習 5** では $0<x<1$ のとき，

$$f'(x)=\frac{1}{2}\left\{\frac{1-\sqrt{x}}{1+\sqrt{x}}\right\}^{-\frac{1}{2}}\cdot\frac{-\frac{1}{2\sqrt{x}}(1+\sqrt{x})-(1-\sqrt{x})\frac{1}{2\sqrt{x}}}{(1+\sqrt{x})^2}$$

$$\vdots$$

とすべきですが，x の条件は気にしないことにしています．

ただし，対数における真数の条件は重要なので，**微分 12 演習 5**［注2］などでは，$0<x<1$ のとき，

$$\log f(x)=\frac{1}{2}\log\frac{1-\sqrt{x}}{1+\sqrt{x}}$$

$$=\frac{1}{2}\{\log(1-\sqrt{x})-\log(1+\sqrt{x})\}$$

$$\vdots$$

としています．

［注2］ 特に断らない限り，数列，極限などで使われている n は自然数です．

目　次

第1講　指数・対数・三角関数の基本公式

指数・対数

【指数法則】

$a>0$, $b>0$ とする.

(1)　$a^0=1$, $a^{-x}=\dfrac{1}{a^x}$

(2)　$a^x a^y=a^{x+y}$

(3)　$\dfrac{a^x}{a^y}=a^{x-y}$

(4)　$(a^x)^y=a^{xy}$

(5)　$(ab)^x=a^x b^x$

【対数の性質】

$a>0$, $a\neq 1$, $b>0$, $c>0$, $c\neq 1$, $x>0$, $y>0$ とする.

(1)　$\log_a a=1$

(2)　$\log_a 1=0$

(3)　$\log_a xy=\log_a x+\log_a y$

(4)　$\log_a \dfrac{x}{y}=\log_a x-\log_a y$

(5)　$\log_a x^r=r\log_a x$

(6)　$\log_a b=\dfrac{\log_c b}{\log_c a}$

(7)　$a^{\log_a x}=x$

三角関数

【基本公式１】

n を整数とするとき，

(1)　$\sin(\theta+2n\pi)=\sin\theta$

(2)　$\cos(\theta+2n\pi)=\cos\theta$

(3)　$\tan(\theta+n\pi)=\tan\theta$

【基本公式２】

(1)　$\sin(-\theta)=-\sin\theta$

(2)　$\cos(-\theta)=\cos\theta$

(3)　$\tan(-\theta)=-\tan\theta$

【基本公式３】

(1)　$\sin(\theta+\pi)=-\sin\theta$

(2)　$\cos(\theta+\pi)=-\cos\theta$

(3)　$\tan(\theta+\pi)=\tan\theta$

【基本公式４】

(1)　$\sin(\pi-\theta)=\sin\theta$

(2)　$\cos(\pi-\theta)=-\cos\theta$

(3)　$\tan(\pi-\theta)=-\tan\theta$

【基本公式５】

(1)　$\sin\left(\theta+\frac{\pi}{2}\right)=\cos\theta$

(2)　$\cos\left(\theta+\frac{\pi}{2}\right)=-\sin\theta$

(3)　$\tan\left(\theta+\frac{\pi}{2}\right)=-\frac{1}{\tan\theta}$

【基本公式6】

(1) $\sin\left(\dfrac{\pi}{2}-\theta\right)=\cos\theta$

(2) $\cos\left(\dfrac{\pi}{2}-\theta\right)=\sin\theta$

(3) $\tan\left(\dfrac{\pi}{2}-\theta\right)=\dfrac{1}{\tan\theta}$

三角関数

【加法定理】

(1) $\sin(\alpha\pm\beta)=\sin\alpha\cos\beta\pm\cos\alpha\sin\beta$ （複号同順）

(2) $\cos(\alpha\pm\beta)=\cos\alpha\cos\beta\mp\sin\alpha\sin\beta$ （複号同順）

(3) $\tan(\alpha\pm\beta)=\dfrac{\tan\alpha\pm\tan\beta}{1\mp\tan\alpha\tan\beta}$ （複号同順）

【2倍角の公式】

(1) $\sin2\alpha=2\sin\alpha\cos\alpha$

(2) $\cos2\alpha=\cos^2\alpha-\sin^2\alpha=2\cos^2\alpha-1=1-2\sin^2\alpha$

(3) $\tan2\alpha=\dfrac{2\tan\alpha}{1-\tan^2\alpha}$

【3倍角の公式】

(1) $\sin3\alpha=3\sin\alpha-4\sin^3\alpha$

(2) $\cos3\alpha=4\cos^3\alpha-3\cos\alpha$

【半角の公式】

(1) $\sin^2\dfrac{x}{2}=\dfrac{1-\cos x}{2}$

(2) $\cos^2\dfrac{x}{2}=\dfrac{1+\cos x}{2}$

(3) $\tan^2\dfrac{x}{2}=\dfrac{1-\cos x}{1+\cos x}$

【積和公式】

(1)　$\sin\alpha\cos\beta=\dfrac{1}{2}\{\sin(\alpha+\beta)+\sin(\alpha-\beta)\}$

(2)　$\cos\alpha\sin\beta=\dfrac{1}{2}\{\sin(\alpha+\beta)-\sin(\alpha-\beta)\}$

(3)　$\cos\alpha\cos\beta=\dfrac{1}{2}\{\cos(\alpha+\beta)+\cos(\alpha-\beta)\}$

(4)　$\sin\alpha\sin\beta=-\dfrac{1}{2}\{\cos(\alpha+\beta)-\cos(\alpha-\beta)\}$

【和積公式】

(1)　$\sin A+\sin B=2\sin\dfrac{A+B}{2}\cos\dfrac{A-B}{2}$

(2)　$\sin A-\sin B=2\cos\dfrac{A+B}{2}\sin\dfrac{A-B}{2}$

(3)　$\cos A+\cos B=2\cos\dfrac{A+B}{2}\cos\dfrac{A-B}{2}$

(4)　$\cos A-\cos B=-2\sin\dfrac{A+B}{2}\sin\dfrac{A-B}{2}$

【合成公式】

$a^2+b^2\neq 0$ のとき，

$$a\sin\theta+b\cos\theta=\sqrt{a^2+b^2}\sin(\theta+\alpha)$$

$$\cos\alpha=\frac{a}{\sqrt{a^2+b^2}},\quad \sin\alpha=\frac{b}{\sqrt{a^2+b^2}}$$

第2講 数列の極限

数列の極限

【r^n の極限】

$$\lim_{n\to\infty} r^n = \begin{cases} \infty & (r>1), \\ 1 & (r=1), \\ 0 & (-1<r<1), \\ \text{振動} & (r \leqq -1) \end{cases}$$

【極限の性質】

$\lim_{n\to\infty} a_n = \alpha$，$\lim_{n\to\infty} b_n = \beta$（ともに収束）のとき，

(1) $\lim_{n\to\infty} ca_n = c\alpha$　（c は定数）

(2) $\lim_{n\to\infty}(a_n \pm b_n) = \alpha \pm \beta$　（複号同順）

(3) $\lim_{n\to\infty} a_n b_n = \alpha\beta$

(4) $\lim_{n\to\infty} \dfrac{a_n}{b_n} = \dfrac{\alpha}{\beta}$（$b_n \neq 0$，$\beta \neq 0$）

【はさみうちの原理】

$a_n \leqq c_n \leqq b_n$ かつ $\lim_{n\to\infty} a_n = \lim_{n\to\infty} b_n = \alpha$（収束）ならば，

$$\lim_{n\to\infty} c_n = \alpha$$

数列の極限 1

level 1

演 習 1

$\lim_{n\to\infty}\frac{n(n+\sqrt{3})}{n^2+1}$ を求めよ.

check					

演 習 2

$\lim_{n\to\infty}\frac{\sqrt{3n^2+2n}-\sqrt{n}}{2n}$ を求めよ.

check					

演 習 3

$\lim_{n\to\infty}(\sqrt{n^2+3}-\sqrt{n^2+1})(3n+1)$ を求めよ.

check					

演 習 4

$a_n=\sqrt{n^2-1}$ のとき, $\lim_{n\to\infty}(a_{n+1}-a_{n-1})$ を求めよ.

check					

演 習 5

$\lim_{n\to\infty}(\sqrt[3]{n^3-n^2}-n)$ を求めよ.

check					

数列の極限 2 level 2

演　習　1

$$\lim_{n\to\infty}\frac{1^2+2^2+\cdots+n^2}{(n+1)^2+(n+2)^2+\cdots+(2n)^2}$$ を求めよ．

check					

演　習　2

$$\lim_{n\to\infty}\frac{1\cdot(n-1)+2\cdot(n-2)+\cdots+(n-1)\cdot 1}{n^2(n-1)}$$ を求めよ．

check					

演　習　3

$$\lim_{n\to\infty}\frac{\log(2n+1)}{\log(n+1)}$$ を求めよ．

check					

演　習　4

$$\lim_{n\to\infty}\frac{1}{\sqrt{n^2+2n}-\sqrt{n^2-2n}}$$ を求めよ．

check					

演　習　5

数列 $\{a_n\}$ が $\lim_{n\to\infty}(3n-1)a_n=-6$ を満たすとき，$\lim_{n\to\infty}a_n$，$\lim_{n\to\infty}na_n$ をそれぞれ求めよ．

check					

数列の極限 3　level 3

演　習　1

$\displaystyle\lim_{n\to\infty}\frac{1}{n}\log\frac{2^{n+1}-(-1)^{n+1}}{3}$ を求めよ．

check					

演　習　2

$\displaystyle\lim_{n\to\infty}\frac{\cos^n\theta-\sin^n\theta}{\cos^n\theta+\sin^n\theta}$ $\left(\theta\text{ は定数，}\ \frac{\pi}{4}<\theta<\frac{\pi}{2}\right)$ を求めよ．

演　習　3

$\displaystyle\lim_{n\to\infty}\frac{(p+\sqrt{q})^n+(p-\sqrt{q})^n}{(p+\sqrt{q})^n-(p-\sqrt{q})^n}$ （p，q は正の定数）を求めよ．

check					

演　習　4

$\displaystyle\lim_{n\to\infty}\frac{a^{n+1}}{1+a^n}$ （a は正の定数）を求めよ．

check					

演　習　5

$\displaystyle\lim_{n\to\infty}\frac{r^{n-1}-3^{n+1}}{r^n+3^{n-1}}$ （r は正の定数）を求めよ．

check					

数列の極限 4

level 4

演　習　1

$f(x)=\lim_{n\to\infty}\dfrac{4x^{n+1}+ax^{n}+\log x+1}{x^{n+2}+x^{n}+1}$（$x$ は正の定数，a は定数）を求めよ．

check					

演　習　2

$f(x)=\lim_{n\to\infty}\dfrac{\tan^{2n+1}x-\tan^{n}x+1}{\tan^{2n+2}x+\tan^{2n}x+1}$ $\left(x \text{ は定数，} 0\leqq x<\dfrac{\pi}{2}\right)$ を求めよ．

check					

演　習　3

数列 $\{a_n\}$，$\{b_n\}$ において，次の命題の真偽を答えよ．

(1) $\{a_n+b_n\}$ と $\{a_n\}$ が収束するならば，$\{b_n\}$ も収束する．

(2) $\{a_nb_n\}$ と $\{a_n\}$ が収束するならば，$\{b_n\}$ も収束する．

(3) $\{a_n{}^2\}$ が収束するならば，$\{a_n\}$ も収束する．

check					

演　習　4

$\lim_{n\to\infty}\{\sqrt{(n-1)(2n-1)}+kn\}$ が収束するように定数 k の値を定め，そのときの極限値を求めよ．

check					

演　習　5

n を正の整数とする．分数 $\dfrac{k}{6^n}$（k は正の整数）のうち，1 以下の分数の総和を S_n，1 以下の既約分数の総和を T_n とする．

$\lim_{n\to\infty}\dfrac{T_n}{S_n}$ を求めよ．

check					

数列の極限 5

level 4

演　習　1

$\displaystyle\lim_{n\to\infty}\sum_{k=1}^{n}\frac{1}{\sqrt{n^2+k}}$ を求めよ．

check					

演　習　2

実数 x に対し，$[x]$ を x 以下の最大の整数とする．$\displaystyle\lim_{n\to\infty}\frac{1}{n^2}\sum_{k=1}^{n}[ak]$（$a$ は正の実数）を求めよ．

check					

演　習　3

数列 $\{a_n\}$ の第 n 項 a_n は n 桁の正の整数とする．このとき，$\displaystyle\lim_{n\to\infty}\frac{\log_{10}a_n}{n}$ を求めよ．

check					

演　習　4

a，b を $0<a<b$ を満たす実数の定数とする．$\displaystyle\lim_{n\to\infty}\sqrt[n]{a^n+b^n}$ を求めよ．

check					

演　習　5

$\displaystyle\lim_{n\to\infty}\frac{1}{n}\log\left(c^n+\frac{1}{c^n}\right)$（$c$ は正の定数）を求めよ．

check					

数列の極限 6

level 5

演　習　1

数列 $\{a_n\}$ が $a_1=2,\ 0 \leqq a_{n+1}-\sqrt{3} \leqq \frac{1}{2}(a_n-\sqrt{3})$ $(n=1,\ 2,\ 3,\ \cdots)$ を満たすとき，$\lim_{n\to\infty} a_n$ を求めよ．

check					

演　習　2

$a_n=\frac{n}{3^n}$ $(n=1,\ 2,\ 3,\ \cdots)$ で定義される数列 $\{a_n\}$ が $n \geqq 3$ のとき，

$\frac{a_{n+1}}{a_n} \leqq \frac{4}{9}$ を満たすことを示し，$\lim_{n\to\infty} a_n$ を求めよ．

check					

演　習　3

数列 $\{a_n\}$ が $a_1=2,\ 0 < a_{n+1}-\frac{3}{2} < \frac{1}{3}\left(a_n-\frac{3}{2}\right)^2$ $(n=1,\ 2,\ 3,\ \cdots)$ を満たすとき，$\lim_{n\to\infty} a_n$ を求めよ．

check					

演　習　4

数列 $\{a_n\}$ が $0 < a_n < \frac{1}{2},\ n\cos\pi a_n=\pi a_n \sin\pi a_n$ $(n=1,\ 2,\ 3,\ \cdots)$ を満たすとき，$\lim_{n\to\infty} a_n$ を求めよ．

check					

演　習　5

数列 $\{a_n\}$ が $2{a_n}^3+3n{a_n}^2-3(n+1)=0,\ 1 < a_n < 2$ $(n=1,\ 2,\ 3,\ \cdots)$ を満たすとき，$\lim_{n\to\infty} a_n$ を求めよ．

check					

MEMO

第3講　級　数

無限級数

【定義】

$S_n = \sum_{k=1}^{n} a_n$ とするとき，

$$\sum_{n=1}^{\infty} a_n = \lim_{n \to \infty} S_n$$

【基本計算】

$\sum_{n=1}^{\infty} a_n = A$，$\sum_{n=1}^{\infty} b_n = B$（ともに収束)のとき，

(1)　$\sum_{n=1}^{\infty} ca_n = cA$（$c$ は定数)

(2)　$\sum_{n=1}^{\infty} (a_n \pm b_n) = A \pm B$（複号同順)

【無限等比級数】

無限等比級数 $\sum_{n=1}^{\infty} ar^{n-1}$ が収束する条件は，

「$a=0$」，または「$a \neq 0$ かつ $-1 < r < 1$」

でそのときの和は，($a=0$，$a \neq 0$ のときをまとめて)

$$\frac{a}{1-r}$$

級 数 1

level 1

演 習 1

$\displaystyle\sum_{n=1}^{\infty}\frac{1}{n(n+1)}$ を求めよ.

check					

演 習 2

$\displaystyle\sum_{n=1}^{\infty}\frac{1}{(3n-1)(3n+2)}$ を求めよ.

check					

演 習 3

$\displaystyle\sum_{n=1}^{\infty}\left(-\frac{3}{4}\right)^n$ を求めよ.

check					

演 習 4

$\displaystyle\sum_{n=0}^{\infty}(-e^{-\pi})^n$ を求めよ.

check					

演 習 5

等比数列 $\{a_n\}$ が $a_2=-1$ かつ $\displaystyle\sum_{n=1}^{\infty}a_n=\frac{4}{3}$ を満たすとき，数列 $\{a_n\}$ の一般項を求めよ.

check					

級 数 2

level 2

演 習 1

$\displaystyle\sum_{n=1}^{\infty}\left(-\frac{1}{2}\right)^{3(n-1)}$ を求めよ．

check					

演 習 2

$\displaystyle\sum_{n=1}^{\infty}\left\{1-\frac{1}{(1+r)^n}\right\}\frac{1}{(1+r)^n}$ （r は正の定数）を求めよ．

check					

演 習 3

$\displaystyle\sum_{n=1}^{\infty}\frac{\sin\theta}{\cos\theta+\sin\theta}\left(\frac{1}{\sin\theta+\cos\theta}\right)^{n-1}$ $\left(\theta \text{ は定数，} 0<\theta<\frac{\pi}{2}\right)$ を求めよ．

check					

演 習 4

$\displaystyle\sum_{n=1}^{\infty}\frac{3^{2-n}-(-1)^n}{2^{3n+1}}$ を求めよ．

check					

演 習 5

$\displaystyle\sum_{n=1}^{\infty}\left(\frac{1}{2^n}-\frac{2}{3^n}\right)^2$ を求めよ．

check					

級　数 3　level 3

演　習　1

$$\sum_{n=2}^{\infty}\frac{\log\left(1+\frac{1}{n}\right)}{\log n\log(n+1)}$$ を求めよ．

check					

演　習　2

$$\sum_{n=1}^{\infty}\frac{(-1)^{n-1}}{4}\left(\frac{1}{2n-1}+\frac{1}{2n+1}\right)$$ を求めよ．

check					

演　習　3

$$\sum_{n=1}^{\infty}\left(\frac{1}{n+1}-\frac{2}{n+2}+\frac{1}{n+3}\right)$$ を求めよ．

check					

演　習　4

$$\sum_{n=1}^{\infty}\left\{\frac{2(1-e^{-\pi})}{5}e^{-(n-1)\pi}\right\}^2$$ を求めよ．

check					

演　習　5

$$\sum_{n=1}^{\infty}\frac{1+e^{-\pi}}{2}(-1)^{n-1}e^{-(n-1)\pi}$$ を求めよ．

check					

級 数 4

level 4

演 習 1

$\displaystyle\sum_{n=2}^{\infty}\log\left(1+\frac{1}{n^2-1}\right)$ を求めよ.

check					

演 習 2

$\displaystyle\sum_{n=1}^{\infty}\frac{1}{n(n+2)}$ を求めよ.

check					

演 習 3

$\displaystyle\sum_{n=1}^{\infty}\frac{1}{n(n+1)(n+2)}$ を求めよ.

check					

演 習 4

$\displaystyle\sum_{n=1}^{\infty}\frac{n}{(4n^2-1)^2}$ を求めよ.

check					

演 習 5

$\displaystyle\sum_{n=1}^{\infty}\frac{n+3}{n(n+1)}\left(\frac{2}{3}\right)^n$ を求めよ.

check					

級　数 5

level 3

演　習　1

$x=\cos 2\theta-2\sin\theta$ $(0 \leqq \theta < 2\pi)$ のとき，$\displaystyle\sum_{n=1}^{\infty}\left(\frac{x}{4}\right)^n$ を求めよ．

check					

演　習　2

$\displaystyle\sum_{n=1}^{\infty}\left(\frac{x-2}{x^2+x+2}\right)^{n-1}$ が収束するような実数 x の値の範囲を求めよ．

check					

演　習　3

$\displaystyle\sum_{n=1}^{\infty}(2^{2n-1}x^{2n-1}+4^{2n}x^{2n})$ が収束するような実数 x の値の範囲を求め，そのときの和を求めよ．

check					

演　習　4

無限級数 $x^2+\dfrac{x^2}{1+x^2-x^4}+\dfrac{x^2}{(1+x^2-x^4)^2}+\cdots+\dfrac{x^2}{(1+x^2-x^4)^{n-1}}+\cdots$ が収束するような実数 x の値の範囲を求め，そのときの和を求めよ．

check					

演　習　5

初項1の2つの無限等比級数 $\displaystyle\sum_{n=1}^{\infty}a_n$, $\displaystyle\sum_{n=1}^{\infty}b_n$ がともに収束し，$\displaystyle\sum_{n=1}^{\infty}(a_n+b_n)=\frac{8}{3}$ および $\displaystyle\sum_{n=1}^{\infty}a_nb_n=\frac{4}{5}$ が成り立つ．このとき，$\displaystyle\sum_{n=1}^{\infty}(a_n+b_n)^2$ を求めよ．

check					

級 数 6

level 5

演 習 1

$\displaystyle\sum_{n=1}^{\infty}\frac{n}{3^n}$ を求めよ．ただし，$\displaystyle\lim_{n\to\infty}\frac{n}{3^n}=0$ を用いてよい．

check					

演 習 2

$\displaystyle\sum_{n=1}^{\infty}2nx^n$（$x$ は定数，$0<x<1$）を求めよ．ただし，$\displaystyle\lim_{n\to\infty}nx^n=0$ を用いてよい．

check					

演 習 3

$\displaystyle\sum_{n=1}^{\infty}\frac{1}{5^n}\cos\pi n$ を求めよ．

check					

演 習 4

$\displaystyle\sum_{n=1}^{\infty}\frac{1}{2^n}\cos\frac{2n\pi}{3}$ を求めよ．

check					

演 習 5

$a_n=(-1)^{n-1}\log\dfrac{n+2}{n}$（$n=1,\ 2,\ 3,\ \cdots$）で定められる数列 $\{a_n\}$ に対して，$S_n=a_1+a_2+\cdots+a_n$ とする．このとき $\displaystyle\lim_{n\to\infty}S_n$ を求めよ．

check					

級　数 7

level 4

演　習　1

$\cos\theta_n = 1 - \dfrac{1}{2n^2}$ のとき，$\displaystyle\sum_{n=1}^{\infty} \tan^2 \frac{\theta_n}{2}$ を求めよ．

check					

演　習　2

$I_n + I_{n+1} = \dfrac{1}{n}$，$I_1 = \log 2$，$\displaystyle\lim_{n\to\infty} I_n = 0$ のとき，$\displaystyle\sum_{n=1}^{\infty} \frac{(-1)^{n-1}}{n}$ を求めよ．

check					

演　習　3

$a_n + a_{n+1} = \dfrac{1}{2n+1}$，$a_1 = 1 - \dfrac{\pi}{4}$，$\displaystyle\lim_{n\to\infty} a_n = 0$ のとき，$\displaystyle\sum_{n=1}^{\infty} \frac{1}{16n^2 - 1}$ を求めよ．

check					

演　習　4

2つの級数 $\displaystyle\sum_{n=1}^{\infty} a_n$，$\displaystyle\sum_{n=1}^{\infty} n a_n$ がそれぞれ和 A，B をもつとき，$\displaystyle\sum_{n=1}^{\infty} n(a_n + a_{n+1})$ を A，B を用いて表せ．

check					

演　習　5

a，b は実数とする．無限級数 $\displaystyle\sum_{n=1}^{\infty} (a^n - b^n)$ が収束するとき，a，b の条件を求めよ．

check					

第4講　関数の極限

関数の極限

【基本計算】

$\lim_{x \to a} f(x) = \alpha$, $\lim_{x \to a} g(x) = \beta$（ともに収束）のとき，

(1) $\lim_{x \to a} kf(x) = k\alpha$（$k$ は定数）

(2) $\lim_{x \to a} \{f(x) \pm g(x)\} = \alpha \pm \beta$（複号同順）

(3) $\lim_{x \to a} f(x)g(x) = \alpha\beta$

(4) $\lim_{x \to a} \dfrac{f(x)}{g(x)} = \dfrac{\alpha}{\beta}$（$\beta \neq 0$）

【はさみうちの原理】

$f(x) \leqq h(x) \leqq g(x)$ かつ $\lim_{x \to a} f(x) = \lim_{x \to a} g(x) = \alpha$（収束）ならば，

$$\lim_{x \to a} h(x) = \alpha$$

【三角関数の極限】

$$\lim_{x \to 0} \frac{\sin x}{x} = 1$$

【対数関数・指数関数の極限】

(1) $\lim_{x \to 0} (1 + x)^{\frac{1}{x}} = e$

(2) $\lim_{x \to \pm\infty} \left(1 + \dfrac{1}{x}\right)^x = e$

(3) $\lim_{x \to 0} \dfrac{e^x - 1}{x} = 1$

(4) $\lim_{x \to 0} \dfrac{\log(1 + x)}{x} = 1$

関数の極限 1

level 1

演　習　1

$\displaystyle\lim_{x\to 0}\frac{\sqrt{2x+1}-1-x}{x^2}$ を求めよ．

check					

演　習　2

$f(x)=-x+\sqrt{x^2-1}$ のとき，$\displaystyle\lim_{x\to\infty}f(x)$，$\displaystyle\lim_{x\to-\infty}f(x)$ を求めよ．

check					

演　習　3

$\displaystyle\lim_{x\to 2}\frac{\sqrt{x+2}-\sqrt{3x-2}}{\sqrt{5x-1}-\sqrt{4x+1}}$ を求めよ．

check					

演　習　4

$\displaystyle\lim_{x\to 3+0}\frac{9-x^2}{\sqrt{(3-x)^2}}$，$\displaystyle\lim_{x\to 3-0}\frac{9-x^2}{\sqrt{(3-x)^2}}$ をそれぞれ求めよ．

check					

演　習　5

$\displaystyle\lim_{x\to-\infty}(3x+1+\sqrt{9x^2+4x+1})$ を求めよ．

check					

関数の極限 2 level 2

演　習　1

$\displaystyle\lim_{x\to+0}\frac{\log x}{x}$ を求めよ．

check					

演　習　2

$\displaystyle\lim_{n\to\infty}\sqrt[2n]{\frac{3(n+1)}{n-1}}$ を求めよ．

check					

演　習　3

$\displaystyle\lim_{n\to\infty}\frac{1}{2n}\log\frac{e^n+1}{1-e^{-n}}$ を求めよ．

check					

演　習　4

$\displaystyle\lim_{t\to\infty}\left(t-\log\frac{e^t-e^{-t}}{2}\right)$ を求めよ．

check					

演　習　5

$\displaystyle S_n=\sum_{k=1}^{n}e^{\frac{k}{n}}\left(e^{\frac{k}{n}}-e^{\frac{k-1}{n}}\right)$ とおくとき，$\displaystyle\lim_{n\to\infty}S_n$ を求めよ．

check					

関数の極限 3

level 3

演　習　1

$\displaystyle\lim_{x\to-3}\frac{2-\sqrt{x+a}}{x+3}=b$ を満たす定数 a，b の値を求めよ．

check					

演　習　2

$\displaystyle\lim_{x\to\infty}\frac{ax^2+bx+4}{x-1}=2$ が成り立つとき，定数 a と b の値を求めよ．

check					

演　習　3

$\displaystyle\lim_{x\to\infty}(\sqrt{x^2+ax+b}-\alpha x-\beta)=0$ となるように定数 α，β の値を定めよ．ただし，a，b は定数である．

check					

演　習　4

$\displaystyle\lim_{x\to0}\frac{\sqrt{(1+x)^3}-(a+bx)}{x^2}=c$ となる定数 a，b，c の値を求めよ．

check					

演　習　5

$\displaystyle\lim_{x\to-\infty}(\sqrt{ax^2+bx}+x)=-1$ となる定数 a，b の値を求めよ．

check					

関数の極限 4

level 1

演　習　1

$\lim_{\theta \to 0} \frac{\sin 2\theta}{\theta}$ を求めよ.

check					

演　習　2

$\lim_{x \to 0} \frac{1-\cos x}{x^2}$ を求めよ.

check					

演　習　3

$\lim_{\theta \to 0} \frac{\sin 2\theta}{\sin \frac{\theta}{2}}$ を求めよ.

check					

演　習　4

$\lim_{x \to 0} \frac{\sin 2x}{\sqrt{x+1}-1}$ を求めよ.

check					

演　習　5

$\lim_{\theta \to 0} \frac{\theta^3}{\tan\theta - \sin\theta}$ を求めよ.

check					

関数の極限 5 level 2

演　習　1

$\lim_{n\to\infty} 2n\sin\frac{\pi}{n}$ を求めよ．

check					

演　習　2

$\lim_{n\to\infty} 4n\tan\frac{\pi}{n}$ を求めよ．

check					

演　習　3

$\lim_{n\to\infty} 4^n\left(1-\cos\frac{\theta}{2^n}\right)$ $\left(\theta$ は定数，$0<\theta<\frac{\pi}{2}\right)$ を求めよ．

check					

演　習　4

$\lim_{n\to\infty}\frac{\pi\sin\frac{\pi}{n}}{n\left(1-\cos\frac{\pi}{n}\right)}$ を求めよ．

check					

演　習　5

$\lim_{n\to\infty}(n+1)(2n+1)\sin^2\frac{\pi}{n}$ を求めよ．

check					

関数の極限 6

level 3

演　習　1

$\displaystyle\lim_{x\to 0}\frac{\sin(2\sin x)}{3x(1+2x)}$ を求めよ.

check					

演　習　2

$\displaystyle\lim_{x\to\frac{\pi}{2}}\cos 3x\tan 5x$ を求めよ.

check					

演　習　3

$\displaystyle\lim_{x\to\frac{\pi}{4}}\frac{\sin x-\cos x}{x-\frac{\pi}{4}}$ を求めよ.

check					

演　習　4

$\displaystyle\lim_{x\to a}\frac{a^2\sin^2 x-x^2\sin^2 a}{x-a}$ (a は定数) を求めよ.

check					

演　習　5

$\displaystyle\lim_{n\to\infty}n^2\left(\frac{n}{\pi}\tan\frac{\pi}{n}-\frac{n}{\pi}\sin\frac{\pi}{n}\right)$ を求めよ.

check					

関数の極限 7

level 4

演　習　1

$\displaystyle\lim_{a\to\infty}(a+1)^2\left(1+\cos\frac{a\pi}{a+1}\right)$ を求めよ．

check					

演　習　2

$\displaystyle\lim_{n\to\infty}n^2\sin\frac{\pi}{n}\sqrt{\frac{1}{n^2}+\left(1-\cos\frac{\pi}{n}\right)^2}$ を求めよ．

check					

演　習　3

$\displaystyle\lim_{x\to\infty}\frac{2x\sin(\sqrt{x+2}-\sqrt{x-2})}{\sqrt{4x+1}}$ を求めよ．

check					

演　習　4

$\displaystyle\lim_{x\to 0}\frac{ax^2+bx^3}{\tan x-\sin x}=1$ となるときの，定数 a，b の値を求めよ．

check					

演　習　5

$\displaystyle\lim_{x\to\pi}\frac{\sqrt{a+\cos x}-b}{(x-\pi)^2}=\frac{1}{4}$ となる定数 a，b の値を求めよ．

check					

関数の極限 8

level 4

演　習　1

$\displaystyle\lim_{n\to\infty} n\left\{\left(2n\pi+\frac{1}{n^2}\right)\sin\frac{1}{n^2}+\cos\frac{1}{n^2}-1\right\}$ を求めよ．

check					

演　習　2

$\displaystyle\lim_{n\to\infty}\frac{\sqrt{1+2n^3+n^4}\left(1-\cos\frac{2}{n}\right)}{(2n-1)\tan\frac{3}{n}}$ を求めよ．

check					

演　習　3

$0<\theta_n<\frac{\pi}{2}$，$\sin\theta_n=\frac{1}{n+1}$　$(n=1,\ 2,\ 3,\ \cdots)$ のとき，$\displaystyle\lim_{n\to\infty} n\theta_n$ を求めよ．

check					

演　習　4

$\displaystyle\lim_{n\to\infty} n\sqrt{\frac{1}{n^2}+2\left(1+\frac{1}{n}\right)\left(1-\cos\frac{\pi}{n}\right)}$ を求めよ．

check					

演　習　5

$a_n=\cos\frac{x}{2}\cdot\cos\frac{x}{2^2}\cdot\cdots\cdot\cos\frac{x}{2^n}$ のとき，$\displaystyle\lim_{n\to\infty} a_n$ を求めよ．

check					

関数の極限 9

level 1

演　習　1

$\lim_{n \to \infty}\left(1-\frac{1}{n}\right)^n$ を求めよ．

check					

演　習　2

$\lim_{n \to \infty}\left(\sqrt{\frac{n}{n+1}}\right)^{n+1}$ を求めよ．

check					

演　習　3

$\lim_{n \to \infty} 2\left(\frac{n}{n+2}\right)^{n+3}$ を求めよ．

check					

演　習　4

$\lim_{n \to \infty}\frac{n+1}{2n+1}\left(1+\frac{1}{n}\right)^{2n}$ を求めよ．

check					

演　習　5

$\lim_{h \to 0}(1-2h)^{\frac{1}{h}}$ を求めよ．

check					

関数の極限 10

level 2

演　習　1

$\lim_{n \to \infty} n\left(e^{\frac{1}{n}} - 1\right)$ を求めよ．

check					

演　習　2

$\lim_{b \to 0} \frac{b(e^b + 1)}{e^b - 1}$ を求めよ．

check					

演　習　3

$\lim_{b \to 0} \frac{(1 - e^b)^2}{4b^2}$ を求めよ．

check					

演　習　4

$\lim_{t \to 1} \frac{t - 1}{2t \log t}$ を求めよ．

check					

演　習　5

$\lim_{h \to 0} \frac{e^{(h+1)^2} - e^{h^2+1}}{h}$ を求めよ．

check					

関数の極限 11

level 4

演　習　1

$\displaystyle\lim_{x \to 0}\frac{a^{2x}-1}{x}$ (a は正の定数)を求めよ.

check

演　習　2

$\displaystyle\lim_{x \to 0}\frac{e^{x}+e^{-x}-2}{x^{2}}$ を求めよ.

check

演　習　3

$\displaystyle\lim_{x \to 0}\left\{\frac{(x+1)(2x+3)}{x+3}\right\}^{\frac{1}{x}}$ を求めよ.

check

演　習　4

$\displaystyle\lim_{n \to \infty}\frac{2e-(n+1)e^{\frac{1}{n}}+n}{n^{2}\left(e^{\frac{1}{n}}-1\right)^{2}}$ を求めよ.

check

演　習　5

$\displaystyle\lim_{a \to \infty}\frac{(a-1)\log\left(\frac{\log a}{a}\right)}{a\log a-a+1}$ を求めよ. ただし, $\displaystyle\lim_{x \to \infty}\frac{\log x}{x}=0$ を用いてよい.

check

関数の極限 12

level 4

演　習　1

a，b を実数とし，$a \leqq b$ とするとき，$\displaystyle\lim_{x\to\infty}\log_x(x^a+x^b)$ を求めよ．

check					

演　習　2

$x>0$ のとき，$e^x>\dfrac{x^2}{2}$ が成り立つことを用いて，$\displaystyle\lim_{x\to\infty}\frac{x}{e^x}=0$ を示せ．

check					

演　習　3

$x>1$ のとき，$\log x<1+x$ が成り立つことを用いて，$\displaystyle\lim_{x\to\infty}\frac{\log x}{x}=0$ を示せ．

check					

演　習　4

c を正の定数とするとき，$\displaystyle\lim_{x\to\infty}(\sin\sqrt{x+c}-\sin\sqrt{x})$ を求めよ．

check					

演　習　5

関数 $f(x)$ が $-\pi<x<\pi$ で $|f(x)-1-x-\sin 2x| \leqq x\sin x$ を満たすとき，$\displaystyle\lim_{x\to 0}\frac{f(x)-f(0)}{x}$ を求めよ．

check					

MEMO

第5講 微分法

微分法

【導関数と四則演算】

(1) $\{kf(x)\}'=kf'(x)$ (k は定数)

(2) $\{f(x)\pm g(x)\}'=f'(x)\pm g'(x)$ (複号同順)

(3) $\{f(x)g(x)\}'=f'(x)g(x)+f(x)g'(x)$

(4) $\left\{\dfrac{f(x)}{g(x)}\right\}'=\dfrac{f'(x)g(x)-f(x)g'(x)}{g(x)^2}$

【基本公式】

(1) $(c)'=0$ (c は定数)

(2) $(x^\alpha)'=\alpha x^{\alpha-1}$ (α は定数)

(3) $(e^x)'=e^x$

(4) $(a^x)'=a^x\log a$ (a は正の定数)

(5) $(\log x)'=\dfrac{1}{x}$

(6) $(\log|f(x)|)'=\dfrac{f'(x)}{f(x)}$

(7) $(\sqrt{f(x)})'=\dfrac{f'(x)}{2\sqrt{f(x)}}$

【合成関数の微分】

$y=f(u)$, $u=g(x)$ のとき,

$$\{f(g(x))\}'=f'(g(x))g'(x),\ \text{すなわち}\ \frac{dy}{dx}=\frac{dy}{du}\cdot\frac{du}{dx}$$

【媒介変数表示関数の微分】

$x=f(t)$, $y=g(t)$ のとき,

$$\frac{dy}{dx}=\frac{\frac{dy}{dt}}{\frac{dx}{dt}}\quad (\text{ただし},\ f'(t)\neq 0)$$

微分 1（積）

level 1

演 習 1

$f(x)=x^2(1-x)^2(3+2x)$ を微分せよ．

check					

演 習 2

$f(x)=x\log x$ を微分せよ．

check					

演 習 3

$f(x)=x\sin x$ を微分せよ．

check					

演 習 4

$f(x)=e^x\sin x$ を微分せよ．

check					

演 習 5

$f(x)=xe^x$ を微分せよ．

check					

微分 2（積） level 1

演　習　1

$f(x)=(x^2-10x+20)e^x$ を微分せよ．

check					

演　習　2

$S(\theta)=(\cos\theta+1)\sin\theta$ を微分せよ．

check					

演　習　3

$y=x\cos x-\sin x$ を微分せよ．

check					

演　習　4

$f(\theta)=2\cos\theta(\sin\theta-\theta\cos\theta)$ を微分せよ．

check					

演　習　5

p を定数とする． $f(x)=xe^x-(p+1)x+2p$ を微分せよ．

check					

微分 3（商）

level 1

演　習　1

$f(x)=\dfrac{x}{x^2+1}$ を微分せよ．

check					

演　習　2

$f(a)=\dfrac{4-a}{a^2-2a+2}$ を微分せよ．

check					

演　習　3

$f(x)=\dfrac{1}{x+1}+\dfrac{1}{x}+\dfrac{1}{x-1}$ を微分せよ．

check					

演　習　4

$y=\dfrac{x^4-4x^2+3}{2(1-3x^2)}$ を微分せよ．

check					

演　習　5

p，q を定数とする．$f(x)=\dfrac{px+q}{x^2+3x}$ を微分せよ．

check					

微分 4（商） level 1

演　習　1

$y=\dfrac{\sin x}{x}$ を微分せよ．

check					

演　習　2

$f(x)=\dfrac{\tan x}{x}$ を微分せよ．

check					

演　習　3

$f(x)=\dfrac{\sin x}{1+\cos x}$ を微分せよ．

check					

演　習　4

$y=\dfrac{\cos x}{\sqrt{x}}$ を微分せよ．

check					

演　習　5

$f(x)=\dfrac{\sin x-\cos x+2}{\sin x+\cos x+2}$ を微分せよ．

check					

微分 5（商）

level 1

演　習　1

$f(x)=\dfrac{e^x}{x}$ を微分せよ．

check					

演　習　2

$f(x)=\dfrac{x^n}{e^x}$ （n は正の整数）を微分せよ．

check					

演　習　3

n を自然数とする．$y=\dfrac{\log x}{x^n}$ を微分せよ．

check					

演　習　4

$y=\dfrac{\log x}{\sqrt{x}}$ を微分せよ．

check					

演　習　5

$g(x)=\dfrac{e^x-e^{-x}}{e^x+e^{-x}}$ を微分せよ．

check					

微分 6（合成）　level 2

演　習　1

$y=\left(\dfrac{x^2+1}{2}\right)^9$ を微分せよ．

check					

演　習　2

$f(x)=\sin(3x+2)$ を微分せよ．

check					

演　習　3

$f(x)=e^{-\frac{x^2}{2}}$ を微分せよ．

check					

演　習　4

$f(x)=\left(\dfrac{x+3}{3}\right)^{\frac{3}{2}}$ を微分せよ．

check					

演　習　5

$f(x)=\sqrt{x^2+x+5}-x$ を微分せよ．

check					

微分 7（合成）　level 2

演 習 1

$y=\log(\tan x)$ を微分せよ．

check					

演 習 2

$f(x)=\log(\log x)$ を微分せよ．

check					

演 習 3

$f(x)=\log\dfrac{e^{x}+e^{-x}}{2}$ を微分せよ．

check					

演 習 4

$f(x)=\sin(\cos x)$ を微分せよ．

check					

演 習 5

$f(x)=\log\left(\dfrac{1-x}{1+x}\right)$ を微分せよ．

check					

微分 8（合成） level 2

演 習 1

$f(x)=\dfrac{2x^2+1}{(x^2+2)^2}$ を微分せよ．

check					

演 習 2

$y=\dfrac{x}{\sqrt{x^2+1}}$ を微分せよ．

check					

演 習 3

$f(x)=2e^{\pi x}\sin(\pi x)$ を微分せよ．

check					

演 習 4

$g(x)=e^{-2x}(\cos 3x-\sin x)$ を微分せよ．

check					

演 習 5

$f(x)=2\sin^3 x\cos x$ を微分せよ．

check					

微分 9（合成） level 3

演習 1

$f(a)=\dfrac{(e^{2a}+1)^{\frac{3}{2}}}{e^a}$ を微分せよ．

check					

演習 2

$f(\theta)=\dfrac{\sin 2\theta}{4(1+\cos\theta)^2}$ を微分せよ．

check					

演習 3

$f(x)=\dfrac{e^{3x}}{x(3x+2)}$ を微分せよ．

check					

演習 4

$f(x)=x+(1-x)\log(1-x)$ を微分せよ．

check					

演習 5

$f(t)=t\sqrt{\dfrac{1-t}{1+t}}$ を微分せよ．

check					

微分 10（合成） level 3

演 習 1

$f(x)=\dfrac{\sqrt{5+3e^{2x}}}{1+e^{x}}$ を微分せよ．

check					

演 習 2

$f(x)=\log_{x}(\log x)$ を微分せよ．

check					

演 習 3

$f(\theta)=\dfrac{\sin\theta}{(\sqrt{3}\cos\theta+2\sqrt{2})^{2}}$ を微分せよ．

check					

演 習 4

$y=\sin\dfrac{x}{2}\left(\cos\dfrac{x}{2}+1\right)$ を微分せよ．

check					

演 習 5

$y=\dfrac{\sin\left(\dfrac{3}{2}\theta+\dfrac{\pi}{4}\right)}{\sin\left(\dfrac{\theta}{2}+\dfrac{\pi}{4}\right)}$ を微分せよ．

check					

微分 11（合成） level 3

演　習　1

$f(x)=\sin 2x-\dfrac{2\sin^2 x}{\tan 2x}$ を微分せよ．

check					

演　習　2

$f(x)=x^2+\cos^2\left(\sqrt{\dfrac{\pi}{2}}x\right)$ を微分せよ．

check					

演　習　3

$f(x)=x^2\sin\dfrac{1}{x}$ を微分せよ．

check					

演　習　4

$g(x)=\log\left(1+\dfrac{1}{x}\right)-\dfrac{1}{1+x}$ を微分せよ．

check					

演　習　5

$f(x)=\dfrac{\sin 3x}{x(\pi-x)}$ を微分せよ．

check					

微分 12（合成） level 4

演　習　1

$f(x)=\log(x+\sqrt{x^2+1})$ を微分せよ．

check					

演　習　2

$f(x)=\sqrt{1-\cos x}\sin^3 x$ を微分せよ．

check					

演　習　3

$f(x)=\dfrac{x^2}{\sqrt{(x^4+2)^3}}$ を微分せよ．

check					

演　習　4

$f(x)=x^2\sqrt{4-x^2}$ を微分せよ．

check					

演　習　5

$f(x)=\sqrt{\dfrac{1-\sqrt{x}}{1+\sqrt{x}}}$ を微分せよ．

check					

微分 13（合成）

level 4

演 習 1

$y=\log(\sin 4x)-\log(\sin 2x)$ を微分せよ．

check					

演 習 2

$f(t)=(1-e^{-t-1})^2-(1-e^{-t})^2$ を微分せよ．

check					

演 習 3

$y=\log\sqrt{\dfrac{1+x^2}{1-x^2}}$ を微分せよ．

check					

演 習 4

$y=\log\left(\tan\dfrac{x}{2}\right)$ を微分せよ．

check					

演 習 5

$y=\log\sqrt{1+\cos^2 x}$ を微分せよ．

check					

微分 14（合成） level 4

演習 1

$y=\sqrt{1-\left(\dfrac{\tan x}{2}\right)^2}$ を微分せよ．

check					

演習 2

$y=xe^{-\sqrt{1+x}}$ を微分せよ．

check					

演習 3

$y=\log(e^x+\sqrt{1+e^{2x}})$ を微分せよ．

check					

演習 4

$y=\log(\sqrt{x^2+1}+\sqrt{x^2-1})$ を微分せよ．

check					

演習 5

$y=\dfrac{1}{\sqrt{\tan x}}$ を微分せよ．

check					

微分 15（2次導関数） level 3

演　習　1

$f(x)=x^2e^{-x}$ のとき，$f'(x)$，$f''(x)$ を求めよ．

check					

演　習　2

a を定数とする．$f(x)=\dfrac{1}{1+ae^{-x}}$ のとき，$f'(x)$，$f''(x)$ を求めよ．

check					

演　習　3

$f(x)=\log\{(\log x)^2\}$ のとき，$f'(x)$，$f''(x)$ を求めよ．

check					

演　習　4

$f(x)=e^{x-1}-\log x+1$ のとき，$f'(x)$，$f''(x)$ を求めよ．

check					

演　習　5

$f(x)=\log(1+3x^2)$ のとき，$f'(x)$，$f''(x)$ を求めよ．

check					

微分 16（2次導関数） level 3

演　習　1

$f(x)=xe^{-x^2}$ のとき，$f'(x)$，$f''(x)$ を求めよ．

check					

演　習　2

a，b を定数とする．$f(x)=\log\dfrac{x-a}{b-x}$ のとき，$f'(x)$，$f''(x)$ を求めよ．

check					

演　習　3

$f(x)=\dfrac{18x-1}{x^2+x+1}$ のとき，$f'(x)$，$f''(x)$ を求めよ．

check					

演　習　4

$f(x)=e^{-\frac{1}{\sqrt{3}}x}\sin x$ のとき，$f'(x)$，$f''(x)$ を求めよ．

check					

演　習　5

a，b，c，V_1，V_2 を定数とする．$f(x)=\dfrac{1}{V_1}\sqrt{a^2+x^2}+\dfrac{1}{V_2}\sqrt{b^2+(c-x)^2}$ のとき，$f'(x)$，$f''(x)$ を求めよ．

check					

微分 17（2次導関数）　level 3

演　習　1

$f(x)=\dfrac{x}{x^2+1}$ のとき，$f'(x)$，$f''(x)$ を求めよ．

check					

演　習　2

$f(x)=\sqrt{x}(\log x-2)$ のとき，$f'(x)$，$f''(x)$ を求めよ．

check					

演　習　3

$f(x)=e^{-x^2}$ のとき，$f'(x)$，$f''(x)$ を求めよ．

check					

演　習　4

$f(x)=\dfrac{x}{e^2}+\dfrac{1+\log x}{x}$ のとき，$f'(x)$，$f''(x)$ を求めよ．

check					

演　習　5

$f(x)=\log\left(\dfrac{1}{\cos x}+\tan x\right)+\cos x-\dfrac{x}{2}$ のとき，$f'(x)$，$f''(x)$ を求めよ．

check					

微分 18（2次導関数） level 3

演 習 1

$f(x)=\dfrac{1}{\sqrt{1+x^2}}$ のとき，$f'(x)$，$f''(x)$ を求めよ．

check					

演 習 2

$f(x)=\dfrac{(x^2-1)^2}{2x}$ のとき，$f'(x)$，$f''(x)$ を求めよ．

check					

演 習 3

$f(x)=\log(1+x)-x\left(1+\log\dfrac{2}{x+1}\right)$ のとき，$f'(x)$，$f''(x)$ を求めよ．

check					

演 習 4

$f(x)=\dfrac{1}{2}x\{1+e^{-2(x-1)}\}$ のとき，$f'(x)$，$f''(x)$ を求めよ．

check					

演 習 5

$f(x)=\dfrac{1}{1+x^6}$ のとき，$f'(x)$，$f''(x)$ を求めよ．

check					

微分 19（パラメーター） level 2

演　習　1

$x=4t(1-t^2)$，$y=3t^2+\dfrac{3}{2}$ のとき，$\dfrac{dy}{dx}$ を求めよ．

check					

演　習　2

$x=e^{-\theta}\cos\theta$，$y=e^{-\theta}\sin\theta$ のとき，$\dfrac{dy}{dx}$ を求めよ．

check					

演　習　3

$x=\cos^3 t$，$y=\sin^3 t$ のとき，$\dfrac{dy}{dx}$ を求めよ．

check					

演　習　4

$x=t^2\cos t$，$y=t^2\sin t$ のとき，$\dfrac{dy}{dx}$ を求めよ．

check					

演　習　5

$x=\dfrac{e^t-e^{-t}}{2}$，$y=\dfrac{e^t+e^{-t}}{2}$ のとき，$\dfrac{dy}{dx}$ を求めよ．

check					

微分 20（パラメーター） level 4

演習 1

$x=\theta-\sin\theta$，$y=1-\cos\theta$ のとき，$\dfrac{dy}{dx}$，$\dfrac{d^2y}{dx^2}$ を求めよ．

check					

演習 2

a を定数とする．$x=a(\cos\theta+\theta\sin\theta)$，$y=a(\sin\theta-\theta\cos\theta)$ のとき，$\dfrac{dy}{dx}$，$\dfrac{d^2y}{dx^2}$ を求めよ．

check					

演習 3

$x=\dfrac{1-t}{1+t}$，$y=\dfrac{2\sqrt{t}}{1+t}$ のとき，$\dfrac{dy}{dx}$，$\dfrac{d^2y}{dx^2}$ を求めよ．

check					

演習 4

$x=e^t$，$y=\sin t$ のとき，$\dfrac{dy}{dx}$，$\dfrac{d^2y}{dx^2}$ を求めよ．

check					

演習 5

$x=t+\dfrac{1}{2t^2}$，$y=\dfrac{1}{t}-\dfrac{1}{4t^4}$ のとき，$\dfrac{dy}{dx}$，$\dfrac{d^2y}{dx^2}$ を求めよ．

check					

微分 21（陰関数） level 3

演　習　1

a，b を正の定数とする．$\dfrac{x^2}{a^2}+\dfrac{y^2}{b^2}=1$ のとき，$\dfrac{dy}{dx}$ を求めよ．

check					

演　習　2

a，b，c，d を定数とする．$a^2+b^2-2ab\cos x=c^2+d^2-2cd\cos y$ のとき，$\dfrac{dy}{dx}$ を求めよ．

check					

演　習　3

$y=x^{x+1}$ $(x>0)$ のとき，$\dfrac{dy}{dx}$ を求めよ．

check					

演　習　4

$y=x^{\sin x}$ $(x>0)$ のとき，$\dfrac{dy}{dx}$ を求めよ．

check					

演　習　5

$y=(1+x)^{\frac{1}{x}}$ $(x>0)$ のとき，$\dfrac{dy}{dx}$ を求めよ．

check					

微分 22（陰関数） level 4

演 習 1

$y^2=x^2-x$ のとき，y'，y'' を x，y で表せ．

check					

演 習 2

p，q を正の定数とする．$x^p+y^q=1$ $(x>0,\ y>0)$ のとき，y'，y'' を x，y で表せ．

check					

演 習 3

$\log y=x\log x$ のとき，y'，y'' を求めよ．

check					

演 習 4

$x=\tan y$ のとき，y'，y'' を求めよ．

check					

演 習 5

$x=2\sin\dfrac{y}{2}$ のとき，y'，y'' を求めよ．

check					

微分 23（n 回微分）

level 5

n は自然数とする.

演　習　1

$f(x)=x^2e^x$ のとき，$f^{(n)}(x)$ を求めよ.

check					

演　習　2

$f(x)=n^x-x^n$ のとき，$f^{(n)}(x)$ を求めよ.

check					

演　習　3

$f(x)=\dfrac{\log x}{x}$ のとき，$f^{(n)}(x)=\dfrac{a_n+b_n\log x}{x^{n+1}}$ となる．a_{n+1}，b_{n+1} を a_n，b_n で表し，b_n を求めよ.

check					

演　習　4

$y=e^x\sin x$ のとき，$y^{(n)}$ を求めよ.

check					

演　習　5

$y=\cos 2x$ のとき，$y^{(n)}$ を求めよ.

check					

第6講 積分法

積分法

【不定積分の基本公式】

(1) $\int kf(x)\,dx = k\int f(x)\,dx$ （k は定数）

(2) $\int \{f(x) \pm g(x)\}\,dx = \int f(x)\,dx \pm \int g(x)\,dx$ （複号同順）

【基本公式】

C は積分定数.

(1) $\int x^{\alpha}\,dx = \frac{1}{\alpha+1}x^{\alpha+1}$ （$\alpha \neq -1$）

(2) $\int \frac{1}{x}\,dx = \log|x| + C$

(3) $\int e^{x}\,dx = e^{x} + C$

(4) $\int a^{x}\,dx = \frac{a^{x}}{\log a} + C$ （$a > 0$, $a \neq 1$）

(5) $\int \sin x\,dx = -\cos x + C$

(6) $\int \cos x\,dx = \sin x + C$

(7) $\int \frac{1}{\cos^2 x}\,dx = \tan x + C$

(8) $\int \frac{1}{\sin^2 x}\,dx = -\frac{1}{\tan x} + C$

【定積分の基本公式】

a，b，c を定数とする．

(1) $\displaystyle\int_a^b kf(x)\,dx = k\int_a^b f(x)\,dx$ （k は定数）

(2) $\displaystyle\int_a^b \{f(x) \pm g(x)\}\,dx = \int_a^b f(x)\,dx \pm \int_a^b g(x)\,dx$ （複号同順）

(3) $\displaystyle\int_a^b f(x)\,dx = \int_a^b f(t)\,dt$

(4) $\displaystyle\int_a^a f(x)\,dx = 0$

(5) $\displaystyle\int_b^a f(x)\,dx = -\int_a^b f(x)\,dx$

(6) $\displaystyle\int_a^b f(x)\,dx = \int_a^c f(x)\,dx + \int_c^b f(x)\,dx$

【偶関数・奇関数の定積分】

偶関数 $f(x)$ （$f(-x) = f(x)$） について，

$$\int_{-a}^a f(x)\,dx = 2\int_0^a f(x)\,dx$$

奇関数 $f(x)$ （$f(-x) = -f(x)$） について，

$$\int_{-a}^a f(x)\,dx = 0$$

積分 1

level 1

演習 1

$\displaystyle\int_0^{\frac{\pi}{2}} \cos x\,dx$ を求めよ．

check					

演習 2

$\displaystyle\int_{-3}^{0} \frac{1}{x-1}\,dx$ を求めよ．

check					

演習 3

$\displaystyle\int_n^{n+1} e^{x-2n}\,dx$ (n は自然数)を求めよ．

check					

演習 4

$\displaystyle\int_0^{\frac{\pi}{4}} \frac{1}{\cos^2 x}\,dx$ を求めよ．

check					

演習 5

$\displaystyle\int_{\frac{1}{(n+1)^2}}^{\frac{1}{\left(n+\frac{1}{2}\right)^2}} \frac{1}{\sqrt{x}}\,dx$ (n は自然数)を求めよ．

check					

積分 2 level 2

演　習　1

$\displaystyle\int_0^1 e^{2x}\,dx$ を求めよ.

check					

演　習　2

$\displaystyle\int_0^{\frac{\pi}{4}} \sin 2x\,dx$ を求めよ.

check					

演　習　3

$\displaystyle\int_1^3 \sqrt{4x-3}\,dx$ を求めよ.

check					

演　習　4

$\displaystyle\int_{\frac{\pi}{3}}^{\frac{4}{3}\pi} \cos\left(2x+\frac{5}{6}\pi\right)dx$ を求めよ.

check					

演　習　5

$\displaystyle\int_{-1}^{\frac{3}{2}} \frac{1}{2x+3}\,dx$ を求めよ.

check					

積分 3 level 2

演 習 1

$\displaystyle\int_0^{\log 2} e^{-x}\,dx$ を求めよ．

check					

演 習 2

$\displaystyle\int_0^{1} \frac{x}{1+x^2}\,dx$ を求めよ．

check					

演 習 3

$\displaystyle\int_0^{\frac{\pi}{4}} \tan x\,dx$ を求めよ．

check					

演 習 4

$\displaystyle\int_0^{\frac{\pi}{2}} \sin x \cos x\,dx$ を求めよ．

check					

演 習 5

$\displaystyle\int_0^{\frac{\pi}{6}} \frac{1}{\cos^2 2x}\,dx$ を求めよ．

check					

積分 4

level 3

演習 1

$\displaystyle\int_0^{\frac{\pi}{2}} \frac{\cos^2 x}{1+\sin x}\,dx$ を求めよ．

check					

演習 2

$\displaystyle\int_0^{\frac{\pi}{6}} \cos^2 x\,dx$ を求めよ．

check					

演習 3

$\displaystyle\int_0^{1} (1-\sqrt{x})^2\,dx$ を求めよ．

check					

演習 4

$\displaystyle\int_0^{a} \frac{e^x}{e^x+e^{a-x}}\,dx$ （a は定数）を求めよ．

check					

演習 5

$\displaystyle\int_0^{1} \frac{1}{4-x^2}\,dx$ を求めよ．

check					

積分 5

level 3

演 習 1

$\displaystyle\int_{-\pi}^{\pi}\cos^2 2x\,dx$ を求めよ．

check					

演 習 2

$\displaystyle\int_{0}^{\frac{\pi}{2}}\sin 2x\sin 3x\,dx$ を求めよ．

check					

演 習 3

$\displaystyle\int_{0}^{\frac{\pi}{2}}\sqrt{1-\cos\theta}\,d\theta$ を求めよ．

check					

演 習 4

$\displaystyle\int_{0}^{\log 2}(e^x+e^{-x})^2\,dx$ を求めよ．

check					

演 習 5

$\displaystyle\int_{0}^{\frac{\pi}{4}}(\cos x+\sin x)^2\,dx$ を求めよ．

check					

積分 6

level 3

演　習　1

$y=\dfrac{1}{2}(e^{x}+e^{-x})$ のとき，$\displaystyle\int_0^t \sqrt{1+(y')^2}\,dx$（$t$ は定数）を求めよ．

check					

演　習　2

$\displaystyle\int_0^{\frac{\pi}{2}}(\cos 3x+\sin 2x)^2\,dx$ を求めよ．

check					

演　習　3

$\displaystyle\int_0^{\frac{\pi}{4}}\tan^2 x\,dx$ を求めよ．

check					

演　習　4

$\displaystyle\int\frac{1}{x(x-1)^2}\,dx$ を求めよ．

check					

演　習　5

a，x は正の定数とする．$\displaystyle\int_0^x\frac{t}{(t+1)(t+a)}\,dt$ を求めよ．

check					

積分 7

level 4

演　習　1

$\displaystyle\int_0^{\frac{\pi}{2}} \sin^4 x\,dx$ を求めよ．

check					

演　習　2

$\displaystyle\int_0^{\frac{\pi}{2}} \sin^2 x \cos^2 x\,dx$ を求めよ．

check					

演　習　3

$\displaystyle\int_0^{\frac{\pi}{2}} \sqrt{1+\sin x}\,dx$ を求めよ．

check					

演　習　4

$\displaystyle\int_{\frac{\pi}{2}}^{x} (\sin t - \cos t)^4\,dt$ （x は定数）を求めよ．

check					

演　習　5

$\displaystyle\int_{-\pi}^{\pi} \sin mx \sin nx\,dx$ （m，n は自然数）を求めよ．

check					

積分 8（絶対値）

level 5

演　習　1

a を定数とする．$\int_{-1}^{1}|e^x-a|\,dx$ を求めよ．

check					

演　習　2

$\int_{0}^{\frac{\pi}{2}}\left(\left|\sin x-\frac{1}{2}\right|+\frac{1}{2}\right)dx$ を求めよ．

check					

演　習　3

$\int_{0}^{\pi}\left|\cos\theta\cos\frac{\theta}{2}\right|d\theta$ を求めよ．

check					

演　習　4

t を $0<t<\pi$ の定数とする．$\int_{0}^{\pi}\sin\left(|t-x|+\frac{\pi}{4}\right)dx$ を求めよ．

check					

演　習　5

a を正の定数とする．$\int_{0}^{\frac{\pi}{2}}|\sin x-a\cos x|\,dx$ を求めよ．

check					

置換積分法

【置換積分の不定積分】

関数 $f(x)$，$x=g(t)$ について，

$$\int f(x)\,dx=\int f(g(t))g'(t)\,dt\text{，すなわち }\int f(x)\,dx=\int f(x)\frac{dx}{dt}\,dt$$

【置換積分を利用した公式】

C は積分定数.

(1) $\displaystyle\int f(ax+b)\,dx=\frac{1}{a}F(ax+b)+C$ $(a\neq 0,\ F'(x)=f(x))$

(2) $\displaystyle\int\{f(x)\}^{\alpha}f'(x)\,dx=\frac{1}{\alpha+1}\{f(x)\}^{\alpha+1}+C$ $(\alpha\neq -1)$

(3) $\displaystyle\int\frac{f'(x)}{f(x)}\,dx=\log|f(x)|+C$

【置換積分の定積分】

関数 $f(x)$，$x=g(t)$ について，$a=g(\alpha)$，$b=g(\beta)$ のとき，

$$\int_a^b f(x)\,dx=\int_\alpha^\beta f(g(t))g'(t)\,dt\text{，すなわち }\int_a^b f(x)\,dx=\int_\alpha^\beta f(g(t))\frac{dx}{dt}\,dt$$

積分 9（置換） level 1

演 習 1

$\displaystyle\int_0^1 xe^{-x^2}dx$ を求めよ.

check					

演 習 2

$\displaystyle\int_0^{\frac{\pi}{2}} \sin^2 x \cos x \, dx$ を求めよ.

check					

演 習 3

$\displaystyle\int_0^2 x\sqrt{4-x^2}\,dx$ を求めよ.

check					

演 習 4

$\displaystyle\int_0^1 \frac{x}{x^2-4}\,dx$ を求めよ.

check					

演 習 5

$\displaystyle\int_0^1 x\sqrt{1-x}\,dx$ を求めよ.

check					

積分 10（置換） level 1

演 習 1

$\displaystyle\int_{\frac{\pi}{6}}^{\frac{\pi}{2}} \frac{\cos x}{\sin x}\,dx$ を求めよ．

check					

演 習 2

$\displaystyle\int_{1}^{e} \frac{\log x}{x}\,dx$ を求めよ．

check					

演 習 3

$\displaystyle\int_{0}^{1} \frac{e^{x}-e^{-x}}{e^{x}+e^{-x}}\,dx$ を求めよ．

check					

演 習 4

$\displaystyle\int_{1}^{2} \frac{e^{t}}{(e^{t}-1)^{2}}\,dt$ を求めよ．

check					

演 習 5

$\displaystyle\int_{0}^{\frac{\pi}{2}} \cos^{3} x\,dx$ を求めよ．

check					

積分 11（置換） level 2

演　習　1

$\int_0^{\frac{\pi}{2}} \sin^3 x \cos^3 x\, dx$ を求めよ．

check					

演　習　2

$\int_{\sqrt{3}}^{2\sqrt{2}} \sqrt{t^2+t^4}\, dt$ を求めよ．

check					

演　習　3

$\int_1^2 \frac{\sqrt{x}}{\sqrt{x}+1}\, dx$ を求めよ．

check					

演　習　4

$\int_0^1 \frac{dx}{e^x+1}$ を求めよ．

check					

演　習　5

$\int_0^{\frac{\pi}{2}} \{\sin x(1+\cos x)\}^3\, dx$ を求めよ．

check					

積分 12（置換） level 4

カッコ内の指示に従って積分せよ.

演　習　1

$$\int_0^{\frac{3}{4}} \sqrt{x^2+1}\,dx \left(x=\frac{e^t-e^{-t}}{2} \text{ とおく.}\right)$$

check					

演　習　2

$$\int_{-\frac{4}{3}}^{\frac{4}{3}} \frac{dx}{\sqrt{x^2+1}} \quad (t=\sqrt{x^2+1}+x \text{ とおく.})$$

check					

演　習　3

$$\int_1^2 \sqrt{x^2+1}\,dx \left(x=\frac{1}{2}\left(t-\frac{1}{t}\right) \text{ とおく. ただし, } t>0.\right)$$

check					

演　習　4

$$\int_0^{\frac{\pi}{2}} \frac{1}{1+\sin x+\cos x}\,dx \left(t=\tan\frac{x}{2} \text{ とおく.}\right)$$

check					

演　習　5

$$\int_0^{\frac{\pi}{12}} \frac{1}{(\cos x+\sin x)^4}\,dx \left(t=\frac{1}{1+\sin 2x} \text{ とおく.}\right)$$

check					

積分 13（置換） level 3

演　習　1

$\displaystyle\int_0^{\sqrt{3}} \frac{dx}{x^2+1}$ を求めよ．

check					

演　習　2

$\displaystyle\int_0^{1} \frac{dx}{\sqrt{4-x^2}}$ を求めよ．

check					

演　習　3

$\displaystyle\int_0^{1} \sqrt{2-x^2}\,dx$ を求めよ．

check					

演　習　4

$\displaystyle\int_0^{1} \frac{dx}{x^2-x+1}$ を求めよ．

check					

演　習　5

$\displaystyle\int_0^{1} \sqrt{x(1-x)}\,dx$ を求めよ．

check					

積分 14（置換） level 4

演　習　1

$\displaystyle\int_0^{\frac{\pi}{4}} \frac{1}{\cos x}\,dx$ を求めよ．

check					

演　習　2

$\displaystyle\int_{\frac{\pi}{4}}^{\frac{\pi}{2}} \frac{1}{\sin x}\,dx$ を求めよ．

check					

演　習　3

$\displaystyle\int_0^{\frac{\pi}{2}} \sin^3 x \cos 2x\,dx$ を求めよ．

check					

演　習　4

$\displaystyle\int_0^1 \frac{dx}{(1+x^2)^{\frac{3}{2}}}$ を求めよ．

check					

演　習　5

$\displaystyle\int_{-\frac{\pi}{4}}^{\frac{\pi}{4}} \sqrt{1+\tan^2 x}\,dx$ を求めよ．

check					

積分 15（置換） level 5

演　習　1

$\displaystyle\int_0^{\frac{\pi}{4}} \frac{1}{1+\sin x}\,dx$ を求めよ．

check					

演　習　2

$\displaystyle\int_{\frac{\pi}{3}}^{\frac{\pi}{2}} \frac{1}{1+\cos x}\,dx$ を求めよ．

check					

演　習　3

$\displaystyle\int_0^2 \frac{2x+1}{\sqrt{x^2+4}}\,dx$ を求めよ．

check					

演　習　4

$\displaystyle\int_{\frac{4}{3}}^2 \frac{dx}{x^2\sqrt{x-1}}$ を求めよ．

check					

演　習　5

$\displaystyle\int_0^{\frac{1}{2}} (x+1)\sqrt{1-2x^2}\,dx$ を求めよ．

check					

積分 16（置換） level 5

演習 1

$f(x)=\int_0^x \frac{dt}{1+t^2}$ に対し，$x>0$ のとき，$f(x)+f\left(\frac{1}{x}\right)$ を求めよ．

check					

演習 2

$\int_0^{\sqrt{3}} \left(\frac{x}{x^2+1}\right)^2 dx$ を求めよ．

check					

演習 3

$\int_1^{2\sqrt{2}} \sqrt{1+\frac{1}{x^2}}\,dx$ を求めよ．

check					

演習 4

$\int_1^2 \frac{x^2}{\sqrt{4x-x^2}}\,dx$ を求めよ．

check					

演習 5

θ は定数で $0 \leqq \theta < \frac{\pi}{2}$ とする．$\int_1^{\frac{1}{\cos\theta}} \frac{1}{x}\sqrt{x^2-1}\,dx$ を求めよ．

check					

積分 17（置換） level 5

演 習 1

a を定数とする．$\int_0^a f(x)\,dx=\frac{1}{2}\int_0^a\{f(x)+f(a-x)\}\,dx$ を示せ．

check					

演 習 2

すべての実数 x に対し，$f(\pi-x)=f(x)$ が成り立つとき，

$\int_0^\pi xf(x)\,dx=\frac{\pi}{2}\int_0^\pi f(x)\,dx$ を示せ．

check					

演 習 3

演習 1 の式を用いて $\int_0^{\frac{\pi}{2}}\frac{\cos^3 x}{\sin x+\cos x}\,dx$ を求めよ．

check					

演 習 4

演習 2 の式を用いて $\int_0^\pi \frac{x\sin^3 x}{4-\cos^2 x}\,dx$ を求めよ．

check					

演 習 5

$\int_{-1}^1 \frac{x^2}{1+e^{-x}}\,dx$ を求めよ．

check					

積分 18（漸化式） level 4

演　習　1

$I_n=\int_0^1 \frac{x^n}{1+x}dx$ のとき，$I_n+I_{n+1}=\frac{1}{n+1}$ を示せ．

check					

演　習　2

$I_n=\int_0^1 \frac{x^{2n}}{x^2+1}dx$ のとき，I_n+I_{n+1} を求めよ．

check					

演　習　3

$I_k=\int_0^{\frac{\pi}{4}} \tan^k x\,dx$ のとき，I_k+I_{k+2} を求めよ．ただし，k は自然数とする．

check					

演　習　4

$f_n(x)=\frac{\sin nx}{\sin x}$，$0<x<\pi$，$0<a<\frac{\pi}{2}$，$I_n=\int_a^{\frac{\pi}{2}} f_n(x)\,dx$ とするとき，

$\lim_{a\to+0}(I_{n+1}-I_{n-1})$ を n を用いて表せ．

check					

演　習　5

$I_n=\int_{(n-1)\pi}^{n\pi} e^{-x}|\sin x|\,dx$ のとき，I_{n+1} と I_n の関係を求めよ．

check					

部分積分法

【部分積分の不定積分】

$$\int f'(x)g(x)\,dx = f(x)g(x) - \int f(x)g'(x)\,dx$$

【部分積分の定積分】

$$\int_a^b f'(x)g(x)\,dx = \Big[f(x)g(x)\Big]_a^b - \int_a^b f(x)g'(x)\,dx$$

積分 19（部分積分） level 1

演　習　1

$\int xe^x\,dx$ を求めよ．

check					

演　習　2

$\int x\cos x\,dx$ を求めよ．

check					

演　習　3

$\int x\log x\,dx$ を求めよ．

check					

演　習　4

$\int x\sin x\,dx$ を求めよ．

check					

演　習　5

$\int \log x\,dx$ を求めよ．

check					

積分 20（部分積分） level 1

演　習　1

$\int_0^1 xe^{-x}\,dx$ を求めよ．

check					

演　習　2

$\int_0^\pi x\sin 2x\,dx$ を求めよ．

check					

演　習　3

$\int_1^e x^2\log x\,dx$ を求めよ．

check					

演　習　4

$\int_0^1 xe^{2x}\,dx$ を求めよ．

check					

演　習　5

$\int_0^\pi x\cos\frac{x}{2}\,dx$ を求めよ．

check					

積分 21（部分積分） level 2

演　習　1

$\displaystyle\int_0^1 x^2\log(x+1)\,dx$ を求めよ．

check					

演　習　2

$\displaystyle\int_0^{\pi}(\pi-x)\sin 3x\,dx$ を求めよ．

check					

演　習　3

$\displaystyle\int_1^{e}\frac{\log x}{x^2}\,dx$ を求めよ．

check					

演　習　4

$\displaystyle\int_{-1}^{1}(1+x)e^{-x}\,dx$ を求めよ．

check					

演　習　5

$\displaystyle\int_0^1 x2^x\,dx$ を求めよ．

check					

積分 22（部分積分） level 3

演　習　1

$\displaystyle\int_0^{\frac{\pi}{2}} x\cos^2 x\,dx$ を求めよ．

check					

演　習　2

$\displaystyle\int_0^1 x^3 e^{x^2}\,dx$ を求めよ．

check					

演　習　3

$\displaystyle\int_0^{\sqrt{\frac{\pi}{4}}} x^3 \sin x^2\,dx$ を求めよ．

check					

演　習　4

$\displaystyle\int_0^1 \log(x^2+1)\,dx$ を求めよ．

check					

演　習　5

$\displaystyle\int_0^{x^2} \sin(\sqrt{t}+a)\,dt$ $\left(a,\ x\text{ は定数},\ x>0,\ 0<a<\dfrac{\pi}{2}\right)$ を求めよ．

check					

積分 23（部分積分） level 4

演 習 1

$\displaystyle\int_0^1 \frac{1}{(2+x)^2}\log(1+2x)\,dx$ を求めよ．

check					

演 習 2

$\displaystyle\int_0^{\frac{\pi}{4}} \frac{x}{\cos^2 x}\,dx$ を求めよ．

check					

演 習 3

$\displaystyle\int_0^{\frac{\pi}{2}} x\sin^3 x\,dx$ を求めよ．

check					

演 習 4

$\displaystyle\int_0^{\frac{1}{\sqrt{2}}} \log\frac{1-x}{1+x}\,dx$ を求めよ．

check					

演 習 5

$\displaystyle\int_1^2 \log(x+\sqrt{x^2-1})\,dx$ を求めよ．

check					

積分 24（部分積分 2 回）　level 4

演　習　1

$\displaystyle\int_0^2 x^2 e^x\,dx$ を求めよ．

check					

演　習　2

$\displaystyle\int_0^{\frac{\pi}{2}} x^2 \cos x\,dx$ を求めよ．

check					

演　習　3

$\displaystyle\int_1^e (\log x)^2\,dx$ を求めよ．

check					

演　習　4

$\displaystyle\int_{-\pi}^{\pi} x^2 \cos nx\,dx$（$n$ は自然数）を求めよ．

check					

演　習　5

$\displaystyle\int_0^{\pi} (x\sin x)^2\,dx$ を求めよ．

check					

積分 25（部分積分 2 回）

level 4

演　習　1

$\displaystyle\int_0^{\pi} e^x \sin x\,dx$ を求めよ．

check					

演　習　2

$\displaystyle\int_0^{1} e^{-x} \cos 2\pi x\,dx$ を求めよ．

check					

演　習　3

$\displaystyle\int_1^{e^{\pi}} \cos(\log x)\,dx$ を求めよ．

check					

演　習　4

$\displaystyle\int_0^{t} e^{-ax} \cos(x-a)\,dx$（$a$，$t$ は正の定数）を求めよ．

check					

演　習　5

$\displaystyle\int e^{-x}(\sqrt{3}\sin x - \cos x)\,dx$ を求めよ．

check					

積分 26（部分積分） level 5

演　習　1

$\displaystyle\int_{(k-1)\pi}^{k\pi} e^{x}|\sin x|\,dx$ （k は自然数）を求めよ．

check					

演　習　2

$\displaystyle\int_{n}^{n+1} e^{-x}\cos \pi x\,dx$ （n は自然数）を求めよ．

check					

演　習　3

$\displaystyle\int_{k\pi}^{(k+1)\pi} x^{2}|\sin x|\,dx$ （k は整数）を求めよ．

check					

演　習　4

$\displaystyle\int_{(k-1)\pi}^{k\pi} (e^{-x}\cos x)^{2}\,dx$ （k は整数）を求めよ．

check					

演　習　5

$\displaystyle\int_{0}^{n\pi} e^{-x}|\sin nx|\,dx$ （n は自然数）を求めよ．

check					

積分 27（部分積分） level 5

演　習　1

$\displaystyle\int_0^2 |x-1|e^x\,dx$ を求めよ．

check					

演　習　2

$\displaystyle\int_0^{2\pi} x|\sin x|\,dx$ を求めよ．

check					

演　習　3

$\displaystyle\int_1^e |x-2|\log x\,dx$ を求めよ．

check					

演　習　4

$\displaystyle\int_{-1}^2 te^{-|t|}\,dt$ を求めよ．

check					

演　習　5

$\displaystyle\int_0^{\pi} |t-x|\sin^2 x\,dx$（$t$ は定数，$0 \leqq t \leqq \pi$）を求めよ．

check					

積分 28（部分積分）　level 5

演　習　1

$\int_0^2 |x-p|e^{-x}dx$（p は定数，$0<p<2$）を求めよ．

check					

演　習　2

$\int_0^1 t\log\left(\left|t-\frac{1}{2}\right|+\frac{1}{2}\right)dt$ を求めよ．

check					

演　習　3

n を自然数とする．$\int_0^\pi x^2|\sin nx|dx$ を求めよ．

check					

演　習　4

x 以下の最大の整数を $[x]$ で表す．$\int_0^2 e^{-2x}\left|x-2\left[\frac{x+1}{2}\right]\right|dx$ を求めよ．

check					

演　習　5

x を実数の定数とするとき，$\int_1^e |\log t - x|dt$ を求めよ．

check					

積分 29（パラメーター） level 3

演　習　1

$x=e^{-t}\cos t$, $y=e^{-t}\sin t$, $0 \leqq t \leqq \dfrac{\pi}{2}$ のとき，$\displaystyle\int_0^1 y\,dx$ を求めよ．

check					

演　習　2

$x=\tan t$, $y=-\log(\cos t)$, $-\dfrac{\pi}{2}<t<\dfrac{\pi}{2}$ のとき，$\displaystyle\int_0^1 y\,dx$ を求めよ．

演　習　3

$x=t+e^{\frac{t}{e}}$, $y=-t+e^{\frac{t}{e}}$, $0 \leqq t \leqq e$ のとき，$\displaystyle\int_1^{2e} y\,dx$ を求めよ．

check					

演　習　4

$x=2t\sin t$, $y=-2t\cos t+2\sin t$, $0 \leqq t \leqq \dfrac{\pi}{2}$ のとき，$\displaystyle\int_0^{\pi} y\,dx$ を求めよ．

check					

演　習　5

$x=\sin 2t$, $y=(1-t)^2$, $0 \leqq t \leqq 1$ のとき，$\displaystyle\int_0^1 x^2\,dy$ を求めよ．

check					

積分 30（部分積分（漸化式）） level 4

演　習　1

n を 2 以上の整数，$I_n=\int_0^{\frac{\pi}{2}}\sin^n x\,dx$ とするとき，I_n を I_{n-2} を用いて表せ．

check					

演　習　2

n を 0 以上の整数，$I_n=\int_0^1 x^n e^x\,dx$ とするとき，I_{n+1} を I_n を用いて表せ．

check					

演　習　3

n を 0 以上の整数，$I_n=\int_1^e (\log x)^n\,dx$ とするとき，I_{n+1} を I_n を用いて表せ．

check					

演　習　4

m，n を 1 以上の整数，α，β を定数，$I(m,\ n)=\int_\alpha^\beta (x-\alpha)^m(\beta-x)^n\,dx$ とするとき，$I(m,\ n)$ と $I(m+1,\ n-1)$ の関係式を求めよ．

check					

演　習　5

$a_n=\int_0^1 x^n\sqrt{1-x^2}\,dx$ $(n=0,\ 1,\ 2,\ \cdots)$ とおく．

n を 2 以上の整数とするとき，a_n を a_{n-2} を用いて表せ．

check					

積分と微分

【積分と微分1】

$$\frac{d}{dx}\int_a^x f(t)\,dt = f(x) \quad (a\text{ は定数})$$

【積分と微分2】

$$\frac{d}{dx}\int_{p(x)}^{q(x)} f(t)\,dt = f(q(x))q'(x) - f(p(x))p'(x)$$

積分 31（微分） level 2

演 習 1

$f(x)=\int_0^x \frac{t}{t^2+1}dt$ のとき，$f'(x)$ を求めよ．

check					

演 習 2

$f(x)=\int_x^{x+1} te^{-|t|}dt$ のとき，$f'(x)$ を求めよ．

check					

演 習 3

$f(x)=\int_x^{2x^2} te^{-t}dt$ のとき，$f'(x)$ を求めよ．

check					

演 習 4

$f(x)=\int_0^x (x-t)^2 \sin t\,dt$ のとき，$f'(x)$ を求めよ．

check					

演 習 5

$f(x)=\int_0^1 |e^t-x|dt$ $(1<x<e)$ のとき，$f'(x)$ を求めよ．

check					

第7講 区分求積法

区分求積法

【区分求積法1】

$$\lim_{n\to\infty}\frac{1}{n}\sum_{k=1}^{n}f\left(\frac{k}{n}\right)=\lim_{n\to\infty}\frac{1}{n}\sum_{k=0}^{n-1}f\left(\frac{k}{n}\right)=\int_0^1 f(x)\,dx$$

【区分求積法2】

$a+\dfrac{b-a}{n}(k-1)\leqq x_k\leqq a+\dfrac{b-a}{n}k$ $(k=1,\ 2,\ 3,\ \cdots,\ n)$ に対し,

$$\lim_{n\to\infty}\frac{b-a}{n}\sum_{k=1}^{n}f(x_k)=\int_a^b f(x)\,dx$$

積分 32（区分求積） level 3

演　習　1

$\displaystyle\lim_{n\to\infty}\sum_{k=1}^{n}\frac{k}{n^2+k^2}$ を求めよ．

check					

演　習　2

$\displaystyle\lim_{n\to\infty}\sum_{k=1}^{n}\frac{n}{k^2+3n^2}$ を求めよ．

check					

演　習　3

$\displaystyle\lim_{n\to\infty}\left\{\left(\sin\frac{\pi}{n}\right)^3+\left(\sin\frac{2\pi}{n}\right)^3+\cdots+\left(\sin\frac{n\pi}{n}\right)^3\right\}\frac{\pi}{n}$ を求めよ．

check					

演　習　4

$\displaystyle\lim_{n\to\infty}\sum_{k=1}^{n}\frac{n}{(2n+k)^2}\log\frac{n+2k}{n}$ を求めよ．

check					

演　習　5

$\displaystyle\lim_{n\to\infty}\left(\frac{n+2}{n^2+1^2}+\frac{n+4}{n^2+2^2}+\cdots+\frac{n+2n}{n^2+n^2}\right)$ を求めよ．

check					

積分 33（区分求積） level 5

演　習　1

$\displaystyle\lim_{n\to\infty}\sum_{k=1}^{n}\left(\frac{1}{2k-1}-\frac{1}{2k}\right)$ を求めよ．

check

演　習　2

$\displaystyle\lim_{n\to\infty}\left\{\frac{1}{n+1}+\frac{1}{n+3}+\frac{1}{n+5}+\cdots+\frac{1}{n+(2n-1)}\right\}$ を求めよ．

check

演　習　3

x を正の定数とする．$\displaystyle\lim_{n\to\infty}\sum_{k=1}^{n}\left\{\cos\left(\frac{2k+1}{2n}x\right)-\cos\left(\frac{2k-1}{2n}x\right)\right\}$ を求めよ．

check

演　習　4

$\displaystyle\lim_{n\to\infty}\frac{1}{n}\sqrt[n]{(n+1)(n+2)\cdots(n+n)}$ を求めよ．

check

演　習　5

$\displaystyle\lim_{n\to\infty}\left(\frac{{}_{3n}\mathrm{C}_n}{{}_{2n}\mathrm{C}_n}\right)^{\frac{1}{n}}$ を求めよ．

check

24810

河合塾 SERIES

数Ⅲ

極限，級数，微分，積分

試験に出る計算演習

改訂版

河合塾講師 中村登志彦＝著

解答編

河合出版

目　次

第2講 数列の極限

数列の極限 1

1. $$\lim_{n\to\infty}\frac{n(n+\sqrt{3})}{n^2+1}=\lim_{n\to\infty}\frac{1+\frac{\sqrt{3}}{n}}{1+\frac{1}{n^2}}=1.$$

2. $$\lim_{n\to\infty}\frac{\sqrt{3n^2+2n}-\sqrt{n}}{2n}$$

$$=\lim_{n\to\infty}\frac{\sqrt{3+\frac{2}{n}}-\sqrt{\frac{1}{n}}}{2}=\frac{\sqrt{3}}{2}.$$

3. $$\lim_{n\to\infty}(\sqrt{n^2+3}-\sqrt{n^2+1})(3n+1)$$

$$=\lim_{n\to\infty}\frac{(\sqrt{n^2+3}-\sqrt{n^2+1})(\sqrt{n^2+3}+\sqrt{n^2+1})}{\sqrt{n^2+3}+\sqrt{n^2+1}}(3n+1)$$

$$=\lim_{n\to\infty}\frac{n^2+3-(n^2+1)}{\sqrt{n^2+3}+\sqrt{n^2+1}}(3n+1)$$

$$=\lim_{n\to\infty}\frac{2(3n+1)}{\sqrt{n^2+3}+\sqrt{n^2+1}}$$

$$=\lim_{n\to\infty}\frac{2\left(3+\frac{1}{n}\right)}{\sqrt{1+\frac{3}{n^2}}+\sqrt{1+\frac{1}{n^2}}}$$

$$=\frac{6}{2}=3.$$

4. $$\lim_{n\to\infty}(a_{n+1}-a_{n-1})$$

$$=\lim_{n\to\infty}(\sqrt{(n+1)^2-1}-\sqrt{(n-1)^2-1})$$

$$=\lim_{n\to\infty}(\sqrt{n^2+2n}-\sqrt{n^2-2n})$$

$$=\lim_{n\to\infty}\frac{(\sqrt{n^2+2n}-\sqrt{n^2-2n})(\sqrt{n^2+2n}+\sqrt{n^2-2n})}{\sqrt{n^2+2n}+\sqrt{n^2-2n}}$$

$$=\lim_{n\to\infty}\frac{n^2+2n-(n^2-2n)}{\sqrt{n^2+2n}+\sqrt{n^2-2n}}$$

$$=\lim_{n\to\infty}\frac{4n}{\sqrt{n^2+2n}+\sqrt{n^2-2n}}$$

$$=\lim_{n\to\infty}\frac{4}{\sqrt{1+\frac{2}{n}}+\sqrt{1-\frac{2}{n}}}$$

$$=\frac{4}{2}=2.$$

5. $$\lim_{n\to\infty}(\sqrt[3]{n^3-n^2}-n)$$

$$=\lim_{n\to\infty}\{(n^3-n^2)^{\frac{1}{3}}-n\}$$

$$=\lim_{n\to\infty}\frac{\{(n^3-n^2)^{\frac{1}{3}}-n\}\{(n^3-n^2)^{\frac{2}{3}}+(n^3-n^2)^{\frac{1}{3}}n+n^2\}}{(n^3-n^2)^{\frac{2}{3}}+(n^3-n^2)^{\frac{1}{3}}\cdot n+n^2}$$

$$=\lim_{n\to\infty}\frac{(n^3-n^2)-n^3}{(n^3-n^2)^{\frac{2}{3}}+(n^3-n^2)^{\frac{1}{3}}\cdot n+n^2}$$

$$=\lim_{n\to\infty}\frac{-n^2}{(n^3-n^2)^{\frac{2}{3}}+(n^3-n^2)^{\frac{1}{3}}n+n^2}$$

$$=\lim_{n\to\infty}\frac{-1}{\left(1-\frac{1}{n}\right)^{\frac{2}{3}}+\left(1-\frac{1}{n}\right)^{\frac{1}{3}}+1}$$

$$=-\frac{1}{3}.$$

数列の極限 2

1. $$\lim_{n\to\infty}\frac{1^2+2^2+\cdots+n^2}{(n+1)^2+(n+2)^2+\cdots+(2n)^2}$$

$$=\lim_{n\to\infty}\frac{\frac{1}{6}n(n+1)(2n+1)}{\sum_{k=1}^{2n}k^2-\sum_{k=1}^{n}k^2}$$

$$=\lim_{n\to\infty}\frac{\frac{1}{6}n(n+1)(2n+1)}{\frac{1}{6}(2n)(2n+1)(4n+1)-\frac{1}{6}n(n+1)(2n+1)}$$

$$=\lim_{n\to\infty}\frac{\left(1+\frac{1}{n}\right)\left(2+\frac{1}{n}\right)}{2\left(2+\frac{1}{n}\right)\left(4+\frac{1}{n}\right)-\left(1+\frac{1}{n}\right)\left(2+\frac{1}{n}\right)}$$

$$=\frac{2}{16-2}=\frac{1}{7}.$$

［注］ $(n+1)^2+(n+2)^2+\cdots+(2n)^2$

$$=\sum_{k=1}^{n}(n+k)^2$$

$$=\sum_{k=1}^{n}(n^2+2nk+k^2)$$

$$=\sum_{k=1}^{n}n^2+\sum_{k=1}^{n}2nk+\sum_{k=1}^{n}k^2$$

$$=n^2\cdot n+2n\cdot\frac{1}{2}n(n+1)+\frac{1}{6}n(n+1)(2n+1)$$

$$=\frac{n}{6}(6n^2+6n^2+6n+2n^2+3n+1)$$

$$=\frac{n}{6}(14n^2+9n+1).$$

［注終り］

2. $$\lim_{n\to\infty}\frac{1\cdot(n-1)+2\cdot(n-2)+\cdots+(n-1)\cdot 1}{n^2(n-1)}$$

$$=\lim_{n\to\infty}\frac{\sum_{k=1}^{n-1}k(n-k)}{n^2(n-1)}$$

$$=\lim_{n\to\infty}\frac{n\sum_{k=1}^{n-1}k-\sum_{k=1}^{n-1}k^2}{n^2(n-1)}$$

$$=\lim_{n\to\infty}\frac{n\cdot\frac{1}{2}(n-1)n-\frac{1}{6}(n-1)n(2n-1)}{n^2(n-1)}$$

$$=\lim_{n\to\infty}\frac{\frac{1}{2}\left(1-\frac{1}{n}\right)-\frac{1}{6}\left(1-\frac{1}{n}\right)\left(2-\frac{1}{n}\right)}{1-\frac{1}{n}}$$

$$=\frac{1}{2}-\frac{2}{6}=\frac{1}{6}.$$

3. $$\lim_{n\to\infty}\frac{\log(2n+1)}{\log(n+1)}$$

$$=\lim_{n\to\infty}\frac{\log n\left(2+\frac{1}{n}\right)}{\log n\left(1+\frac{1}{n}\right)}$$

$$=\lim_{n\to\infty}\frac{\log n+\log\left(2+\frac{1}{n}\right)}{\log n+\log\left(1+\frac{1}{n}\right)}$$

$$=\lim_{n\to\infty}\frac{1+\frac{1}{\log n}\log\left(2+\frac{1}{n}\right)}{1+\frac{1}{\log n}\log\left(1+\frac{1}{n}\right)}$$

$$=1.$$

4. $$\lim_{n\to\infty}\frac{1}{\sqrt{n^2+2n}-\sqrt{n^2-2n}}$$

$$=\lim_{n\to\infty}\frac{\sqrt{n^2+2n}+\sqrt{n^2-2n}}{(\sqrt{n^2+2n}-\sqrt{n^2-2n})(\sqrt{n^2+2n}+\sqrt{n^2-2n})}$$

$$=\lim_{n\to\infty}\frac{\sqrt{n^2+2n}+\sqrt{n^2-2n}}{n^2+2n-(n^2-2n)}$$

$$=\lim_{n\to\infty}\frac{\sqrt{n^2+2n}+\sqrt{n^2-2n}}{4n}$$

$$=\lim_{n\to\infty}\frac{\sqrt{1+\frac{2}{n}}+\sqrt{1-\frac{2}{n}}}{4}$$

$$=\frac{2}{4}=\frac{1}{2}.$$

5. $$\lim_{n\to\infty}a_n=\lim_{n\to\infty}\frac{1}{3n-1}\cdot(3n-1)a_n$$

$$=0\times(-6)$$

$$=0.$$

$$\lim_{n\to\infty}na_n=\lim_{n\to\infty}(3n-1)a_n\cdot\frac{n}{3n-1}$$

$$=\lim_{n\to\infty}(3n-1)a_n\cdot\frac{1}{3-\frac{1}{n}}$$

$$=(-6)\cdot\frac{1}{3}$$

$$=-2.$$

数列の極限 3

1. $$\lim_{n\to\infty}\frac{1}{n}\log\frac{2^{n+1}-(-1)^{n+1}}{3}$$

$$=\lim_{n\to\infty}\frac{1}{n}\left[\log 2^{n+1}\left\{1-\left(-\frac{1}{2}\right)^{n+1}\right\}-\log 3\right]$$

$$=\lim_{n\to\infty}\frac{1}{n}\left[\log 2^{n+1}+\log\left\{1-\left(-\frac{1}{2}\right)^{n+1}\right\}-\log 3\right]$$

$$=\lim_{n\to\infty}\frac{1}{n}\left[(n+1)\log 2+\log\left\{1-\left(-\frac{1}{2}\right)^{n+1}\right\}-\log 3\right]$$

$$=\lim_{n\to\infty}\left[\left(1+\frac{1}{n}\right)\log 2+\frac{1}{n}\log\left\{1-\left(-\frac{1}{2}\right)^{n+1}\right\}-\frac{1}{n}\log 3\right]$$
$$=\log 2.$$

2. $$\lim_{n\to\infty}\frac{\cos^n\theta-\sin^n\theta}{\cos^n\theta+\sin^n\theta}$$
$$=\lim_{n\to\infty}\frac{1-\tan^n\theta}{1+\tan^n\theta}$$
$$=\lim_{n\to\infty}\frac{\frac{1}{\tan^n\theta}-1}{\frac{1}{\tan^n\theta}+1}.$$

$\frac{\pi}{4}<\theta<\frac{\pi}{2}$ より，$\tan\theta>1$ であるから，

$$\lim_{n\to\infty}\tan^n\theta=\infty.$$

よって，

$$(与式)=\frac{-1}{1}=-1.$$

3. $$\lim_{n\to\infty}\frac{(p+\sqrt{q})^n+(p-\sqrt{q})^n}{(p+\sqrt{q})^n-(p-\sqrt{q})^n}$$
$$=\lim_{n\to\infty}\frac{1+\left(\frac{p-\sqrt{q}}{p+\sqrt{q}}\right)^n}{1-\left(\frac{p-\sqrt{q}}{p+\sqrt{q}}\right)^n}.$$
$$1-\frac{p-\sqrt{q}}{p+\sqrt{q}}=\frac{2\sqrt{q}}{p+\sqrt{q}}>0,$$
$$1+\frac{p-\sqrt{q}}{p+\sqrt{q}}=\frac{2p}{p+\sqrt{q}}>0$$

より，

$$-1<\frac{p-\sqrt{q}}{p+\sqrt{q}}<1.$$

よって，

$$\lim_{n\to\infty}\left(\frac{p-\sqrt{q}}{p+\sqrt{q}}\right)^n=0.$$

$$(与式)=\frac{1}{1}=1.$$

4. $$\lim_{n\to\infty}\frac{a^{n+1}}{1+a^n}=\lim_{n\to\infty}\frac{a\cdot a^n}{1+a^n}$$
$$=\lim_{n\to\infty}\frac{a}{\frac{1}{a^n}+1}.$$

$0<a<1$ のとき，$\lim_{n\to\infty}a^n=0$ より，

$$(与式)=0.$$

$a=1$ のとき，

$$(与式)=\frac{1}{1+1}=\frac{1}{2}.$$

$a>1$ のとき，$\lim_{n\to\infty}a^n=\infty$ より，

$$(与式)=a.$$

5. $$\lim_{n\to\infty}\frac{r^{n-1}-3^{n+1}}{r^n+3^{n-1}}=\lim_{n\to\infty}\frac{\frac{1}{r}\left(\frac{r}{3}\right)^n-3}{\left(\frac{r}{3}\right)^n+\frac{1}{3}}$$
$$=\lim_{n\to\infty}\frac{\frac{1}{r}-3\left(\frac{3}{r}\right)^n}{1+\frac{1}{3}\left(\frac{3}{r}\right)^n}.$$

$0<r<3$ のとき，$0<\frac{r}{3}<1$ より，

$$\lim_{n\to\infty}\left(\frac{r}{3}\right)^n=0.$$
$$(与式)=\frac{-3}{\frac{1}{3}}=-9.$$

$r=3$ のとき，

$$(与式)=\lim_{n\to\infty}\frac{3^{n-1}-3^{n+1}}{3^n+3^{n-1}}$$
$$=\lim_{n\to\infty}\frac{1-9}{3+1}=-2.$$

$r>3$ のとき，$0<\frac{3}{r}<1$ より，

$$\lim_{n\to\infty}\left(\frac{3}{r}\right)^n=0.$$
$$(与式)=\frac{\frac{1}{r}}{1}=\frac{1}{r}.$$

数列の極限 4

1. $0<x<1$ のとき，$\lim_{n\to\infty}x^n=0$ より，

$$f(x)=\lim_{n\to\infty}\frac{4x\cdot x^n+ax^n+\log x+1}{x^2\cdot x^n+x^n+1}$$
$$=\log x+1.$$

$x=1$ のとき,

$$f(x)=\lim_{n\to\infty}\frac{4\cdot 1^{n+1}+a\cdot 1^n+\log 1+1}{1^{n+2}+1^n+1}$$
$$=\frac{a+5}{3}.$$

$x>1$ のとき, $\lim_{n\to\infty}x^n=\infty$ より,

$$f(x)=\lim_{n\to\infty}\frac{4x+a+\dfrac{\log x+1}{x^n}}{x^2+1+\dfrac{1}{x^n}}$$
$$=\frac{4x+a}{x^2+1}.$$

2. $0\leqq x<\dfrac{\pi}{4}$ のとき, $0\leqq \tan x<1$ より,

$\lim_{n\to\infty}\tan^n x=0$, $\lim_{n\to\infty}\tan^{2n}x=0$.

よって,

$$f(x)=\lim_{n\to\infty}\frac{\tan x\cdot\tan^{2n}x-\tan^n x+1}{\tan^2 x\cdot\tan^{2n}x+\tan^{2n}x+1}$$
$$=1.$$

$x=\dfrac{\pi}{4}$ のとき, $\tan x=1$.

よって,

$$f(x)=\frac{1-1+1}{1+1+1}=\frac{1}{3}.$$

$\dfrac{\pi}{4}<x<\dfrac{\pi}{2}$ のとき, $\tan x>1$ より,

$\lim_{n\to\infty}\tan^n x=\infty$, $\lim_{n\to\infty}\tan^{2n}x=\infty$.

よって,

$$f(x)=\lim_{n\to\infty}\frac{\tan x-\dfrac{1}{\tan^n x}+\dfrac{1}{\tan^{2n}x}}{\tan^2 x+1+\dfrac{1}{\tan^{2n}x}}$$
$$=\frac{\tan x}{\tan^2 x+1}.$$
$$(=\tan x\cos^2 x=\sin x\cos x)$$

3. (1) $b_n=\{a_n+b_n\}-a_n$

より, $\{b_n\}$ も収束するから真.

(2) 偽.

(反例)

$b_n=n$, $a_n=\dfrac{1}{n}$ のとき, $a_nb_n=1$, $a_n=\dfrac{1}{n}$ は収束するが, b_n は収束しない.

(3) 偽.

(反例)

$a_n=(-1)^n$ のとき, ${a_n}^2=1$ は収束するが, a_n は収束しない.

4. $\lim_{n\to\infty}\{\sqrt{(n-1)(2n-1)}+kn\}$

$$=\lim_{n\to\infty}n\left\{\sqrt{\left(1-\frac{1}{n}\right)\left(2-\frac{1}{n}\right)}+k\right\}.$$

これが収束し,

$$\lim_{n\to\infty}n=\infty,$$
$$\lim_{n\to\infty}\left\{\sqrt{\left(1-\frac{1}{n}\right)\left(2-\frac{1}{n}\right)}+k\right\}=\sqrt{2}+k$$

であるから,

$$k=-\sqrt{2}$$

が必要である.

逆にこのとき,

$\lim_{n\to\infty}\{\sqrt{(n-1)(2n-1)}-\sqrt{2}\,n\}$

$$=\lim_{n\to\infty}\frac{\{\sqrt{(n-1)(2n-1)}-\sqrt{2}\,n\}\{\sqrt{(n-1)(2n-1)}+\sqrt{2}\,n\}}{\sqrt{(n-1)(2n-1)}+\sqrt{2}\,n}$$
$$=\lim_{n\to\infty}\frac{(n-1)(2n-1)-2n^2}{\sqrt{(n-1)(2n-1)}+\sqrt{2}\,n}$$
$$=\lim_{n\to\infty}\frac{-3n+1}{\sqrt{(n-1)(2n-1)}+\sqrt{2}\,n}$$
$$=\lim_{n\to\infty}\frac{-3+\dfrac{1}{n}}{\sqrt{\left(1-\dfrac{1}{n}\right)\left(2-\dfrac{1}{n}\right)}+\sqrt{2}}$$
$$=\frac{-3}{2\sqrt{2}}=-\frac{3\sqrt{2}}{4}.$$

[**注**] $k\geqq 0$ のとき,

$\lim_{n\to\infty}\{\sqrt{(n-1)(2n-1)}+kn\}=\infty$

より不適.

$k<0$ のとき,

$\lim_{n\to\infty}\{\sqrt{(n-1)(2n-1)}+kn\}$

$$=\lim_{n\to\infty}\frac{\{\sqrt{(n-1)(2n-1)}+kn\}\{\sqrt{(n-1)(2n-1)}-kn\}}{\sqrt{(n-1)(2n-1)}-kn}$$

$$=\lim_{n\to\infty}\frac{(n-1)(2n-1)-k^2n^2}{\sqrt{(n-1)(2n-1)}-kn}$$

$$=\lim_{n\to\infty}\frac{(2-k^2)n^2-3n+1}{\sqrt{(n-1)(2n-1)}-kn}$$

$$=\lim_{n\to\infty}\frac{(2-k^2)n-3+\frac{1}{n}}{\sqrt{\left(1-\frac{1}{n}\right)\left(2-\frac{1}{n}\right)}-k}. \quad \cdots (*)$$

これが収束するから，$2-k^2=0$.

$k<0$ より，　　　$k=-\sqrt{2}$.

このとき，

$$(*)=\lim_{n\to\infty}\frac{-3+\frac{1}{n}}{\sqrt{\left(1-\frac{1}{n}\right)\left(2-\frac{1}{n}\right)}+\sqrt{2}}$$

$$=-\frac{3}{2\sqrt{2}}=-\frac{3\sqrt{2}}{4}.$$

[注終り]

5. $S_n=\frac{1}{6^n}+\frac{2}{6^n}+\cdots+\frac{6^n}{6^n}$

$$=\frac{1}{6^n}\cdot\frac{1}{2}\cdot 6^n\cdot(6^n+1)$$

$$=\frac{1}{2}(6^n+1).$$

$\frac{k}{6^n}$ の1以下の既約分数は k が2の倍数でも3の倍数でもないもので，k が

$6l-5$，$6l-1$　($l=1, 2, \cdots, 6^{n-1}$)

のときの分数である.

よって，

$$T_n=\sum_{l=1}^{6^{n-1}}\left(\frac{6l-5}{6^n}+\frac{6l-1}{6^n}\right)$$

$$=\sum_{l=1}^{6^{n-1}}\frac{12l-6}{6^n}$$

$$=\frac{1}{6^{n-1}}\sum_{l=1}^{6^{n-1}}(2l-1)$$

$$=\frac{1}{6^{n-1}}\left\{2\cdot\frac{1}{2}\cdot 6^{n-1}(6^{n-1}+1)-6^{n-1}\right\}$$

$$=6^{n-1}.$$

$$\lim_{n\to\infty}\frac{T_n}{S_n}=\lim_{n\to\infty}\frac{6^{n-1}}{\frac{1}{2}(6^n+1)}$$

$$=\lim_{n\to\infty}\frac{2}{6+\frac{1}{6^{n-1}}}$$

$$=\frac{1}{3}.$$

数列の極限 5

1. $1\leqq k\leqq n$ のとき，

$$\frac{1}{n}=\frac{1}{\sqrt{n^2}}>\frac{1}{\sqrt{n^2+k}}\geqq\frac{1}{\sqrt{n^2+n}}.$$

$$\sum_{k=1}^{n}\frac{1}{n}>\sum_{k=1}^{n}\frac{1}{\sqrt{n^2+k}}\geqq\sum_{k=1}^{n}\frac{1}{\sqrt{n^2+n}}.$$

$$\sum_{k=1}^{n}\frac{1}{n}=\frac{1}{n}\cdot n=1.$$

$$\sum_{k=1}^{n}\frac{1}{\sqrt{n^2+n}}=\frac{1}{\sqrt{n^2+n}}\cdot n$$

$$=\frac{1}{\sqrt{1+\frac{1}{n}}}\longrightarrow 1\ (n\to\infty).$$

よって，

$$\lim_{n\to\infty}\sum_{k=1}^{n}\frac{1}{\sqrt{n^2+k}}=1.$$

2. $$ak-1<[ak]\leqq ak$$

より，

$$\sum_{k=1}^{n}(ak-1)<\sum_{k=1}^{n}[ak]\leqq\sum_{k=1}^{n}ak.$$

$$\sum_{k=1}^{n}(ak-1)=a\cdot\frac{1}{2}n(n+1)-n,$$

$$\sum_{k=1}^{n}ak=a\cdot\frac{1}{2}n(n+1)$$

であるから，

$$\frac{a}{2}n(n+1)-n<\sum_{k=1}^{n}[ak]\leqq\frac{a}{2}n(n+1).$$

$$\frac{a}{2}\left(1+\frac{1}{n}\right)-\frac{1}{n}<\frac{1}{n^2}\sum_{k=1}^{n}[ak]\leqq\frac{a}{2}\left(1+\frac{1}{n}\right).$$

$$\lim_{n\to\infty}\left\{\frac{a}{2}\left(1+\frac{1}{n}\right)-\frac{1}{n}\right\}=\frac{a}{2},$$

$$\lim_{n\to\infty}\frac{a}{2}\left(1+\frac{1}{n}\right)=\frac{a}{2}$$

より，

$$\lim_{n\to\infty}\frac{1}{n^2}\sum_{k=1}^{n}[ak]=\frac{a}{2}.$$

3. $$10^{n-1}\leqq a_n<10^n$$

より，

$$n-1\leqq\log_{10}a_n<n.$$

$$1-\frac{1}{n}\leqq\frac{\log_{10}a_n}{n}<1.$$

$$\lim_{n\to\infty}\left(1-\frac{1}{n}\right)=1$$

であるから，

$$\lim_{n\to\infty}\frac{\log_{10}a_n}{n}=1.$$

4. $0<a<b$ より，

$$b^n<a^n+b^n<2b^n.$$

$$b<\sqrt[n]{a^n+b^n}<\sqrt[n]{2b^n}.$$

$$\lim_{n\to\infty}\sqrt[n]{2b^n}=\lim_{n\to\infty}2^{\frac{1}{n}}b=b$$

であるから，

$$\lim_{n\to\infty}\sqrt[n]{a^n+b^n}=b.$$

5. $0<c\leqq1$ のとき，$\dfrac{1}{c}\geqq1$ より，

$$0<c\leqq\frac{1}{c}.$$

$$c^{-n}=\frac{1}{c^n}<c^n+\frac{1}{c^n}\leqq\frac{2}{c^n}=2\cdot c^{-n}.$$

$$\log c^{-n}<\log\left(c^n+\frac{1}{c^n}\right)\leqq\log(2\cdot c^{-n}).$$

$$-n\log c<\log\left(c^n+\frac{1}{c^n}\right)\leqq\log2-n\log c.$$

$$-\log c<\frac{1}{n}\log\left(c^n+\frac{1}{c^n}\right)\leqq\frac{\log2}{n}-\log c.$$

$$\lim_{n\to\infty}\left(\frac{\log2}{n}-\log c\right)=-\log c$$

であるから，

$$(\text{与式})=-\log c.$$

$c>1$ のとき，$0<\dfrac{1}{c}<c$ より，

$$c^n<c^n+\frac{1}{c^n}<2c^n.$$

$$\log c^n<\log\left(c^n+\frac{1}{c^n}\right)<\log(2c^n).$$

$$n\log c<\log\left(c^n+\frac{1}{c^n}\right)<\log2+n\log c.$$

$$\log c<\frac{1}{n}\log\left(c^n+\frac{1}{c^n}\right)<\frac{\log2}{n}+\log c.$$

$$\lim_{n\to\infty}\left(\frac{\log2}{n}+\log c\right)=\log c$$

であるから，

$$(\text{与式})=\log c.$$

数列の極限 6

1.

$$\begin{aligned}0\leqq a_{n+1}-\sqrt{3}&\leqq\frac{1}{2}(a_n-\sqrt{3})\\&\leqq\left(\frac{1}{2}\right)^2(a_{n-1}-\sqrt{3})\\&\leqq\left(\frac{1}{2}\right)^3(a_{n-2}-\sqrt{3})\\&\ \ \vdots\\&\leqq\left(\frac{1}{2}\right)^n(a_1-\sqrt{3})\\&=\left(\frac{1}{2}\right)^n(2-\sqrt{3}).\end{aligned}$$

よって，

$$0\leqq a_n-\sqrt{3}\leqq\left(\frac{1}{2}\right)^{n-1}(2-\sqrt{3}).$$

$$\lim_{n\to\infty}\left(\frac{1}{2}\right)^{n-1}(2-\sqrt{3})=0$$

であるから，

$$\lim_{n\to\infty}(a_n-\sqrt{3})=0.$$

したがって，

$$\lim_{n\to\infty}a_n=\sqrt{3}.$$

2. $n\geqq3$ のとき，

$$\begin{aligned}\frac{a_{n+1}}{a_n}&=\frac{n+1}{3^{n+1}}\cdot\frac{3^n}{n}\\&=\frac{n+1}{3n}\\&=\frac{1}{3}\left(1+\frac{1}{n}\right)\\&\leqq\frac{1}{3}\left(1+\frac{1}{3}\right)\end{aligned}$$

$$=\frac{4}{9}.$$

よって，

$$a_{n+1}\leqq\frac{4}{9}a_n.$$

したがって，

$$0<a_n\leqq\frac{4}{9}a_{n-1}$$
$$\leqq\left(\frac{4}{9}\right)^2a_{n-2}$$
$$\vdots$$
$$\leqq\left(\frac{4}{9}\right)^{n-3}a_3.$$

$$\lim_{n\to\infty}\left(\frac{4}{9}\right)^{n-3}a_3=0$$

であるから，

$$\lim_{n\to\infty}a_n=0.$$

3. $0<a_{n+1}-\dfrac{3}{2}<\dfrac{1}{3}\left(a_n-\dfrac{3}{2}\right)^2$

$$<\frac{1}{3}\left\{\frac{1}{3}\left(a_{n-1}-\frac{3}{2}\right)^2\right\}^2$$
$$=\frac{1}{3^{1+2}}\left(a_{n-1}-\frac{3}{2}\right)^{2^2}$$
$$<\frac{1}{3^{1+2}}\left\{\frac{1}{3}\left(a_{n-2}-\frac{3}{2}\right)^2\right\}^{2^2}$$
$$=\frac{1}{3^{1+2+2^2}}\left(a_{n-2}-\frac{3}{2}\right)^{2^3}$$
$$<\frac{1}{3^{1+2+2^2}}\left\{\frac{1}{3}\left(a_{n-3}-\frac{3}{2}\right)^2\right\}^{2^3}$$
$$=\frac{1}{3^{1+2+2^2+2^3}}\left(a_{n-3}-\frac{3}{2}\right)^{2^4}$$
$$\vdots$$
$$<\frac{1}{3^{1+2+2^2+\cdots+2^{n-1}}}\left(a_1-\frac{3}{2}\right)^{2^n}$$
$$=\frac{1}{3^{\frac{2^n-1}{2-1}}}\left(\frac{1}{2}\right)^{2^n}$$
$$=\frac{1}{3^{2^n-1}}\left(\frac{1}{2}\right)^{2^n}.$$

よって，$n\geqq2$ のとき，

$$0<a_n-\frac{3}{2}<\frac{1}{3^{2^{n-1}-1}}\left(\frac{1}{2}\right)^{2^{n-1}}.$$

$$\lim_{n\to\infty}\frac{1}{3^{2^{n-1}-1}}\left(\frac{1}{2}\right)^{2^{n-1}}=0$$

であるから，

$$\lim_{n\to\infty}\left(a_n-\frac{3}{2}\right)=0.$$

したがって，

$$\lim_{n\to\infty}a_n=\frac{3}{2}.$$

［**注**］ $b_n=a_n-\dfrac{3}{2}$ とおくと，$b_1=\dfrac{1}{2}$，

$$0<b_{n+1}<\frac{1}{3}b_n{}^2.$$

$b_n>0$ であるから，

$$\log b_{n+1}<2\log b_n-\log 3.$$

$\log b_n=c_n$ とおくと，

$$c_{n+1}<2c_n-\log 3.$$

したがって，

$$c_{n+1}-\log 3<2(c_n-\log 3)$$
$$<2^2(c_{n-1}-\log 3)$$
$$\vdots$$
$$<2^n(c_1-\log 3),$$

$c_1=\log b_1=\log\dfrac{1}{2}=-\log 2$ より，

$$c_n-\log 3<2^{n-1}(-\log 6).\ (n\geqq2)$$

$\displaystyle\lim_{n\to\infty}2^{n-1}(-\log 6)=-\infty$ より，

$$\lim_{n\to\infty}c_n=-\infty.$$

よって，

$$\lim_{n\to\infty}b_n=0.$$

したがって，

$$\lim_{n\to\infty}a_n=\frac{3}{2}.$$

［注終り］

4. $$n\cos\pi a_n=\pi a_n\sin\pi a_n$$

より，

$$\cos\pi a_n=\frac{\pi a_n\sin\pi a_n}{n}.\qquad\cdots①$$

$0<a_n<\dfrac{1}{2}$ より，

$$0<\pi a_n<\frac{\pi}{2}.\qquad\cdots②$$
$$0<\sin\pi a_n<1.\qquad\cdots③$$

②，③より，

$$0 < \pi a_n \sin \pi a_n < \frac{\pi}{2}.$$

$$0 < \frac{\pi a_n \sin \pi a_n}{n} < \frac{\pi}{2n}.$$

$\lim_{n\to\infty}\frac{\pi}{2n}=0$ であるから,

$$\lim_{n\to\infty}\frac{\pi a_n \sin \pi a_n}{n}=0.$$

よって, ① より,

$$\lim_{n\to\infty}\cos \pi a_n=0.$$

であるから, ② より,

$$\lim_{n\to\infty}\pi a_n=\frac{\pi}{2}.$$

したがって,

$$\lim_{n\to\infty}a_n=\frac{1}{2}.$$

5.
$$2a_n{}^3+3na_n{}^2-3(n+1)=0$$

より,

$$3n(a_n{}^2-1)=3-2a_n{}^3.$$

$$a_n{}^2-1=\frac{1}{3n}(3-2a_n{}^3). \qquad \cdots ①$$

$1<a_n<2$ より,

$$1<a_n{}^3<8.$$

$$-13<3-2a_n{}^3<1.$$

$$-\frac{13}{3n}<\frac{1}{3n}(3-2a_n{}^3)<\frac{1}{3n}.$$

$$\lim_{n\to\infty}\left(-\frac{13}{3n}\right)=0,\ \lim_{n\to\infty}\frac{1}{3n}=0$$

であるから,

$$\lim_{n\to\infty}\frac{1}{3n}(3-2a_n{}^3)=0.$$

① より

$$\lim_{n\to\infty}(a_n{}^2-1)=0.$$

$$\lim_{n\to\infty}a_n{}^2=1.$$

$1<a_n<2$ より,

$$\lim_{n\to\infty}a_n=1.$$

第3講 級 数

級 数 1

1. $S_n=\sum_{k=1}^{n}\frac{1}{k(k+1)}$ とおくと，

$$S_n=\sum_{k=1}^{n}\left(\frac{1}{k}-\frac{1}{k+1}\right)$$
$$=\sum_{k=1}^{n}\frac{1}{k}-\sum_{k=1}^{n}\frac{1}{k+1}$$
$$=1+\frac{1}{2}+\frac{1}{3}+\cdots+\frac{1}{n}-\left(\frac{1}{2}+\frac{1}{3}+\cdots+\frac{1}{n}+\frac{1}{n+1}\right)$$
$$=1-\frac{1}{n+1}.$$

$$(\text{与式})=\lim_{n\to\infty}S_n=1.$$

［注］ $S_n=\left(\frac{1}{1}-\frac{1}{2}\right)+\left(\frac{1}{2}-\frac{1}{3}\right)+\cdots+\left(\frac{1}{n}-\frac{1}{n+1}\right)$

$$=1-\frac{1}{n+1}.$$

［注終り］

2. $S_n=\sum_{k=1}^{n}\frac{1}{(3k-1)(3k+2)}$ とおくと，

$$S_n=\sum_{k=1}^{n}\frac{1}{3}\left(\frac{1}{3k-1}-\frac{1}{3k+2}\right)$$
$$=\frac{1}{3}\left(\sum_{k=1}^{n}\frac{1}{3k-1}-\sum_{k=1}^{n}\frac{1}{3k+2}\right)$$
$$=\frac{1}{3}\left\{\frac{1}{2}+\frac{1}{5}+\cdots+\frac{1}{3n-1}-\left(\frac{1}{5}+\cdots+\frac{1}{3n-1}+\frac{1}{3n+2}\right)\right\}$$
$$=\frac{1}{3}\left(\frac{1}{2}-\frac{1}{3n+2}\right).$$

$$(\text{与式})=\lim_{n\to\infty}S_n=\frac{1}{6}.$$

［注］ $S_n=\frac{1}{3}\left(\frac{1}{2}-\frac{1}{5}\right)+\frac{1}{3}\left(\frac{1}{5}-\frac{1}{8}\right)+\cdots+\frac{1}{3}\left(\frac{1}{3n-1}-\frac{1}{3n+2}\right)$

$$=\frac{1}{3}\left(\frac{1}{2}-\frac{1}{3n+2}\right).$$

［注終り］

3. $$(\text{与式})=\sum_{n=1}^{\infty}\left(-\frac{3}{4}\right)\left(-\frac{3}{4}\right)^{n-1}$$
$$=\frac{-\frac{3}{4}}{1-\left(-\frac{3}{4}\right)}$$
$$=-\frac{3}{7}.$$

4. $$(\text{与式})=\frac{1}{1-(-e^{-\pi})}$$
$$=\frac{1}{1+e^{-\pi}}.$$

5. $a_n=ar^{n-1}$ とすると，$\sum_{n=1}^{\infty}a_n$ が収束するから $|r|<1$.

$a_2=-1$ より，

$$ar=-1. \qquad \cdots①$$

$\sum_{n=1}^{\infty}a_n=\frac{4}{3}$ より，

$$\frac{a}{1-r}=\frac{4}{3}. \qquad \cdots②$$

① より，$a=-\frac{1}{r}$ を ② に代入して，

$$-\frac{1}{r(1-r)}=\frac{4}{3}.$$
$$4r(r-1)=3.$$
$$4r^2-4r-3=0.$$
$$(2r+1)(2r-3)=0.$$

$|r|<1$ より，

$$r=-\frac{1}{2}.$$

① より，

$$a=2.$$

よって，

$$a_n=2\left(-\frac{1}{2}\right)^{n-1}=-\left(-\frac{1}{2}\right)^{n-2}.$$

級　数 2

1.　(与式) $= \sum_{n=1}^{\infty}\left\{\left(-\frac{1}{2}\right)^3\right\}^{n-1}$

$$= \sum_{n=1}^{\infty}\left(-\frac{1}{8}\right)^{n-1}$$

$$= \frac{1}{1-\left(-\frac{1}{8}\right)}$$

$$= \frac{8}{9}.$$

2.　(与式) $= \sum_{n=1}^{\infty}\left[\left(\frac{1}{1+r}\right)^n - \left\{\frac{1}{(1+r)^2}\right\}^n\right].$

$0 < \frac{1}{1+r} < 1$, $0 < \frac{1}{(1+r)^2} < 1$ であるから $\sum_{n=1}^{\infty}\left(\frac{1}{1+r}\right)^n$, $\sum_{n=1}^{\infty}\left\{\frac{1}{(1+r)^2}\right\}^n$ はそれぞれ収束して,

$$(与式) = \frac{\frac{1}{1+r}}{1-\frac{1}{1+r}} - \frac{\frac{1}{(1+r)^2}}{1-\frac{1}{(1+r)^2}}$$

$$= \frac{1}{r} - \frac{1}{r^2+2r}$$

$$= \frac{r+2-1}{r(r+2)}$$

$$= \frac{r+1}{r(r+2)}.$$

3.　$\sin\theta + \cos\theta = \sqrt{2}\sin\left(\theta + \frac{\pi}{4}\right).$

$0 < \theta < \frac{\pi}{2}$ より, $\frac{\pi}{4} < \theta + \frac{\pi}{4} < \frac{3}{4}\pi$ であるから,

$$\frac{1}{\sqrt{2}} < \sin\left(\theta + \frac{\pi}{4}\right) \leqq 1.$$

$$1 < \sqrt{2}\sin\left(\theta + \frac{\pi}{4}\right) \leqq \sqrt{2}.$$

よって,

$$\frac{1}{\sqrt{2}} \leqq \frac{1}{\sin\theta + \cos\theta} < 1.$$

したがって, 与式は収束して,

$$(与式) = \frac{\frac{\sin\theta}{\sin\theta + \cos\theta}}{1 - \frac{1}{\sin\theta + \cos\theta}}$$

$$= \frac{\sin\theta}{\sin\theta + \cos\theta - 1}.$$

4.　(与式) $= \sum_{n=1}^{\infty}\frac{3^2\cdot 3^{-n} - (-1)^n}{2\cdot 2^{3n}}$

$$= \sum_{n=1}^{\infty}\frac{9\cdot\left(\frac{1}{3}\right)^n - (-1)^n}{2\cdot 8^n}$$

$$= \sum_{n=1}^{\infty}\left\{\frac{9}{2}\left(\frac{1}{24}\right)^n - \frac{1}{2}\left(-\frac{1}{8}\right)^n\right\}.$$

$\sum_{n=1}^{\infty}\frac{9}{2}\left(\frac{1}{24}\right)^n$, $\sum_{n=1}^{\infty}\frac{1}{2}\left(-\frac{1}{8}\right)^n$ はそれぞれ収束するから,

$$(与式) = \sum_{n=1}^{\infty}\frac{9}{2}\left(\frac{1}{24}\right)^n - \sum_{n=1}^{\infty}\frac{1}{2}\left(-\frac{1}{8}\right)^n$$

$$= \frac{\frac{9}{2}\cdot\frac{1}{24}}{1-\frac{1}{24}} - \frac{\frac{1}{2}\cdot\left(-\frac{1}{8}\right)}{1-\left(-\frac{1}{8}\right)}$$

$$= \frac{9}{46} + \frac{1}{18}$$

$$= \frac{52}{207}.$$

5.　$\sum_{n=1}^{\infty}\left(\frac{1}{2^n} - \frac{2}{3^n}\right)^2$

$$= \sum_{n=1}^{\infty}\left\{\left(\frac{1}{2^n}\right)^2 - 2\cdot\frac{1}{2^n}\cdot\frac{2}{3^n} + \left(\frac{2}{3^n}\right)^2\right\}$$

$$= \sum_{n=1}^{\infty}\left\{\left(\frac{1}{2}\right)^{2n} - \frac{4}{6^n} + 4\cdot\left(\frac{1}{3}\right)^{2n}\right\}$$

$$= \sum_{n=1}^{\infty}\left\{\left(\frac{1}{4}\right)^n - 4\left(\frac{1}{6}\right)^n + 4\left(\frac{1}{9}\right)^n\right\}.$$

$\sum_{n=1}^{\infty}\left(\frac{1}{4}\right)^n$, $\sum_{n=1}^{\infty}4\left(\frac{1}{6}\right)^n$, $\sum_{n=1}^{\infty}4\left(\frac{1}{9}\right)^n$ はそれぞれ収束するから,

$$(与式) = \sum_{n=1}^{\infty}\left(\frac{1}{4}\right)^n - \sum_{n=1}^{\infty}4\left(\frac{1}{6}\right)^n + \sum_{n=1}^{\infty}4\left(\frac{1}{9}\right)^n$$

$$= \frac{\frac{1}{4}}{1-\frac{1}{4}} - \frac{4\cdot\frac{1}{6}}{1-\frac{1}{6}} + \frac{4\cdot\frac{1}{9}}{1-\frac{1}{9}}$$

$$=\frac{1}{3}-\frac{4}{5}+\frac{1}{2}$$
$$=\frac{1}{30}.$$

級　数 3

1.　$S_n=\sum_{k=2}^{n}\frac{\log\left(1+\frac{1}{k}\right)}{\log k\log(k+1)}$ とおくと,

$$S_n=\sum_{k=2}^{n}\frac{\log\frac{k+1}{k}}{\log k\log(k+1)}$$
$$=\sum_{k=2}^{n}\frac{\log(k+1)-\log k}{\log k\log(k+1)}$$
$$=\sum_{k=2}^{n}\left\{\frac{1}{\log k}-\frac{1}{\log(k+1)}\right\}$$
$$=\sum_{k=2}^{n}\frac{1}{\log k}-\sum_{k=2}^{n}\frac{1}{\log(k+1)}$$
$$=\frac{1}{\log 2}+\frac{1}{\log 3}+\cdots+\frac{1}{\log n}$$
$$-\left\{\frac{1}{\log 3}+\cdots+\frac{1}{\log n}+\frac{1}{\log(n+1)}\right\}$$
$$=\frac{1}{\log 2}-\frac{1}{\log(n+1)}.$$

$$(\text{与式})=\lim_{n\to\infty}S_n=\frac{1}{\log 2}.$$

［注］　$S_n=\sum_{k=2}^{n}\left\{\frac{1}{\log k}-\frac{1}{\log(k+1)}\right\}$

$$=\left(\frac{1}{\log 2}-\frac{1}{\log 3}\right)+\left(\frac{1}{\log 3}-\frac{1}{\log 4}\right)$$
$$+\cdots+\left\{\frac{1}{\log n}-\frac{1}{\log(n+1)}\right\}$$
$$=\frac{1}{\log 2}-\frac{1}{\log(n+1)}.$$

［注終り］

2.　$S_n=\sum_{k=1}^{n}\frac{(-1)^{k-1}}{4}\left(\frac{1}{2k-1}+\frac{1}{2k+1}\right)$

とおくと,

$$S_n=\sum_{k=1}^{n}\frac{1}{4}\left\{\frac{(-1)^{k-1}}{2k-1}+\frac{(-1)^{k-1}}{2k+1}\right\}$$
$$=\frac{1}{4}\sum_{k=1}^{n}\left\{\frac{(-1)^{k-1}}{2k-1}-\frac{(-1)^{k}}{2k+1}\right\}$$
$$=\frac{1}{4}\left\{\sum_{k=1}^{n}\frac{(-1)^{k-1}}{2k-1}-\sum_{k=1}^{n}\frac{(-1)^{k}}{2k+1}\right\}$$
$$=\frac{1}{4}\left[\frac{1}{1}-\frac{1}{3}+\frac{1}{5}-\cdots+\frac{(-1)^{n-1}}{2n-1}\right.$$
$$\left.-\left\{-\frac{1}{3}+\frac{1}{5}-\cdots+\frac{(-1)^{n-1}}{2n-1}+\frac{(-1)^{n}}{2n+1}\right\}\right]$$
$$=\frac{1}{4}\left\{1-\frac{(-1)^{n}}{2n+1}\right\}.$$

$$(\text{与式})=\lim_{n\to\infty}S_n=\frac{1}{4}.$$

［注］　$S_n=\sum_{k=1}^{n}\frac{1}{4}\left\{\frac{(-1)^{k-1}}{2k-1}-\frac{(-1)^{k}}{2k+1}\right\}$

$$=\frac{1}{4}\left(\frac{1}{1}-\frac{-1}{3}\right)+\frac{1}{4}\left(\frac{-1}{3}-\frac{1}{5}\right)$$
$$+\cdots+\frac{1}{4}\left\{\frac{(-1)^{n-1}}{2n-1}-\frac{(-1)^{n}}{2n+1}\right\}$$
$$=\frac{1}{4}\left\{1-\frac{(-1)^{n}}{2n+1}\right\}.$$

［注終り］

3.　$S_n=\sum_{k=1}^{n}\left(\frac{1}{k+1}-\frac{2}{k+2}+\frac{1}{k+3}\right)$ とおくと,

$$S_n=\sum_{k=1}^{n}\left\{\left(\frac{1}{k+1}-\frac{1}{k+2}\right)-\left(\frac{1}{k+2}-\frac{1}{k+3}\right)\right\}$$
$$=\sum_{k=1}^{n}\left\{\frac{1}{(k+1)(k+2)}-\frac{1}{(k+2)(k+3)}\right\}$$
$$=\sum_{k=1}^{n}\frac{1}{(k+1)(k+2)}-\sum_{k=1}^{n}\frac{1}{(k+2)(k+3)}$$
$$=\frac{1}{2\cdot 3}+\frac{1}{3\cdot 4}+\cdots+\frac{1}{(n+1)(n+2)}$$
$$-\left\{\frac{1}{3\cdot 4}+\cdots+\frac{1}{(n+1)(n+2)}+\frac{1}{(n+2)(n+3)}\right\}$$
$$=\frac{1}{6}-\frac{1}{(n+2)(n+3)}.$$

$$(\text{与式})=\lim_{n\to\infty}S_n=\frac{1}{6}.$$

［注］　$S_n=\sum_{k=1}^{n}\left\{\frac{1}{(k+1)(k+2)}-\frac{1}{(k+2)(k+3)}\right\}$

$$=\left(\frac{1}{2\cdot 3}-\frac{1}{3\cdot 4}\right)+\left(\frac{1}{3\cdot 4}-\frac{1}{4\cdot 5}\right)+$$
$$\cdots+\left\{\frac{1}{(n+1)(n+2)}-\frac{1}{(n+2)(n+3)}\right\}$$

$$=\frac{1}{2\cdot 3}-\frac{1}{(n+2)(n+3)}.$$

［注終り］

4.　$$(与式)=\sum_{n=1}^{\infty}\frac{4(1-e^{-\pi})^2}{25}e^{-2(n-1)\pi}$$
$$=\sum_{n=1}^{\infty}\frac{4(1-e^{-\pi})^2}{25}(e^{-2\pi})^{n-1}$$
$$=\frac{\frac{4(1-e^{-\pi})^2}{25}}{1-e^{-2\pi}}$$
$$=\frac{4(1-e^{-\pi})^2}{25(1+e^{-\pi})(1-e^{-\pi})}$$
$$=\frac{4(1-e^{-\pi})}{25(1+e^{-\pi})}=\frac{4(e^{\pi}-1)}{25(e^{\pi}+1)}.$$

5.　$$(与式)=\sum_{n=1}^{\infty}\frac{1+e^{-\pi}}{2}(-1)^{n-1}\cdot(e^{-\pi})^{n-1}$$
$$=\sum_{n=1}^{\infty}\frac{1+e^{-\pi}}{2}(-e^{-\pi})^{n-1}$$
$$=\frac{\frac{1+e^{-\pi}}{2}}{1-(-e^{-\pi})}$$
$$=\frac{1+e^{-\pi}}{2(1+e^{-\pi})}$$
$$=\frac{1}{2}.$$

級　数 4

1.　$S_n=\sum_{k=2}^{n}\log\left(1+\frac{1}{k^2-1}\right)$ とおくと，

$$S_n=\sum_{k=2}^{n}\log\frac{k^2}{k^2-1}$$
$$=\sum_{k=2}^{n}\log\frac{k}{k-1}\cdot\frac{k}{k+1}$$
$$=\sum_{k=2}^{n}\left(\log\frac{k}{k-1}-\log\frac{k+1}{k}\right)$$
$$=\sum_{k=2}^{n}\log\frac{k}{k-1}-\sum_{k=2}^{n}\log\frac{k+1}{k}$$
$$=\log\frac{2}{1}+\log\frac{3}{2}+\cdots+\log\frac{n}{n-1}$$
$$-\left(\log\frac{3}{2}+\cdots+\log\frac{n}{n-1}+\log\frac{n+1}{n}\right)$$
$$=\log 2-\log\left(1+\frac{1}{n}\right).$$
$$(与式)=\lim_{n\to\infty}S_n=\log 2.$$

［注］　$$S_n=\sum_{k=2}^{n}\left(\log\frac{k}{k-1}-\log\frac{k+1}{k}\right)$$
$$=\left(\log\frac{2}{1}-\log\frac{3}{2}\right)+\left(\log\frac{3}{2}-\log\frac{4}{3}\right)$$
$$+\cdots+\left(\log\frac{n}{n-1}-\log\frac{n+1}{n}\right)$$
$$=\log 2-\log\frac{n+1}{n}.$$

［注終り］

2.　$S_n=\sum_{k=1}^{n}\frac{1}{k(k+2)}$ とおくと，

$$S_n=\sum_{k=1}^{n}\frac{1}{2}\left(\frac{1}{k}-\frac{1}{k+2}\right)$$
$$=\frac{1}{2}\left(\sum_{k=1}^{n}\frac{1}{k}-\sum_{k=1}^{n}\frac{1}{k+2}\right)$$
$$=\frac{1}{2}\left\{1+\frac{1}{2}+\frac{1}{3}+\cdots+\frac{1}{n}\right.$$
$$\left.-\left(\frac{1}{3}+\cdots+\frac{1}{n}+\frac{1}{n+1}+\frac{1}{n+2}\right)\right\}$$
$$=\frac{1}{2}\left\{1+\frac{1}{2}-\left(\frac{1}{n+1}+\frac{1}{n+2}\right)\right\}.$$
$$(与式)=\lim_{n\to\infty}S_n=\frac{1}{2}\left(1+\frac{1}{2}\right)=\frac{3}{4}.$$

［注 1］

$$S_n=\sum_{k=1}^{n}\frac{1}{2}\left(\frac{1}{k}-\frac{1}{k+2}\right)$$
$$=\frac{1}{2}\left(1-\frac{1}{3}\right)+\frac{1}{2}\left(\frac{1}{2}-\frac{1}{4}\right)+\frac{1}{2}\left(\frac{1}{3}-\frac{1}{5}\right)+\cdots$$
$$+\cdots+\frac{1}{2}\left(\frac{1}{n-2}-\frac{1}{n}\right)+\frac{1}{2}\left(\frac{1}{n-1}-\frac{1}{n+1}\right)+\frac{1}{2}\left(\frac{1}{n}-\frac{1}{n+2}\right)$$
$$=\frac{1}{2}\left(1+\frac{1}{2}-\frac{1}{n+1}-\frac{1}{n+2}\right).$$

［注 1 終り］

［注 2］　$n\to\infty$ だから
$n\geqq 2$ としてよい．

［注 2 終り］

3. $S_n=\sum_{k=1}^{n}\frac{1}{k(k+1)(k+2)}$ とおくと，

$$S_n=\sum_{k=1}^{n}\frac{1}{2}\cdot\frac{k+2-k}{k(k+1)(k+2)}$$
$$=\sum_{k=1}^{n}\frac{1}{2}\left\{\frac{k+2}{k(k+1)(k+2)}-\frac{k}{k(k+1)(k+2)}\right\}$$
$$=\sum_{k=1}^{n}\frac{1}{2}\left\{\frac{1}{k(k+1)}-\frac{1}{(k+1)(k+2)}\right\}$$
$$=\frac{1}{2}\left\{\sum_{k=1}^{n}\frac{1}{k(k+1)}-\sum_{k=1}^{n}\frac{1}{(k+1)(k+2)}\right\}$$
$$=\frac{1}{2}\left[\frac{1}{1\cdot2}+\frac{1}{2\cdot3}+\cdots+\frac{1}{n(n+1)}-\left\{\frac{1}{2\cdot3}+\cdots+\frac{1}{n(n+1)}+\frac{1}{(n+1)(n+2)}\right\}\right]$$
$$=\frac{1}{2}\left\{\frac{1}{2}-\frac{1}{(n+1)(n+2)}\right\}.$$

$$(与式)=\lim_{n\to\infty}S_n=\frac{1}{4}.$$

［注］ $S_n=\sum_{k=1}^{n}\frac{1}{2}\left\{\frac{1}{k(k+1)}-\frac{1}{(k+1)(k+2)}\right\}$

$$=\frac{1}{2}\left(\frac{1}{1\cdot2}-\frac{1}{2\cdot3}\right)+\frac{1}{2}\left(\frac{1}{2\cdot3}-\frac{1}{3\cdot4}\right)+\cdots+\frac{1}{2}\left\{\frac{1}{n(n+1)}-\frac{1}{(n+1)(n+2)}\right\}$$
$$=\frac{1}{2}\left\{\frac{1}{2}-\frac{1}{(n+1)(n+2)}\right\}.$$

［注終り］

4. $S_n=\sum_{k=1}^{n}\frac{k}{(4k^2-1)^2}$ とおくと，

$$S_n=\sum_{k=1}^{n}\frac{k}{\{(2k-1)(2k+1)\}^2}$$
$$=\sum_{k=1}^{n}\frac{k}{(2k-1)^2(2k+1)^2}$$
$$=\sum_{k=1}^{n}\frac{1}{8}\cdot\frac{(2k+1)^2-(2k-1)^2}{(2k-1)^2(2k+1)^2}$$
$$=\frac{1}{8}\sum_{k=1}^{n}\left\{\frac{1}{(2k-1)^2}-\frac{1}{(2k+1)^2}\right\}$$
$$=\frac{1}{8}\left\{\sum_{k=1}^{n}\frac{1}{(2k-1)^2}-\sum_{k=1}^{n}\frac{1}{(2k+1)^2}\right\}$$
$$=\frac{1}{8}\left[\frac{1}{1^2}+\frac{1}{3^2}+\cdots+\frac{1}{(2n-1)^2}-\left\{\frac{1}{3^2}+\cdots+\frac{1}{(2n-1)^2}+\frac{1}{(2n+1)^2}\right\}\right]$$
$$=\frac{1}{8}\left\{1-\frac{1}{(2n+1)^2}\right\}.$$

$$(与式)=\lim_{n\to\infty}S_n=\frac{1}{8}.$$

［注］ $S_n=\sum_{k=1}^{n}\frac{1}{8}\left\{\frac{1}{(2k-1)^2}-\frac{1}{(2k+1)^2}\right\}$

$$=\frac{1}{8}\left(\frac{1}{1^2}-\frac{1}{3^2}\right)+\frac{1}{8}\left(\frac{1}{3^2}-\frac{1}{5^2}\right)+\cdots+\frac{1}{8}\left\{\frac{1}{(2n-1)^2}-\frac{1}{(2n+1)^2}\right\}$$
$$=\frac{1}{8}\left\{1-\frac{1}{(2n+1)^2}\right\}.$$

［注終り］

5. $S_n=\sum_{k=1}^{n}\frac{k+3}{k(k+1)}\left(\frac{2}{3}\right)^k$ とおくと，

$$S_n=\sum_{k=1}^{n}\frac{3(k+1)-2k}{k(k+1)}\left(\frac{2}{3}\right)^k$$
$$=\sum_{k=1}^{n}\left\{\frac{3(k+1)}{k(k+1)}-\frac{2k}{k(k+1)}\right\}\left(\frac{2}{3}\right)^k$$
$$=\sum_{k=1}^{n}\left(\frac{3}{k}-\frac{2}{k+1}\right)\left(\frac{2}{3}\right)^k$$
$$=\sum_{k=1}^{n}\left\{\frac{3}{k}\left(\frac{2}{3}\right)^k-\frac{2}{k+1}\left(\frac{2}{3}\right)^k\right\}$$
$$=\sum_{k=1}^{n}\frac{2}{k}\left(\frac{2}{3}\right)^{k-1}-\sum_{k=1}^{n}\frac{2}{k+1}\left(\frac{2}{3}\right)^k$$
$$=\frac{2}{1}+\frac{2}{2}\left(\frac{2}{3}\right)+\frac{2}{3}\left(\frac{2}{3}\right)^2+\cdots+\frac{2}{n}\left(\frac{2}{3}\right)^{n-1}-\left\{\frac{2}{2}\left(\frac{2}{3}\right)+\frac{2}{3}\left(\frac{2}{3}\right)^2+\cdots+\frac{2}{n}\left(\frac{2}{3}\right)^{n-1}+\frac{2}{n+1}\left(\frac{2}{3}\right)^n\right\}$$
$$=2-\frac{2}{n+1}\left(\frac{2}{3}\right)^n.$$

$$(与式)=\lim_{n\to\infty}S_n=2.$$

［注］ $S_n=\sum_{k=1}^{n}\left\{\frac{3}{k}\left(\frac{2}{3}\right)^k-\frac{2}{k+1}\left(\frac{2}{3}\right)^k\right\}$

$$=\sum_{k=1}^{n}\left\{\frac{2}{k}\left(\frac{2}{3}\right)^{k-1}-\frac{2}{k+1}\left(\frac{2}{3}\right)^k\right\}$$
$$=\left\{\frac{2}{1}-\frac{2}{2}\left(\frac{2}{3}\right)\right\}+\left\{\frac{2}{2}\left(\frac{2}{3}\right)-\frac{2}{3}\left(\frac{2}{3}\right)^2\right\}+\cdots$$

$$\cdots+\left\{\frac{2}{n}\left(\frac{2}{3}\right)^{n-1}-\frac{2}{n+1}\left(\frac{2}{3}\right)^{n}\right\}$$

$$=2-\frac{2}{n+1}\left(\frac{2}{3}\right)^{n}.$$

［注終り］

級　数 5

1.　$\sin\theta=t$ とおくと，$0\leqq\theta<2\pi$ より，

$$-1\leqq t\leqq 1.$$

$$\begin{aligned}x&=\cos 2\theta-2\sin\theta\\&=1-2\sin^2\theta-2\sin\theta\\&=-2t^2-2t+1\\&=-2\left(t+\frac{1}{2}\right)^2+\frac{3}{2}.\end{aligned}$$

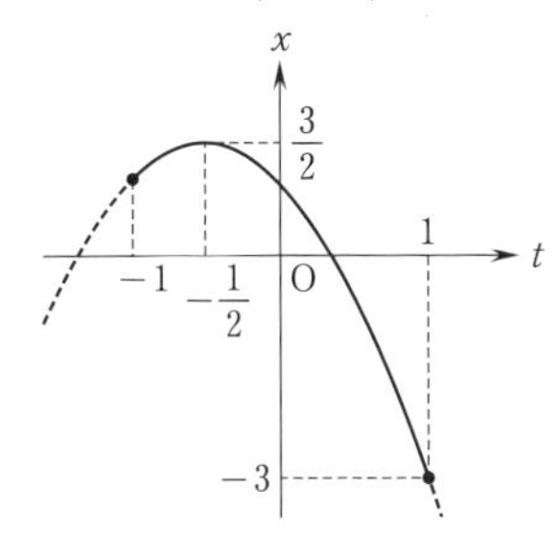

よって，

$$-3\leqq x\leqq\frac{3}{2}.$$

$$-\frac{3}{4}\leqq\frac{x}{4}\leqq\frac{3}{8}.$$

$\displaystyle\sum_{n=1}^{\infty}\left(\frac{x}{4}\right)^n$ は初項 $\dfrac{x}{4}$，公比 $\dfrac{x}{4}$ であるから収束して，

$$\sum_{n=1}^{\infty}\left(\frac{x}{4}\right)^n=\frac{\frac{x}{4}}{1-\frac{x}{4}}=\frac{x}{4-x}.$$

2.　初項 1，公比 $\dfrac{x-2}{x^2+x+2}$ であるから，収束する条件は，

$$-1<\frac{x-2}{x^2+x+2}<1.$$

$x^2+x+2=\left(x+\dfrac{1}{2}\right)^2+\dfrac{7}{4}>0$ より，

$$-x^2-x-2<x-2<x^2+x+2.$$

左側の不等式より，

$$x^2+2x>0.$$

$$x(x+2)>0.$$

$$x<-2,\ x>0.$$

右側の不等式より，

$$x^2+4>0.$$

これはつねに成り立つ．

よって，求める範囲は，

$$x<-2,\quad x>0.$$

3.　$\displaystyle\sum_{n=1}^{\infty}(2^{2n-1}x^{2n-1}+4^{2n}x^{2n})$

$$=\sum_{n=1}^{\infty}\{(2x)^{2n-1}+(4x)^{2n}\}$$

$$=\sum_{n=1}^{\infty}\{2x\cdot(2x)^{2n-2}+(4x)^2\cdot(4x)^{2n-2}\}$$

$$=\sum_{n=1}^{\infty}\{2x\cdot(4x^2)^{n-1}+16x^2\cdot(16x^2)^{n-1}\}$$

$\displaystyle\sum_{n=1}^{\infty}2x\cdot(4x^2)^{n-1}$ が収束する条件は，

$$2x=0 \qquad \cdots①$$

または，

$$2x\neq 0\quad かつ\quad -1<4x^2<1. \qquad \cdots②$$

① より，　$x=0.$　$\cdots①'$

② より　$0<4x^2<1.$

$$0<x^2<\frac{1}{4}.$$

$$0<|x|<\frac{1}{2}. \qquad \cdots②'$$

①′，②′より，

$$|x|<\frac{1}{2}. \qquad \cdots③$$

$\displaystyle\sum_{n=1}^{\infty}16x^2\cdot(16x^2)^{n-1}$ が収束する条件は，

$$16x^2=0 \qquad \cdots④$$

または，

$$16x^2\neq 0\quad かつ\quad -1<16x^2<1. \qquad \cdots⑤$$

④ より，　$x=0.$　$\cdots④'$

⑤ より　$0<16x^2<1.$

$$0<x^2<\frac{1}{16}.$$

$$0<|x|<\frac{1}{4}. \qquad \cdots ⑤'$$

④′, ⑤′より,

$$|x|<\frac{1}{4}. \qquad \cdots ④$$

与式が収束する条件は ③ かつ ④ であるから, 求める範囲は,

$$|x|<\frac{1}{4}.$$

このとき, ①, ②, ④, ⑤のときをまとめて,

$$(与式)=\sum_{n=1}^{\infty}2x\cdot(4x^2)^{n-1}+\sum_{n=1}^{\infty}16x^2\cdot(16x^2)^{n-1}$$

$$=\frac{2x}{1-4x^2}+\frac{16x^2}{1-16x^2}$$

$$=\frac{2x(1-16x^2)+16x^2(1-4x^2)}{(1-4x^2)(1-16x^2)}$$

$$=\frac{2x(1+8x-16x^2-32x^3)}{(1+2x)(1-2x)(1-4x)(1+4x)}.$$

4.　収束する条件は,

$$x=0 \qquad \cdots ①$$

または,

$$x\neq 0 \quad かつ \quad -1<\frac{1}{1+x^2-x^4}<1.$$

$-1<\dfrac{1}{1+x^2-x^4}<1$ より,

$$\left|\frac{1}{1+x^2-x^4}\right|<1.$$

$$|1+x^2-x^4|>1.$$

$$1+x^2-x^4<-1 \quad または,$$

$$1+x^2-x^4>1.$$

$x^2=t$ とおくと　$x\neq 0$ より, $t>0$.

$$y=1+t-t^2$$

$$=-\left(t-\frac{1}{2}\right)^2+\frac{5}{4}.$$

$1+t-t^2=1$ より,

$$t^2-t=0.$$

$$t(t-1)=0.$$

$$t=0,\ 1.$$

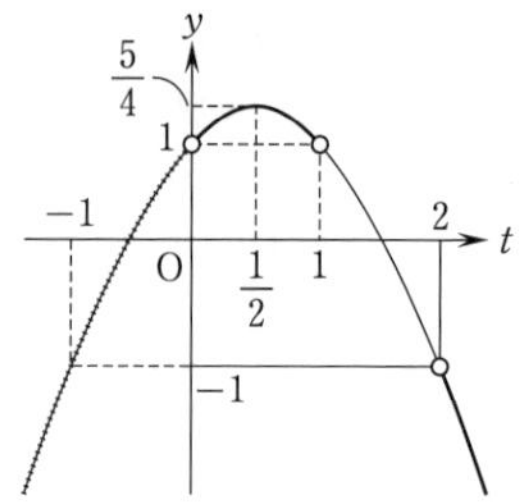

$1+t-t^2=-1$ より,

$$t^2-t-2=0.$$

$$(t-2)(t+1)=0.$$

$$t=2,\ -1.$$

$t>0$ より, $y<-1$ または $y>1$ となる t の範囲は,

$$0<t<1, \quad 2<t.$$

よって,

$$0<x^2<1, \quad 2<x^2.$$

したがって,

$$0<|x|<1, \quad \sqrt{2}<|x|. \qquad \cdots ②$$

①, ② より, 求める x の範囲は,

$$-1<x<1, \quad x<-\sqrt{2}, \quad x>\sqrt{2}.$$

(i)　$x=0$ のとき, (与式)$=0$.

(ii)　$0<|x|<1$, $\sqrt{2}<|x|$ のとき,

$$(与式)=\sum_{n=1}^{\infty}x^2\left(\frac{1}{1+x^2-x^4}\right)^{n-1}$$

$$=\frac{x^2}{1-\dfrac{1}{1+x^2-x^4}}$$

$$=\frac{x^2(1+x^2-x^4)}{x^2-x^4}$$

$$=\frac{1+x^2-x^4}{1-x^2}.$$

5.　$a_n=a^{n-1}$, $b_n=b^{n-1}$ とすると, $\displaystyle\sum_{n=1}^{\infty}a_n$, $\displaystyle\sum_{n=1}^{\infty}b_n$ はともに収束するから,

$$|a|<1, \quad |b|<1. \qquad \cdots ①$$

$\displaystyle\sum_{n=1}^{\infty}(a_n+b_n)=\frac{8}{3}$ より,

$$\frac{1}{1-a}+\frac{1}{1-b}=\frac{8}{3}. \qquad \cdots ②$$

$$\sum_{n=1}^{\infty} a_n b_n = \sum_{n=1}^{\infty} (ab)^{n-1} = \frac{4}{5}$$ より，

$$\frac{1}{1-ab} = \frac{4}{5}. \quad \cdots ③$$

③ より，

$$1-ab = \frac{5}{4}.$$

$$ab = -\frac{1}{4}. \quad \cdots ③'$$

② より，

$$\frac{2-(a+b)}{(1-a)(1-b)} = \frac{8}{3}.$$

$$3\{2-(a+b)\} = 8\{1-(a+b)+ab\}.$$

$$5(a+b) = 2+8ab.$$

③′ を代入して，

$$5(a+b) = 0.$$

$$a+b = 0. \quad \cdots ④$$

③′，④ より，a，b は，

$$x^2 - \frac{1}{4} = 0 \quad \cdots ⑤$$

の解．

⑤ より，

$$x = \pm\frac{1}{2}.$$

よって，

$$(a,\ b) = \left(\frac{1}{2},\ -\frac{1}{2}\right),\ \left(-\frac{1}{2},\ \frac{1}{2}\right).$$

したがって，

$$\sum_{n=1}^{\infty} (a_n + b_n)^2$$

$$= \sum_{n=1}^{\infty} \left\{\left(\frac{1}{2}\right)^{n-1} + \left(-\frac{1}{2}\right)^{n-1}\right\}^2$$

$$= \sum_{n=1}^{\infty} \left\{\left(\frac{1}{2}\right)^{2(n-1)} + 2\left(\frac{1}{2}\right)^{n-1}\left(-\frac{1}{2}\right)^{n-1} + \left(-\frac{1}{2}\right)^{2(n-1)}\right\}$$

$$= \sum_{n=1}^{\infty} \left\{\left(\frac{1}{4}\right)^{n-1} + 2\left(-\frac{1}{4}\right)^{n-1} + \left(\frac{1}{4}\right)^{n-1}\right\}$$

$$= \sum_{n=1}^{\infty} \left\{2\left(\frac{1}{4}\right)^{n-1} + 2\left(-\frac{1}{4}\right)^{n-1}\right\}$$

$$= \frac{2}{1-\frac{1}{4}} + \frac{2}{1-\left(-\frac{1}{4}\right)}$$

$$= \frac{8}{3} + \frac{8}{5}$$

$$= \frac{64}{15}.$$

級　数 6

1.　$S_n = \sum_{k=1}^{n} \frac{k}{3^k}$ とおくと，

$$S_n = 1\cdot\frac{1}{3} + 2\cdot\frac{1}{3^2} + \cdots + n\cdot\frac{1}{3^n}. \quad \cdots ①$$

$$\frac{1}{3}S_n = \qquad 1\cdot\frac{1}{3^2} + \cdots + (n-1)\cdot\frac{1}{3^n} + n\cdot\frac{1}{3^{n+1}}. \quad \cdots ②$$

①－② より，

$$\frac{2}{3}S_n = \frac{1}{3} + \frac{1}{3^2} + \cdots + \frac{1}{3^n} - \frac{n}{3^{n+1}}$$

$$= \frac{\frac{1}{3}\left\{1-\frac{1}{3^n}\right\}}{1-\frac{1}{3}} - \frac{n}{3^{n+1}}$$

$$= \frac{1}{2}\left(1-\frac{1}{3^n}\right) - \frac{1}{3}\cdot\frac{n}{3^n}.$$

$$S_n = \frac{3}{4}\left(1-\frac{1}{3^n}\right) - \frac{1}{2}\cdot\frac{n}{3^n}.$$

よって，

$$(\text{与式}) = \lim_{n\to\infty} S_n = \frac{3}{4}.$$

2.　$S_n = \sum_{k=1}^{n} 2kx^k$ とおくと，

$$S_n = 2x + 4x^2 + \cdots + 2nx^n. \quad \cdots ①$$

$$xS_n = \qquad 2x^2 + \cdots + 2(n-1)x^n + 2nx^{n+1}. \quad \cdots ②$$

①－② より，

$$(1-x)S_n = 2x + 2x^2 + \cdots + 2x^n - 2nx^{n+1}$$

$$= \frac{2x(1-x^n)}{1-x} - 2nx^{n+1}.$$

$$S_n = \frac{2x}{(1-x)^2}\cdot(1-x^n) - \frac{2x}{1-x}\cdot nx^n.$$

よって，

$$(\text{与式}) = \lim_{n\to\infty} S_n = \frac{2x}{(1-x)^2}.$$

3.　$$\sum_{n=1}^{\infty} \frac{1}{5^n}\cos\pi n = \sum_{n=1}^{\infty} \frac{1}{5^n}(-1)^n$$

$$= \sum_{n=1}^{\infty} \left(-\frac{1}{5}\right)^n$$

$$= \frac{-\frac{1}{5}}{1-\left(-\frac{1}{5}\right)}$$

$$= -\frac{1}{6}.$$

4. $S_n = \sum_{k=1}^{n} \frac{1}{2^k} \cos \frac{2k\pi}{3}$ とおく.

m を自然数とするとき,

$k=3m-2$, $\cos\frac{2k\pi}{3}$, $k=3m$, $-\frac{1}{2}$, O, 1, x, y, $k=3m-1$

$$S_{3m} = \frac{1}{2}\left(-\frac{1}{2}\right) + \frac{1}{2^2}\left(-\frac{1}{2}\right) + \frac{1}{2^3}\cdot 1 + \frac{1}{2^4}\left(-\frac{1}{2}\right) + \frac{1}{2^5}\left(-\frac{1}{2}\right) + \frac{1}{2^6}\cdot 1 + \cdots + \frac{1}{2^{3m-2}}\left(-\frac{1}{2}\right) + \frac{1}{2^{3m-1}}\left(-\frac{1}{2}\right) + \frac{1}{2^{3m}}\cdot 1$$

$$= -\frac{1}{4} - \frac{1}{8} + \frac{1}{8} + \frac{1}{2^3}\left(-\frac{1}{4} - \frac{1}{8} + \frac{1}{8}\right) + \cdots + \frac{1}{2^{3(m-1)}}\left(-\frac{1}{4} - \frac{1}{8} + \frac{1}{8}\right)$$

$$= -\frac{1}{4}\left\{1 + \frac{1}{2^3} + \cdots + \frac{1}{2^{3(m-1)}}\right\}$$

$$= -\frac{1}{4}\left\{1 + \frac{1}{8} + \cdots + \left(\frac{1}{8}\right)^{m-1}\right\}$$

$$= -\frac{1}{4}\cdot\frac{1-\frac{1}{8^m}}{1-\frac{1}{8}}$$

$$= -\frac{2}{7}\left(1 - \frac{1}{8^m}\right).$$

$$S_{3m-1} = S_{3m} - \frac{1}{2^{3m}}.$$

$$S_{3m-2} = S_{3m} - \left(\frac{1}{2^{3m}} - \frac{1}{2^{3m}}\right) = S_{3m}.$$

よって,

$$\lim_{m\to\infty} S_{3m} = \lim_{m\to\infty} S_{3m-1} = \lim_{m\to\infty} S_{3m-2} = -\frac{2}{7}.$$

したがって,

$$(\text{与式}) = \lim_{n\to\infty} S_n = -\frac{2}{7}.$$

5. $a_n = (-1)^{n-1} \log \frac{n+2}{n}$

$$= (-1)^{n-1}\{\log(n+2) - \log n\}$$

$$= (-1)^{n-1}\log(n+2) - (-1)^{n-1}\log n.$$

$$S_n = \sum_{k=1}^{n} a_k$$

$$= \sum_{k=1}^{n}(-1)^{k-1}\log(k+2) - \sum_{k=1}^{n}(-1)^{k-1}\log k$$

$$= \sum_{k=1}^{n}(-1)^{k+1}\log(k+2) - \sum_{k=1}^{n}(-1)^{k-1}\log k$$

$((-1)^{k-1} = (-1)^{k+1}$ より$)$

$$= (-1)^2\log 3 + (-1)^3\log 4 + (-1)^4\log 5 + \cdots + (-1)^n\log(n+1) + (-1)^{n+1}\log(n+2)$$
$$- \{(-1)^0\log 1 + (-1)^1\log 2 + (-1)^2\log 3 + \cdots + (-1)^{n-2}\log(n-1) + (-1)^{n-1}\log n\}$$

$$= (-1)^n\log(n+1) + (-1)^{n+1}\log(n+2) - (-1)\log 2$$

$$= (-1)^n\{\log(n+1) - \log(n+2)\} + \log 2$$

$$= (-1)^n \log\frac{n+1}{n+2} + \log 2$$

$$= (-1)^n \log\frac{1+\frac{1}{n}}{1+\frac{2}{n}} + \log 2.$$

(m を正の整数として,

$$S_{2m-1} = -\log\frac{1+\frac{1}{2m-1}}{1+\frac{2}{2m-1}} + \log 2.$$

$$S_{2m} = \log\frac{1+\frac{1}{2m}}{1+\frac{2}{2m}} + \log 2.$$

よって,

$$\lim_{m\to\infty} S_{2m-1} = \lim_{m\to\infty} S_{2m} = \log 2.$$)

したがって,

$$\lim_{n\to\infty} S_n = \log 2.$$

級　数 7

1. $S_n = \sum_{k=1}^{n} \tan^2\frac{\theta_k}{2}$ とおく.

$$\tan^2\frac{\theta_k}{2}=\frac{1-\cos\theta_k}{1+\cos\theta_k}$$
$$=\frac{1-\left(1-\frac{1}{2k^2}\right)}{1+1-\frac{1}{2k^2}}$$
$$=\frac{1}{4k^2-1}$$
$$=\frac{1}{(2k-1)(2k+1)}$$
$$=\frac{1}{2}\left(\frac{1}{2k-1}-\frac{1}{2k+1}\right).$$

$$S_n=\sum_{k=1}^{n}\frac{1}{2}\left(\frac{1}{2k-1}-\frac{1}{2k+1}\right)$$
$$=\frac{1}{2}\left(\sum_{k=1}^{n}\frac{1}{2k-1}-\sum_{k=1}^{n}\frac{1}{2k+1}\right)$$
$$=\frac{1}{2}\left\{1+\frac{1}{3}+\frac{1}{5}+\cdots+\frac{1}{2n-1}\right.$$
$$\left.-\left(\frac{1}{3}+\frac{1}{5}+\cdots+\frac{1}{2n-1}+\frac{1}{2n+1}\right)\right\}$$
$$=\frac{1}{2}\left(1-\frac{1}{2n+1}\right).$$

$$(与式)=\lim_{n\to\infty}S_n=\frac{1}{2}.$$

［注］ $S_n=\sum_{k=1}^{n}\frac{1}{2}\left(\frac{1}{2k-1}-\frac{1}{2k+1}\right)$

$$=\frac{1}{2}\left(1-\frac{1}{3}\right)+\frac{1}{2}\left(\frac{1}{3}-\frac{1}{5}\right)+\cdots$$
$$+\cdots+\frac{1}{2}\left(\frac{1}{2n-1}-\frac{1}{2n+1}\right)$$
$$=\frac{1}{2}\left(1-\frac{1}{2n+1}\right).$$

［注終り］

2. $S_n=\sum_{k=1}^{n}\frac{(-1)^{k-1}}{k}$ とおく．

$$S_n=\sum_{k=1}^{n}(-1)^{k-1}(I_k+I_{k+1})$$
$$=\sum_{k=1}^{n}\{(-1)^{k-1}I_k-(-1)^kI_{k+1}\}$$
$$=\sum_{k=1}^{n}(-1)^{k-1}I_k-\sum_{k=1}^{n}(-1)^kI_{k+1}$$
$$=I_1-I_2+I_3-\cdots+(-1)^{n-1}I_n$$
$$-\{-I_2+I_3-\cdots+(-1)^{n-1}I_n+(-1)^nI_{n+1}\}$$
$$=I_1-(-1)^nI_{n+1}.$$
$$\lim_{n\to\infty}|(-1)^nI_{n+1}|=\lim_{n\to\infty}|I_{n+1}|=0$$

より，

$$\lim_{n\to\infty}(-1)^nI_{n+1}=0.$$
$$(与式)=\lim_{n\to\infty}S_n=I_1=\log 2.$$

［注］ $S_n=\sum_{k=1}^{n}\{(-1)^{k-1}I_k-(-1)^kI_{k+1}\}$

$$=\{(-1)^0I_1-(-1)^1I_2\}+\{(-1)^1I_2-(-1)^2I_3\}+\cdots$$
$$\cdots+\{(-1)^{n-1}I_n-(-1)^nI_{n+1}\}$$
$$=I_1-(-1)^nI_{n+1}.$$

［注終り］

3. $S_n=\sum_{k=1}^{n}\frac{1}{16k^2-1}$ とおく．

$$S_n=\sum_{k=1}^{n}\frac{1}{(4k+1)(4k-1)}$$
$$=\sum_{k=1}^{n}\frac{1}{2}\left(\frac{1}{4k-1}-\frac{1}{4k+1}\right)$$
$$=\frac{1}{2}\sum_{k=1}^{n}\left\{\frac{1}{2(2k-1)+1}-\frac{1}{2\cdot 2k+1}\right\}$$
$$=\frac{1}{2}\sum_{k=1}^{n}\{a_{2k-1}+a_{2k}-(a_{2k}+a_{2k+1})\}$$
$$=\frac{1}{2}\sum_{k=1}^{n}(a_{2k-1}-a_{2k+1})$$
$$=\frac{1}{2}\left(\sum_{k=1}^{n}a_{2k-1}-\sum_{k=1}^{n}a_{2k+1}\right)$$
$$=\frac{1}{2}\{a_1+a_3+\cdots+a_{2n-1}$$
$$-(a_3+\cdots+a_{2n-1}+a_{2n+1})\}$$
$$=\frac{1}{2}(a_1-a_{2n+1}).$$
$$(与式)=\lim_{n\to\infty}S_n=\frac{1}{2}a_1=\frac{1}{2}\left(1-\frac{\pi}{4}\right).$$

［注］ $S_n=\frac{1}{2}\sum_{k=1}^{n}(a_{2k-1}-a_{2k+1})$

$$=\frac{1}{2}(a_1-a_3)+\frac{1}{2}(a_3-a_5)+\cdots$$
$$\cdots+\frac{1}{2}(a_{2n-1}-a_{2n+1})$$
$$=\frac{1}{2}(a_1-a_{2n+1}).$$

［注終り］

4. $S_n=\sum_{k=1}^{n}k(a_k+a_{k+1})$ とする.

$$S_n=\sum_{k=1}^{n}(ka_k+ka_{k+1})$$
$$=\sum_{k=1}^{n}ka_k+\sum_{k=1}^{n}ka_{k+1}$$
$$=\sum_{k=1}^{n}ka_k+\sum_{k=1}^{n}\{(k+1)a_{k+1}-a_{k+1}\}$$
$$=\sum_{k=1}^{n}ka_k+\sum_{k=1}^{n}(k+1)a_{k+1}-\sum_{k=1}^{n}a_{k+1}$$
$$=\sum_{k=1}^{n}ka_k+\{2a_2+3a_3+\cdots+(n+1)a_{n+1}\}-(a_2+a_3+\cdots+a_{n+1})$$
$$=\sum_{k=1}^{n}ka_k+\{a_1+2a_2+3a_3+\cdots+(n+1)a_{n+1}\}-(a_1+a_2+\cdots+a_{n+1})$$
$$=\sum_{k=1}^{n}ka_k+\sum_{l=1}^{n+1}la_l-\sum_{l=1}^{n+1}a_l.$$
$$(\text{与式})=\lim_{n\to\infty}S_n=B+B-A$$
$$=2B-A.$$

5. $a_n=a^n-b^n$ とおく.

まず, $a=b$ のとき, $\sum_{n=1}^{\infty}a_n=0$ で収束する.

次に $a\neq b$ の場合に, $\lim_{n\to\infty}a_n=0$ となる条件を求める.

(i) $a=-b$ のとき,

$$a_n=a^n\{1-(-1)^n\}.$$

m を正の整数として,

$$a_{2m}=0,\quad a_{2m-1}=2a^{2m-1}.$$

よって, $|a|<1$ のときのみ,

$$\lim_{n\to\infty}a_n=0.$$

(ii) $a^2>b^2$ のとき,

m を正の整数として,

$$a_{2m}=a^{2m}\left\{1-\left(\frac{b}{a}\right)^{2m}\right\},$$
$$a_{2m+1}=a\cdot a^{2m}\left\{1-\frac{b}{a}\left(\frac{b}{a}\right)^{2m}\right\}.$$

$\left(\frac{b}{a}\right)^2<1$ より, $\lim_{m\to\infty}\left(\frac{b}{a}\right)^{2m}=0.$

よって, $|a|<1$ のときのみ,

$$\lim_{n\to\infty}a_n=0.$$

(iii) $a^2<b^2$ のとき,

m を正の整数として,

$$a_{2m}=b^{2m}\left\{\left(\frac{a}{b}\right)^{2m}-1\right\},$$
$$a_{2m+1}=b\cdot b^{2m}\left\{\frac{a}{b}\left(\frac{a}{b}\right)^{2m}-1\right\}.$$

$\left(\frac{a}{b}\right)^2<1$ より, $\lim_{m\to\infty}\left(\frac{a}{b}\right)^{2m}=0.$

よって, $|b|<1$ のときのみ,

$$\lim_{n\to\infty}a_n=0.$$

逆に, $|a|<1$ かつ $|b|<1$ のとき,

$$\sum_{n=1}^{\infty}a^n,\quad \sum_{n=1}^{\infty}b^n$$

は収束するので,

$$\sum_{n=1}^{\infty}(a^n-b^n)$$

も収束する.

求める条件は,

$a=b$, または $|a|<1$ かつ $|b|<1$.

第4講 関数の極限

関数の極限 1

1. $\displaystyle\lim_{x\to 0}\frac{\sqrt{2x+1}-(x+1)}{x^2}$

$\displaystyle=\lim_{x\to 0}\frac{\{\sqrt{2x+1}-(x+1)\}(\sqrt{2x+1}+x+1)}{x^2(\sqrt{2x+1}+x+1)}$

$\displaystyle=\lim_{x\to 0}\frac{2x+1-(x+1)^2}{x^2(\sqrt{2x+1}+x+1)}$

$\displaystyle=\lim_{x\to 0}\frac{-x^2}{x^2(\sqrt{2x+1}+x+1)}$

$\displaystyle=\lim_{x\to 0}\frac{-1}{\sqrt{2x+1}+x+1}$

$\displaystyle=-\frac{1}{2}.$

2. $\displaystyle\lim_{x\to\infty}f(x)=\lim_{x\to\infty}(\sqrt{x^2-1}-x)$

$\displaystyle=\lim_{x\to\infty}\frac{(\sqrt{x^2-1}-x)(\sqrt{x^2-1}+x)}{\sqrt{x^2-1}+x}$

$\displaystyle=\lim_{x\to\infty}\frac{x^2-1-x^2}{\sqrt{x^2-1}+x}$

$\displaystyle=\lim_{x\to\infty}\frac{-1}{\sqrt{x^2-1}+x}=0.$

$x=-t$ とおくと，

$x\to-\infty \iff t\to\infty.$

$\displaystyle\lim_{x\to-\infty}f(x)=\lim_{t\to\infty}(\sqrt{t^2-1}+t)=\infty.$

3. (与式)

$\displaystyle=\lim_{x\to 2}\frac{(\sqrt{x+2}-\sqrt{3x-2})(\sqrt{x+2}+\sqrt{3x-2})(\sqrt{5x-1}+\sqrt{4x+1})}{(\sqrt{5x-1}-\sqrt{4x+1})(\sqrt{5x-1}+\sqrt{4x+1})(\sqrt{x+2}+\sqrt{3x-2})}$

$\displaystyle=\lim_{x\to 2}\frac{\{x+2-(3x-2)\}\{\sqrt{5x-1}+\sqrt{4x+1}\}}{\{5x-1-(4x+1)\}(\sqrt{x+2}+\sqrt{3x-2})}$

$\displaystyle=\lim_{x\to 2}\frac{-2(x-2)(\sqrt{5x-1}+\sqrt{4x+1})}{(x-2)(\sqrt{x+2}+\sqrt{3x-2})}$

$\displaystyle=\lim_{x\to 2}\frac{-2(\sqrt{5x-1}+\sqrt{4x+1})}{\sqrt{x+2}+\sqrt{3x-2}}$

$\displaystyle=\frac{-12}{4}$

$=-3.$

4. $\displaystyle\lim_{x\to 3+0}\frac{9-x^2}{\sqrt{(3-x)^2}}=\lim_{x\to 3+0}\frac{(3-x)(3+x)}{|3-x|}$

$\displaystyle=\lim_{x\to 3+0}\frac{(3-x)(3+x)}{-(3-x)}$

$\displaystyle=\lim_{x\to 3+0}\{-(3+x)\}$

$=-6.$

$\displaystyle\lim_{x\to 3-0}\frac{9-x^2}{\sqrt{(3-x)^2}}=\lim_{x\to 3-0}\frac{(3-x)(3+x)}{|3-x|}$

$\displaystyle=\lim_{x\to 3-0}\frac{(3-x)(3+x)}{3-x}$

$\displaystyle=\lim_{x\to 3-0}(3+x)$

$=6.$

5. $x=-t$ とおくと，

$x\to-\infty \iff t\to\infty.$

$\displaystyle\lim_{x\to-\infty}(3x+1+\sqrt{9x^2+4x+1})$

$\displaystyle=\lim_{t\to\infty}\{\sqrt{9t^2-4t+1}-(3t-1)\}$

$\displaystyle=\lim_{t\to\infty}\frac{\{\sqrt{9t^2-4t+1}-(3t-1)\}(\sqrt{9t^2-4t+1}+3t-1)}{\sqrt{9t^2-4t+1}+3t-1}$

$\displaystyle=\lim_{t\to\infty}\frac{9t^2-4t+1-(3t-1)^2}{\sqrt{9t^2-4t+1}+3t-1}$

$\displaystyle=\lim_{t\to\infty}\frac{2t}{\sqrt{9t^2-4t+1}+3t-1}$

$\displaystyle=\lim_{t\to\infty}\frac{2}{\sqrt{9-\frac{4}{t}+\frac{1}{t^2}}+3-\frac{1}{t}}$

$\displaystyle=\frac{2}{6}=\frac{1}{3}.$

関数の極限 2

1. $\displaystyle\lim_{x\to+0}\frac{\log x}{x}=\lim_{x\to+0}\frac{1}{x}\cdot\log x$

$=(+\infty)\cdot(-\infty)$

$=-\infty.$

2.
$$\lim_{n\to\infty}\sqrt[2n]{\frac{3(n+1)}{n-1}}=\lim_{n\to\infty}\left\{3\left(1+\frac{2}{n-1}\right)\right\}^{\frac{1}{2n}}=1.$$

3.
$$\lim_{n\to\infty}\frac{1}{2n}\log\frac{e^n+1}{1-e^{-n}}$$
$$=\lim_{n\to\infty}\frac{1}{2n}\log\frac{e^n(e^n+1)}{e^n-1}$$
$$=\lim_{n\to\infty}\frac{1}{2n}\left(\log e^n+\log\frac{e^n+1}{e^n-1}\right)$$
$$=\lim_{n\to\infty}\frac{1}{2n}\left\{n+\log\left(1+\frac{2}{e^n-1}\right)\right\}$$
$$=\lim_{n\to\infty}\left\{\frac{1}{2}+\frac{1}{2n}\log\left(1+\frac{2}{e^n-1}\right)\right\}$$
$$=\frac{1}{2}.$$

4.
$$\lim_{t\to\infty}\left(t-\log\frac{e^t-e^{-t}}{2}\right)$$
$$=\lim_{t\to\infty}\left(\log e^t-\log\frac{e^{2t}-1}{2e^t}\right)$$
$$=\lim_{t\to\infty}\log\frac{2e^{2t}}{e^{2t}-1}$$
$$=\lim_{t\to\infty}\log 2\left(1+\frac{1}{e^{2t}-1}\right)$$
$$=\log 2.$$

5.
$$S_n=\sum_{k=1}^{n}e^{\frac{k}{n}}\left(e^{\frac{k}{n}}-e^{\frac{k}{n}-\frac{1}{n}}\right)$$
$$=\sum_{k=1}^{n}\left(1-e^{-\frac{1}{n}}\right)e^{\frac{k}{n}}\cdot e^{\frac{k}{n}}$$
$$=\sum_{k=1}^{n}\left(1-e^{-\frac{1}{n}}\right)\left(e^{\frac{2}{n}}\right)^k$$
$$=\frac{\left(1-e^{-\frac{1}{n}}\right)e^{\frac{2}{n}}\left\{1-\left(e^{\frac{2}{n}}\right)^n\right\}}{1-e^{\frac{2}{n}}}$$
$$=\frac{\left(1-e^{-\frac{1}{n}}\right)e^{\frac{2}{n}}(1-e^2)}{1-e^{\frac{2}{n}}}$$
$$=\frac{\left(e^{\frac{1}{n}}-1\right)e^{\frac{1}{n}}(1-e^2)}{\left(1-e^{\frac{1}{n}}\right)\left(1+e^{\frac{1}{n}}\right)}$$
$$=\frac{e^{\frac{1}{n}}(e^2-1)}{1+e^{\frac{1}{n}}}.$$
$$\lim_{n\to\infty}S_n=\frac{e^2-1}{2}.$$

関数の極限 3

1.
$$\lim_{x\to-3}(2-\sqrt{x+a})$$
$$=\lim_{x\to-3}\frac{2-\sqrt{x+a}}{x+3}(x+3)$$
$$=b\cdot 0=0$$
より,
$$2-\sqrt{-3+a}=0.$$
$$\sqrt{a-3}=2.$$
$$a-3=4.$$
$$a=7.$$

このとき,
$$\lim_{x\to-3}\frac{2-\sqrt{x+7}}{x+3}$$
$$=\lim_{x\to-3}\frac{(2-\sqrt{x+7})(2+\sqrt{x+7})}{(x+3)(2+\sqrt{x+7})}$$
$$=\lim_{x\to-3}\frac{4-(x+7)}{(x+3)(2+\sqrt{x+7})}$$
$$=\lim_{x\to-3}\frac{-(x+3)}{(x+3)(2+\sqrt{x+7})}$$
$$=\lim_{x\to-3}\frac{-1}{2+\sqrt{x+7}}$$
$$=-\frac{1}{4}.$$

よって,
$$b=-\frac{1}{4}.$$

(逆にこのとき,与えられた等式は成り立つ)

[**注**] 「このとき」以降が十分性の計算になっているので
「逆にこのとき,与えられた等式は成り立つ」
はなくてもよい.

[注終り]

2. $\displaystyle\lim_{x\to\infty}\frac{ax^2+bx+4}{x-1}=\lim_{x\to\infty}\frac{ax+b+\frac{4}{x}}{1-\frac{1}{x}}$

が収束するから,

$$a=0.$$

このとき,

$$\lim_{x\to\infty}\frac{b+\frac{4}{x}}{1-\frac{1}{x}}=b.$$

よって,

$$b=2.$$

(逆にこのとき,与えられた等式は成り立つ)

[**注**] 「このとき」以降が十分性の計算になっているので
「逆にこのとき,与えられた等式は成り立つ」
はなくてもよい.

[注終り]

3. $\displaystyle\lim_{x\to\infty}(\sqrt{x^2+ax+b}-\alpha x-\beta)$

$\displaystyle=\lim_{x\to\infty}x\left(\sqrt{1+\frac{a}{x}+\frac{b}{x^2}}-\alpha-\frac{\beta}{x}\right)$

が収束し, $\displaystyle\lim_{x\to\infty}x=\infty$ であるから,

$$\lim_{x\to\infty}\left(\sqrt{1+\frac{a}{x}+\frac{b}{x^2}}-\alpha-\frac{\beta}{x}\right)=0.$$

よって, $\alpha=1.$

このとき,

$\displaystyle\lim_{x\to\infty}(\sqrt{x^2+ax+b}-x-\beta)$

$\displaystyle=\lim_{x\to\infty}\frac{\{\sqrt{x^2+ax+b}-(x+\beta)\}(\sqrt{x^2+ax+b}+x+\beta)}{\sqrt{x^2+ax+b}+x+\beta}$

$\displaystyle=\lim_{x\to\infty}\frac{x^2+ax+b-(x+\beta)^2}{\sqrt{x^2+ax+b}+x+\beta}$

$\displaystyle=\lim_{x\to\infty}\frac{(a-2\beta)x+b-\beta^2}{\sqrt{x^2+ax+b}+x+\beta}$

$\displaystyle=\lim_{x\to\infty}\frac{a-2\beta+\frac{b-\beta^2}{x}}{\sqrt{1+\frac{a}{x}+\frac{b}{x^2}}+1+\frac{\beta}{x}}$

$\displaystyle=\frac{a-2\beta}{2}=0.$

よって, $\beta=\dfrac{a}{2}.$

以上より,

$$\alpha=1,\quad \beta=\frac{a}{2}.$$

(逆にこのとき,与えられた等式は成り立つ)

[**注1**] 「このとき」以降が十分性の計算になっているので
「逆にこのとき,与えられた等式は成り立つ」
はなくてもよい.

[注1終り]

[**注2**] (i) $\alpha\leqq 0$ のとき,

$\displaystyle\lim_{x\to\infty}(\sqrt{x^2+ax+b}-\alpha x-\beta)$

$\displaystyle=\lim_{x\to\infty}\left(\sqrt{x^2\left(1+\frac{a}{x}+\frac{b}{x^2}\right)}-\alpha x-\beta\right)$

$=\infty.$

よって,不適.

(ii) $\alpha>0$ のとき,

$\displaystyle\lim_{x\to\infty}(\sqrt{x^2+ax+b}-\alpha x-\beta)$

$\displaystyle=\lim_{x\to\infty}\frac{x^2+ax+b-(\alpha x+\beta)^2}{\sqrt{x^2+ax+b}+\alpha x+\beta}$

$\displaystyle=\lim_{x\to\infty}\frac{(1-\alpha^2)x^2+(a-2\alpha\beta)x+b-\beta^2}{\sqrt{x^2+ax+b}+\alpha x+\beta}$

$\displaystyle=\lim_{x\to\infty}\frac{(1-\alpha^2)x+a-2\alpha\beta+\frac{b-\beta^2}{x}}{\sqrt{1+\frac{a}{x}+\frac{b}{x^2}}+\alpha+\frac{\beta}{x}}.$

$\cdots(*)$

$|\alpha|>1$ のとき, $(*)=-\infty.$

$|\alpha|<1$ のとき, $(*)=\infty.$

収束するから,

$$1-\alpha^2=0.$$

$\alpha>0$ より $\alpha=1.$

このとき,

$$(*)=\lim_{x\to\infty}\frac{a-2\beta+\frac{b-\beta^2}{x}}{\sqrt{1+\frac{a}{x}+\frac{b}{x^2}}+1+\frac{\beta}{x}}.$$

(以下略)

[注2終り]

4. $\lim_{x\to 0}\{\sqrt{(1+x)^3}-(a+bx)\}$

$=\lim_{x\to 0}\dfrac{\sqrt{(1+x)^3}-(a+bx)}{x^2}\cdot x^2$

$=c\cdot 0=0$

より，

$$1-a=0.$$

$$a=1.$$

このとき，

$\lim_{x\to 0}\dfrac{\sqrt{(1+x)^3}-(1+bx)}{x^2}$

$=\lim_{x\to 0}\dfrac{\{\sqrt{(1+x)^3}-(1+bx)\}\{\sqrt{(1+x)^3}+1+bx\}}{x^2\{\sqrt{(1+x)^3}+1+bx\}}$

$=\lim_{x\to 0}\dfrac{(1+x)^3-(1+bx)^2}{x^2\{\sqrt{(1+x)^3}+1+bx\}}$

$=\lim_{x\to 0}\dfrac{(3-2b)x+(3-b^2)x^2+x^3}{x^2\{\sqrt{(1+x)^3}+1+bx\}}$

$=\lim_{x\to 0}\dfrac{(3-2b)+(3-b^2)x+x^2}{x\{\sqrt{(1+x)^3}+1+bx\}}.$ …(*)

$x\to 0$ のとき，(分母)→0 であるから，(分子)→0 が必要．

よって，

$$3-2b=0.$$

$$b=\frac{3}{2}.$$

このとき，

$$(*)=\lim_{x\to 0}\frac{\frac{3}{4}+x}{\sqrt{(1+x)^3}+1+\frac{3}{2}x}$$

$$=\frac{3}{8}.$$

よって，

$$a=1,\quad b=\frac{3}{2},\quad c=\frac{3}{8}.$$

(逆にこのとき，与えられた等式は成り立つ)

［**注**］ 最後の計算が十分性の計算になっているので

「逆にこのとき，与えられた等式は成り立つ」

はなくてもよい．

［注終り］

5. $x=-t$ とおくと，

$$x\to-\infty \iff t\to\infty.$$

$\lim_{x\to-\infty}(\sqrt{ax^2+bx}+x)=-1$

$\iff \lim_{t\to\infty}(\sqrt{at^2-bt}-t)=-1.$

$\lim_{t\to\infty}(\sqrt{at^2-bt}-t)=\lim_{t\to\infty}t\left(\sqrt{a-\dfrac{b}{t}}-1\right).$

これが収束し，$\lim_{t\to\infty}t=\infty$ であるから，

$$\lim_{t\to\infty}\left(\sqrt{a-\frac{b}{t}}-1\right)=0.$$

よって，

$$a=1.$$

このとき，

$\lim_{t\to\infty}(\sqrt{t^2-bt}-t)$

$=\lim_{t\to\infty}\dfrac{(\sqrt{t^2-bt}-t)(\sqrt{t^2-bt}+t)}{\sqrt{t^2-bt}+t}$

$=\lim_{t\to\infty}\dfrac{t^2-bt-t^2}{\sqrt{t^2-bt}+t}$

$=\lim_{t\to\infty}\dfrac{-bt}{\sqrt{t^2-bt}+t}$

$=\lim_{t\to\infty}\dfrac{-b}{\sqrt{1-\dfrac{b}{t}}+1}$

$=-\dfrac{b}{2}=-1.$

$$b=2.$$

よって，

$$a=1,\quad b=2.$$

(逆にこのとき，与えられた等式は成り立つ)

［**注1**］「このとき」以降が十分性の計算になっているので

「逆にこのとき，与えられた等式は成り立つ」

はなくてもよい．

［注1終り］

［**注2**］ 明らかに $a\geqq 0$.

$\lim_{t\to\infty}(\sqrt{at^2-bt}-t)$

$=\lim_{t\to\infty}\dfrac{at^2-bt-t^2}{\sqrt{at^2-bt}+t}$

$=\lim_{t\to\infty}\dfrac{(a-1)t-b}{\sqrt{a-\dfrac{b}{t}}+1}.$ …(*)

これが収束するから，

$$a-1=0.$$
$$a=1.$$

このとき，

$$(*)=\lim_{t\to\infty}\frac{-b}{\sqrt{1-\frac{b}{t}}+1}.$$

（以下略）

［注２終り］

関数の極限 4

1. $$\lim_{\theta\to0}\frac{\sin 2\theta}{\theta}=\lim_{\theta\to0}\frac{\sin 2\theta}{2\theta}\cdot 2$$
$$=2.$$

2. $$\lim_{x\to0}\frac{1-\cos x}{x^2}$$
$$=\lim_{x\to0}\frac{(1-\cos x)(1+\cos x)}{x^2(1+\cos x)}$$
$$=\lim_{x\to0}\frac{1-\cos^2 x}{x^2(1+\cos x)}$$
$$=\lim_{x\to0}\left(\frac{\sin x}{x}\right)^2\frac{1}{1+\cos x}=\frac{1}{2}.$$

3. $$\lim_{\theta\to0}\frac{\sin 2\theta}{\sin\frac{\theta}{2}}=\lim_{\theta\to0}\frac{\frac{\sin 2\theta}{\theta}}{\frac{\sin\frac{\theta}{2}}{\theta}}$$
$$=\lim_{\theta\to0}\frac{\frac{\sin 2\theta}{2\theta}\cdot 2}{\frac{\sin\frac{\theta}{2}}{\frac{\theta}{2}}\cdot\frac{1}{2}}$$
$$=\frac{2}{\frac{1}{2}}=4.$$

4. $$\lim_{x\to0}\frac{\sin 2x}{\sqrt{x+1}-1}$$
$$=\lim_{x\to0}\frac{\sin 2x(\sqrt{x+1}+1)}{(\sqrt{x+1}-1)(\sqrt{x+1}+1)}$$
$$=\lim_{x\to0}\frac{\sin 2x(\sqrt{x+1}+1)}{x+1-1}$$
$$=\lim_{x\to0}2\cdot\frac{\sin 2x}{2x}\cdot(\sqrt{x+1}+1)$$
$$=2\cdot1\cdot2$$
$$=4.$$

5. $$\lim_{\theta\to0}\frac{\theta^3}{\tan\theta-\sin\theta}$$
$$=\lim_{\theta\to0}\frac{\theta^3}{\frac{\sin\theta}{\cos\theta}-\sin\theta}$$
$$=\lim_{\theta\to0}\frac{\theta^3\cos\theta}{\sin\theta(1-\cos\theta)}$$
$$=\lim_{\theta\to0}\frac{\theta^3\cos\theta(1+\cos\theta)}{\sin\theta(1-\cos^2\theta)}$$
$$=\lim_{\theta\to0}\frac{\cos\theta(1+\cos\theta)}{\left(\frac{\sin\theta}{\theta}\right)^3}=2.$$

関数の極限 5

1. $\frac{\pi}{n}=\theta$ とおくと，$n=\frac{\pi}{\theta}$.

$n\to\infty$ のとき，$\theta\to+0$.

$$\lim_{n\to\infty}2n\sin\frac{\pi}{n}=\lim_{\theta\to+0}\frac{2\pi}{\theta}\sin\theta$$
$$=\lim_{\theta\to+0}2\pi\frac{\sin\theta}{\theta}=2\pi.$$

2. $\frac{\pi}{n}=\theta$ とおくと，$n=\frac{\pi}{\theta}$.

$n\to\infty$ のとき，$\theta\to+0$.

$$\lim_{n\to\infty}4n\tan\frac{\pi}{n}=\lim_{\theta\to+0}4\cdot\frac{\pi}{\theta}\tan\theta$$
$$=\lim_{\theta\to+0}4\pi\cdot\frac{\sin\theta}{\theta}\cdot\frac{1}{\cos\theta}$$
$$=4\pi.$$

3. $\frac{\theta}{2^n}=x$ とおくと，$2^n=\frac{\theta}{x}$.

$n\to\infty$ のとき，$x\to+0$.

$$\lim_{n\to\infty}4^n\left(1-\cos\frac{\theta}{2^n}\right)$$

$$=\lim_{n\to\infty}(2^n)^2\left(1-\cos\frac{\theta}{2^n}\right)$$

$$=\lim_{x\to+0}\frac{\theta^2}{x^2}(1-\cos x)$$

$$=\lim_{x\to+0}\frac{\theta^2(1-\cos^2 x)}{x^2(1+\cos x)}$$

$$=\lim_{x\to+0}\left(\frac{\sin x}{x}\right)^2\frac{\theta^2}{1+\cos x}=\frac{\theta^2}{2}.$$

4. $\dfrac{\pi}{n}=\theta$ とおくと，$n=\dfrac{\pi}{\theta}$.

$n\to\infty$ のとき，$\theta\to+0$.

$$\lim_{n\to\infty}\frac{\pi\sin\frac{\pi}{n}}{n\left(1-\cos\frac{\pi}{n}\right)}$$

$$=\lim_{\theta\to+0}\frac{\pi\sin\theta}{\frac{\pi}{\theta}(1-\cos\theta)}$$

$$=\lim_{\theta\to+0}\frac{\theta\sin\theta(1+\cos\theta)}{(1-\cos\theta)(1+\cos\theta)}$$

$$=\lim_{\theta\to+0}\frac{\theta\sin\theta(1+\cos\theta)}{\sin^2\theta}$$

$$=\lim_{\theta\to+0}\frac{1+\cos\theta}{\frac{\sin\theta}{\theta}}=2.$$

5. $\dfrac{\pi}{n}=\theta$ とおくと，$n=\dfrac{\pi}{\theta}$.

$n\to\infty$ のとき，$\theta\to+0$.

$$\lim_{n\to\infty}(n+1)(2n+1)\sin^2\frac{\pi}{n}$$

$$=\lim_{\theta\to+0}\left(\frac{\pi}{\theta}+1\right)\left(\frac{2\pi}{\theta}+1\right)\sin^2\theta$$

$$=\lim_{\theta\to+0}(\pi+\theta)(2\pi+\theta)\left(\frac{\sin\theta}{\theta}\right)^2$$

$$=2\pi^2.$$

関数の極限 6

1. $$\lim_{x\to0}\frac{\sin(2\sin x)}{3x(1+2x)}$$

$$=\lim_{x\to0}\frac{\sin(2\sin x)}{2\sin x}\cdot2\cdot\frac{\sin x}{x}\cdot\frac{1}{3(1+2x)}$$

$$=\frac{2}{3}.$$

2. $\dfrac{\pi}{2}-x=t$ とおくと，$x=\dfrac{\pi}{2}-t$.

$$x\to\frac{\pi}{2}\iff t\to0.$$

$$\lim_{x\to\frac{\pi}{2}}\cos3x\tan5x$$

$$=\lim_{t\to0}\cos\left(\frac{3\pi}{2}-3t\right)\tan\left(\frac{5}{2}\pi-5t\right)$$

$$=\lim_{t\to0}(-\sin3t)\cdot\frac{\cos5t}{\sin5t}$$

$$=\lim_{t\to0}\frac{\frac{\sin3t}{3t}\cdot3}{\frac{\sin5t}{5t}\cdot5}\cdot(-\cos5t)$$

$$=-\frac{3}{5}.$$

3. $$(\text{与式})=\lim_{x\to\frac{\pi}{4}}\frac{\sqrt{2}\sin\left(x-\frac{\pi}{4}\right)}{x-\frac{\pi}{4}}.$$

$x-\dfrac{\pi}{4}=\theta$ とおくと，

$$x\to\frac{\pi}{4}\iff\theta\to0.$$

$$(\text{与式})=\lim_{\theta\to0}\frac{\sqrt{2}\sin\theta}{\theta}=\sqrt{2}.$$

4. $$\lim_{x\to a}\frac{a^2\sin^2x-x^2\sin^2a}{x-a}$$

$$=\lim_{x\to a}\frac{a^2(\sin^2x-\sin^2a)-(x^2-a^2)\sin^2a}{x-a}$$

$$=\lim_{x\to a}\frac{a^2(\sin x-\sin a)(\sin x+\sin a)-(x-a)(x+a)\sin^2a}{x-a}$$

$$=\lim_{x\to a}\left\{a^2(\sin x+\sin a)\cdot\frac{\sin x-\sin a}{x-a}-(x+a)\sin^2a\right\}$$

$$=\lim_{x\to a}\left\{a^2(\sin x+\sin a)\cdot\frac{2\cos\frac{x+a}{2}\sin\frac{x-a}{2}}{x-a}\right.$$

$$-(x+a)\sin^2 a\Bigg\}$$

$$=\lim_{x\to a}\left\{a^2(\sin x+\sin a)\cdot\cos\frac{x+a}{2}\cdot\frac{\sin\frac{x-a}{2}}{\frac{x-a}{2}}\right.$$

$$\left.-(x+a)\sin^2 a\right\}$$

$$=a^2\cdot 2\sin a\cdot\cos a-2a\sin^2 a$$

$$=2a\sin a(a\cos a-\sin a).$$

5. $\dfrac{\pi}{n}=\theta$ とおくと，$n=\dfrac{\pi}{\theta}$.

$n\to\infty$ のとき，$\theta\to+0$.

$$\lim_{n\to\infty}n^2\left(\frac{n}{\pi}\tan\frac{\pi}{n}-\frac{n}{\pi}\sin\frac{\pi}{n}\right)$$

$$=\lim_{\theta\to+0}\frac{\pi^2}{\theta^2}\left(\frac{1}{\theta}\tan\theta-\frac{1}{\theta}\sin\theta\right)$$

$$=\lim_{\theta\to+0}\frac{\pi^2}{\theta^3}\left(\frac{\sin\theta}{\cos\theta}-\sin\theta\right)$$

$$=\lim_{\theta\to+0}\frac{\pi^2}{\theta^3}\cdot\frac{\sin\theta}{\cos\theta}(1-\cos\theta)$$

$$=\lim_{\theta\to+0}\frac{\pi^2}{\theta^3}\cdot\frac{\sin\theta(1-\cos^2\theta)}{\cos\theta(1+\cos\theta)}$$

$$=\lim_{\theta\to+0}\left(\frac{\sin\theta}{\theta}\right)^3\frac{\pi^2}{\cos\theta(1+\cos\theta)}$$

$$=\frac{\pi^2}{2}.$$

関数の極限 7

1. $(\text{与式})=\lim_{a\to\infty}(a+1)^2\left\{1+\cos\left(\pi-\dfrac{\pi}{a+1}\right)\right\}$

$$=\lim_{a\to\infty}(a+1)^2\left(1-\cos\frac{\pi}{a+1}\right).$$

$\dfrac{\pi}{a+1}=\theta$ とおくと，$a+1=\dfrac{\pi}{\theta}$.

$a\to\infty$ のとき，$\theta\to+0$.

$$(\text{与式})=\lim_{\theta\to+0}\frac{\pi^2}{\theta^2}(1-\cos\theta)$$

$$=\lim_{\theta\to+0}\frac{\pi^2}{\theta^2}\cdot\frac{(1-\cos\theta)(1+\cos\theta)}{1+\cos\theta}$$

$$=\lim_{\theta\to+0}\frac{\pi^2}{\theta^2}\cdot\frac{\sin^2\theta}{1+\cos\theta}$$

$$=\lim_{\theta\to+0}\frac{\pi^2}{1+\cos\theta}\cdot\left(\frac{\sin\theta}{\theta}\right)^2$$

$$=\frac{\pi^2}{2}.$$

2. $\dfrac{\pi}{n}=\theta$ とおくと，$n=\dfrac{\pi}{\theta}$.

$n\to\infty$ のとき，　$\theta\to+0$.

$$\lim_{n\to\infty}n^2\sin\frac{\pi}{n}\sqrt{\frac{1}{n^2}+\left(1-\cos\frac{\pi}{n}\right)^2}$$

$$=\lim_{\theta\to+0}\frac{\pi^2}{\theta^2}\cdot\sin\theta\sqrt{\frac{\theta^2}{\pi^2}+(1-\cos\theta)^2}$$

$$=\lim_{\theta\to+0}\pi^2\cdot\frac{\sin\theta}{\theta}\sqrt{\frac{1}{\pi^2}+\frac{(1-\cos\theta)^2}{\theta^2}}$$

$$=\lim_{\theta\to+0}\pi^2\cdot\frac{\sin\theta}{\theta}\sqrt{\frac{1}{\pi^2}+\left\{\frac{1-\cos^2\theta}{\theta(1+\cos\theta)}\right\}^2}$$

$$=\lim_{\theta\to+0}\pi^2\cdot\frac{\sin\theta}{\theta}\sqrt{\frac{1}{\pi^2}+\left(\frac{\sin\theta}{\theta}\cdot\frac{\sin\theta}{1+\cos\theta}\right)^2}$$

$$=\pi^2\cdot\sqrt{\frac{1}{\pi^2}}=\pi.$$

3. $\displaystyle\lim_{x\to\infty}\frac{2x\sin(\sqrt{x+2}-\sqrt{x-2})}{\sqrt{4x+1}}$

$$=\lim_{x\to\infty}\frac{2x}{\sqrt{4x+1}}\sin\frac{x+2-(x-2)}{\sqrt{x+2}+\sqrt{x-2}}$$

$$=\lim_{x\to\infty}\frac{2x}{\sqrt{4x+1}}\sin\frac{4}{\sqrt{x+2}+\sqrt{x-2}}$$

$$=\lim_{x\to\infty}\frac{2x}{\sqrt{4x+1}}\cdot\frac{4}{\sqrt{x+2}+\sqrt{x-2}}$$

$$\times\frac{\sin\dfrac{4}{\sqrt{x+2}+\sqrt{x-2}}}{\dfrac{4}{\sqrt{x+2}+\sqrt{x-2}}}$$

$$=\lim_{x\to\infty}\frac{8}{\sqrt{4+\frac{1}{x}}\left(\sqrt{1+\frac{2}{x}}+\sqrt{1-\frac{2}{x}}\right)}$$

$$\times\frac{\sin\dfrac{4}{\sqrt{x+2}+\sqrt{x-2}}}{\dfrac{4}{\sqrt{x+2}+\sqrt{x-2}}}$$

$$=\frac{8}{\sqrt{4}\cdot 2}\cdot 1=2.$$

4. $\displaystyle\lim_{x\to 0}\frac{ax^2+bx^3}{\tan x-\sin x}$

$$=\lim_{x\to 0}\frac{x^2(a+bx)\cos x}{\sin x(1-\cos x)}$$

$$=\lim_{x\to 0}\frac{x^2(a+bx)\cos x(1+\cos x)}{\sin x(1-\cos x)(1+\cos x)}$$

$$=\lim_{x\to 0}\frac{x^2(a+bx)\cos x(1+\cos x)}{\sin x(1-\cos^2 x)}$$

$$=\lim_{x\to 0}\frac{(a+bx)\cos x(1+\cos x)}{\left(\frac{\sin x}{x}\right)^2\cdot\sin x}. \quad \cdots ①$$

$x\to 0$ のとき，(分母)$\to 0$ であるから，(分子)$\to 0$ が必要．

よって，

$$a=0.$$

このとき，

$$①=\lim_{x\to 0}\frac{b\cos x(1+\cos x)}{\left(\frac{\sin x}{x}\right)^3}$$

$$=2b=1.$$

よって，

$$a=0,\quad b=\frac{1}{2}.$$

(逆にこのとき，与えられた等式は成り立つ)

[注]「このとき」以降が十分性の計算になっているので

「逆にこのとき，与えられた等式は成り立つ」

はなくてもよい．

[注終り]

5. $x-\pi=\theta$ とおくと，$x=\pi+\theta$.

$$x\to\pi \iff \theta\to 0.$$

$$\lim_{x\to\pi}\frac{\sqrt{a+\cos x}-b}{(x-\pi)^2}$$

$$=\lim_{\theta\to 0}\frac{\sqrt{a+\cos(\pi+\theta)}-b}{\theta^2}$$

$$=\lim_{\theta\to 0}\frac{\sqrt{a-\cos\theta}-b}{\theta^2}. \quad \cdots ①$$

$\theta\to 0$ のとき (分母)$\to 0$ であるから，(分子)$\to 0$ が必要．

よって，

$$\sqrt{a-1}-b=0.$$

このとき，

$$①=\lim_{\theta\to 0}\frac{\sqrt{a-\cos\theta}-\sqrt{a-1}}{\theta^2}$$

$$=\lim_{\theta\to 0}\frac{a-\cos\theta-(a-1)}{\theta^2(\sqrt{a-\cos\theta}+\sqrt{a-1})}$$

$$=\lim_{\theta\to 0}\frac{1-\cos^2\theta}{\theta^2(\sqrt{a-\cos\theta}+\sqrt{a-1})(1+\cos\theta)}$$

$$=\lim_{\theta\to 0}\left(\frac{\sin\theta}{\theta}\right)^2\frac{1}{(\sqrt{a-\cos\theta}+\sqrt{a-1})(1+\cos\theta)}. \quad \cdots ②$$

$a=1$ のとき，

$$②=\lim_{\theta\to 0}\left(\frac{\sin\theta}{\theta}\right)^2\frac{1}{\sqrt{1-\cos\theta}}\cdot\frac{1}{1+\cos\theta}$$

$$=+\infty.$$

収束しないから不適．

よって，$a\neq 1$.

このとき，

$$②=\frac{1}{4\sqrt{a-1}}.$$

よって，

$$\sqrt{a-1}=1.$$

$$a=2.$$

したがって

$$a=2,\quad b=1.$$

(逆にこのとき，与えられた等式は成り立つ)

[注]「このとき」以降が十分性の計算になっているので

「逆にこのとき，与えられた等式は成り立つ」

はなくてもよい．

[注終り]

関数の極限 8

1. $\dfrac{1}{n^2}=\theta$ とおくと，$n=\dfrac{1}{\sqrt{\theta}}$.

$$n\to\infty \text{ のとき，}\theta\to +0.$$

$$\lim_{n\to\infty}n\left\{\left(2n\pi+\frac{1}{n^2}\right)\sin\frac{1}{n^2}+\cos\frac{1}{n^2}-1\right\}$$

$$=\lim_{\theta\to+0}\frac{1}{\sqrt{\theta}}\left\{\left(\frac{2\pi}{\sqrt{\theta}}+\theta\right)\sin\theta+\cos\theta-1\right\}$$
$$=\lim_{\theta\to+0}\left\{(2\pi+\theta\sqrt{\theta})\frac{\sin\theta}{\theta}+\frac{\cos^2\theta-1}{\sqrt{\theta}(\cos\theta+1)}\right\}$$
$$=\lim_{\theta\to+0}\left\{(2\pi+\theta\sqrt{\theta})\frac{\sin\theta}{\theta}-\frac{\sin\theta}{\theta}\cdot\frac{\sqrt{\theta}\sin\theta}{\cos\theta+1}\right\}$$
$$=2\pi.$$

2. $\dfrac{1}{n}=\theta$ とおくと，$n=\dfrac{1}{\theta}$.

$n\to\infty$ のとき，$\theta\to+0$.

$$(\text{与式})=\lim_{\theta\to+0}\frac{\sqrt{1+\dfrac{2}{\theta^3}+\dfrac{1}{\theta^4}}(1-\cos 2\theta)}{\left(\dfrac{2}{\theta}-1\right)\tan 3\theta}$$
$$=\lim_{\theta\to+0}\frac{\dfrac{1}{\theta^2}\sqrt{\theta^4+2\theta+1}\cdot 2\sin^2\theta}{\dfrac{1}{\theta}(2-\theta)\tan 3\theta}$$
$$=\lim_{\theta\to+0}\frac{2\sqrt{\theta^4+2\theta+1}}{\theta(2-\theta)}\cdot\frac{\sin^2\theta}{\dfrac{\sin 3\theta}{\cos 3\theta}}$$
$$=\lim_{\theta\to+0}\frac{2\sqrt{\theta^4+2\theta+1}}{2-\theta}\cdot\frac{\sin^2\theta\cdot\cos 3\theta}{\theta\sin 3\theta}$$
$$=\lim_{\theta\to+0}\frac{2\sqrt{\theta^4+2\theta+1}}{2-\theta}\cdot\left(\frac{\sin\theta}{\theta}\right)^2\cdot\frac{1}{\dfrac{\sin 3\theta}{3\theta}\cdot 3}\cdot\cos 3\theta$$
$$=\frac{2}{2}\cdot 1^2\cdot\frac{1}{3}\cdot 1$$
$$=\frac{1}{3}.$$

3. $\sin\theta_n=\dfrac{1}{n+1}$ より，$n+1=\dfrac{1}{\sin\theta_n}$.

$$n=\frac{1}{\sin\theta_n}-1.$$
$$n\theta_n=\frac{\theta_n}{\sin\theta_n}-\theta_n$$
$$=\frac{1}{\dfrac{\sin\theta_n}{\theta_n}}-\theta_n.$$

$\displaystyle\lim_{n\to\infty}\sin\theta_n=0$，$0<\theta_n<\dfrac{\pi}{2}$ より，

$$\lim_{n\to\infty}\theta_n=0.$$

よって，

$$\lim_{n\to\infty}n\theta_n=\lim_{\theta_n\to0}\left(\frac{1}{\dfrac{\sin\theta_n}{\theta_n}}-\theta_n\right)=1.$$

4. $\dfrac{\pi}{n}=\theta$ とおくと，$n=\dfrac{\pi}{\theta}$.

$n\to\infty$ のとき，$\theta\to+0$.

(与式)

$$=\lim_{\theta\to+0}\frac{\pi}{\theta}\sqrt{\frac{\theta^2}{\pi^2}+2\left(1+\frac{\theta}{\pi}\right)(1-\cos\theta)}$$
$$=\lim_{\theta\to+0}\sqrt{1+\frac{2\pi^2}{\theta^2}\left(1+\frac{\theta}{\pi}\right)\frac{(1-\cos\theta)(1+\cos\theta)}{1+\cos\theta}}$$
$$=\lim_{\theta\to+0}\sqrt{1+2\pi^2\left(1+\frac{\theta}{\pi}\right)\frac{1-\cos^2\theta}{\theta^2(1+\cos\theta)}}$$
$$=\lim_{\theta\to+0}\sqrt{1+2\pi^2\left(1+\frac{\theta}{\pi}\right)\left(\frac{\sin\theta}{\theta}\right)^2\frac{1}{1+\cos\theta}}$$
$$=\sqrt{1+2\pi^2\cdot 1\cdot 1^2\cdot\frac{1}{2}}$$
$$=\sqrt{1+\pi^2}.$$

5. $n\geqq 2$ のとき，

$$a_n=\cos\frac{x}{2}\cos\frac{x}{2^2}\cdots\cos\frac{x}{2^n}$$
$$=a_{n-1}\cos\frac{x}{2^n}$$

であるから，

$$a_n\sin\frac{x}{2^n}=a_{n-1}\cos\frac{x}{2^n}\sin\frac{x}{2^n}$$
$$=\frac{1}{2}a_{n-1}\sin\frac{x}{2^{n-1}}.$$

よって，

$$a_n\sin\frac{x}{2^n}=\left(a_1\sin\frac{x}{2}\right)\left(\frac{1}{2}\right)^{n-1}$$
$$=\left(\cos\frac{x}{2}\sin\frac{x}{2}\right)\left(\frac{1}{2}\right)^{n-1}$$
$$=\frac{1}{2^n}\sin x.$$

$$a_n=\frac{\dfrac{1}{2^n}\sin x}{\sin\dfrac{x}{2^n}}=\frac{\sin x}{x}\cdot\frac{1}{\dfrac{\sin\dfrac{x}{2^n}}{\dfrac{x}{2^n}}}.$$

$$\lim_{n\to\infty} a_n = \frac{\sin x}{x}.$$

関数の極限 9

1. $\displaystyle \lim_{n\to\infty}\left(1-\frac{1}{n}\right)^n = \lim_{n\to\infty}\left\{\left(1+\frac{1}{-n}\right)^{-n}\right\}^{-1}$
$\displaystyle = e^{-1}.$

［注］ $\displaystyle \lim_{n\to\infty}\left(1-\frac{1}{n}\right)^n = \lim_{n\to\infty}\left(\frac{n-1}{n}\right)^n$

$$= \lim_{n\to\infty}\left(\frac{1}{\frac{n}{n-1}}\right)^n = \lim_{n\to\infty}\frac{1}{\left(1+\frac{1}{n-1}\right)^n}$$

$$= \lim_{n\to\infty}\frac{1}{\left(1+\frac{1}{n-1}\right)^{n-1}\left(1+\frac{1}{n-1}\right)}$$

$$= \frac{1}{e}.$$

［注終り］

2. $\displaystyle \lim_{n\to\infty}\left(\sqrt{\frac{n}{n+1}}\right)^{n+1} = \lim_{n\to\infty}\left(\frac{1}{1+\frac{1}{n}}\right)^{\frac{n+1}{2}}$

$$= \lim_{n\to\infty}\frac{1}{\left(1+\frac{1}{n}\right)^{\frac{1}{2}}\left\{\left(1+\frac{1}{n}\right)^n\right\}^{\frac{1}{2}}}$$

$$= \frac{1}{e^{\frac{1}{2}}} = \frac{1}{\sqrt{e}}.$$

3. $\displaystyle \lim_{n\to\infty} 2\left(\frac{n}{n+2}\right)^{n+3}$

$$= \lim_{n\to\infty} 2\left(\frac{1}{1+\frac{2}{n}}\right)^{n+3}$$

$$= \lim_{n\to\infty}\frac{2}{\left(1+\frac{2}{n}\right)^3}\cdot\frac{1}{\left(1+\frac{2}{n}\right)^n}$$

$$= \lim_{n\to\infty}\frac{2}{\left(1+\frac{2}{n}\right)^3}\cdot\frac{1}{\left\{\left(1+\frac{2}{n}\right)^{\frac{n}{2}}\right\}^2}$$

$$= \frac{2}{e^2}.$$

4. $\displaystyle \lim_{n\to\infty}\frac{n+1}{2n+1}\left(1+\frac{1}{n}\right)^{2n}$

$$= \lim_{n\to\infty}\frac{1+\frac{1}{n}}{2+\frac{1}{n}}\left\{\left(1+\frac{1}{n}\right)^n\right\}^2$$

$$= \frac{e^2}{2}.$$

5. $\displaystyle \lim_{h\to 0}(1-2h)^{\frac{1}{h}} = \lim_{h\to 0}\left[\{1+(-2h)\}^{\frac{1}{-2h}}\right]^{-2}$

$$= e^{-2} = \frac{1}{e^2}.$$

関数の極限 10

1. $\displaystyle \lim_{n\to\infty} n\left(e^{\frac{1}{n}}-1\right) = \lim_{n\to\infty}\frac{e^{\frac{1}{n}}-1}{\frac{1}{n}}$

$$= 1.$$

2. $\displaystyle \lim_{b\to 0}\frac{b(e^b+1)}{e^b-1} = \lim_{b\to 0}\frac{e^b+1}{\frac{e^b-1}{b}}$

$$= 2.$$

3. $\displaystyle \lim_{b\to 0}\frac{(1-e^b)^2}{4b^2} = \lim_{b\to 0}\frac{1}{4}\left(\frac{e^b-1}{b}\right)^2$

$$= \frac{1}{4}.$$

4. $\displaystyle \lim_{t\to 1}\frac{t-1}{2t\log t} = \lim_{t\to 1}\frac{1}{2t\cdot\frac{\log\{1+(t-1)\}}{t-1}}$

$$= \frac{1}{2}.$$

5. $\displaystyle \lim_{h\to 0}\frac{e^{(h+1)^2}-e^{h^2+1}}{h}$

$$= \lim_{h\to 0}\frac{e^{h^2+2h+1}-e^{h^2+1}}{h}$$

$$= \lim_{h\to 0} 2e^{h^2+1}\cdot\frac{e^{2h}-1}{2h}$$

$$= 2e.$$

関数の極限 11

1. (i) $a=1$ のとき，0.

(ii) $a \neq 1$ のとき，$a^{2x}=e^{\log a^{2x}}=e^{2x\log a}$

より，

$$\lim_{x\to 0}\frac{a^{2x}-1}{x}=\lim_{x\to 0}\frac{e^{2x\log a}-1}{x}$$
$$=\lim_{x\to 0}\frac{e^{2x\log a}-1}{2x\log a}\cdot 2\log a$$
$$=2\log a.$$

(i)(ii) より，

$$(\text{与式})=2\log a.$$

2. $$(\text{与式})=\lim_{x\to 0}\frac{(e^x)^2+1-2e^x}{x^2e^x}$$
$$=\lim_{x\to 0}\frac{(e^x-1)^2}{x^2e^x}$$
$$=\lim_{x\to 0}\left(\frac{e^x-1}{x}\right)^2\cdot\frac{1}{e^x}$$
$$=1^2\cdot 1$$
$$=1.$$

3. $$\lim_{x\to 0}\left\{\frac{(x+1)(2x+3)}{x+3}\right\}^{\frac{1}{x}}$$
$$=\lim_{x\to 0}\left\{\frac{(1+x)\left(1+\frac{2}{3}x\right)}{1+\frac{x}{3}}\right\}^{\frac{1}{x}}$$
$$=\lim_{x\to 0}\frac{(1+x)^{\frac{1}{x}}\left\{\left(1+\frac{2}{3}x\right)^{\frac{3}{2x}}\right\}^{\frac{2}{3}}}{\left\{\left(1+\frac{x}{3}\right)^{\frac{3}{x}}\right\}^{\frac{1}{3}}}$$
$$=\frac{e\cdot e^{\frac{2}{3}}}{e^{\frac{1}{3}}}=e^{\frac{4}{3}}.$$

4. $$\lim_{n\to\infty}\frac{2e-(n+1)e^{\frac{1}{n}}+n}{n^2\left(e^{\frac{1}{n}}-1\right)^2}$$
$$=\lim_{n\to\infty}\frac{2e-n\left(e^{\frac{1}{n}}-1\right)-e^{\frac{1}{n}}}{\left\{n\left(e^{\frac{1}{n}}-1\right)\right\}^2}$$
$$=\lim_{n\to\infty}\frac{2e-\dfrac{e^{\frac{1}{n}}-1}{\frac{1}{n}}-e^{\frac{1}{n}}}{\left(\dfrac{e^{\frac{1}{n}}-1}{\frac{1}{n}}\right)^2}$$
$$=\frac{2e-1-1}{1^2}$$
$$=2(e-1).$$

5. $$\lim_{a\to\infty}\frac{(a-1)\log\left(\frac{\log a}{a}\right)}{a\log a-a+1}$$
$$=\lim_{a\to\infty}\frac{(a-1)\{\log(\log a)-\log a\}}{a\log a-a+1}$$
$$=\lim_{a\to\infty}\frac{\left(1-\frac{1}{a}\right)\left\{\frac{\log(\log a)}{\log a}-1\right\}}{1-\frac{1}{\log a}+\frac{1}{a\log a}}.$$

$\log a=t$ とおくと，

$a\to\infty$ のとき，$t\to\infty$.

$$\lim_{a\to\infty}\frac{\log(\log a)}{\log a}=\lim_{t\to\infty}\frac{\log t}{t}=0.$$

であるから，

$$(\text{与式})=\frac{(1-0)(0-1)}{1-0+0}=-1.$$

関数の極限 12

1. $$\lim_{x\to\infty}\log_x(x^a+x^b)$$
$$=\lim_{x\to\infty}\log_x x^b(x^{a-b}+1)$$
$$=\lim_{x\to\infty}\left\{\log_x x^b+\log_x\left(\frac{1}{x^{b-a}}+1\right)\right\}$$
$$=\lim_{x\to\infty}\left\{b+\frac{\log\left(\frac{1}{x^{b-a}}+1\right)}{\log x}\right\}$$
$$=\lim_{x\to\infty}\left\{b+\frac{1}{\log x}\log\left(\frac{1}{x^{b-a}}+1\right)\right\}.$$

(i) $a=b$ のとき，

$$(\text{与式})=\lim_{x\to\infty}\left(b+\frac{1}{\log x}\log 2\right)=b.$$

(ii) $a<b$ のとき，$\lim_{x\to\infty}x^{b-a}=\infty$ であるから，

$$(\text{与式})=b.$$

(i)，(ii) より，

$$(\text{与式})=b.$$

［注］ $x\to\infty$ のとき，$a\leqq b$ より，

$$0<x^a\leqq x^b.$$
$$x^b<x^a+x^b\leqq 2x^b.$$
$$\log_x x^b<\log_x(x^a+x^b)\leqq\log_x 2x^b.$$
$$\log_x x^b=b,$$
$$\log_x 2x^b=\log_x 2+\log_x x^b$$
$$=\frac{\log 2}{\log x}+b$$
$$\to b\ (x\to\infty)$$

より，

$$\lim_{x\to\infty}\log_x(x^a+x^b)=b.$$

［注終り］

2. $x>0$ のとき，$e^x>\frac{x^2}{2}$ より，

$$0<\frac{x}{e^x}<\frac{2}{x}.$$

$\lim_{x\to\infty}\frac{2}{x}=0$ であるから，

$$\lim_{x\to\infty}\frac{x}{e^x}=0.$$

3. $t>1$ のとき，$0<\log t<1+t$.

$x\to\infty$ だから，$x>1$ としてよい．

$x>1$ のとき $\sqrt{x}>1$ であるから，

$t=\sqrt{x}$ とすると，

$$0<\log\sqrt{x}<1+\sqrt{x}.$$

$\log\sqrt{x}=\frac{1}{2}\log x$ より，

$$0<\log x<2(1+\sqrt{x}).$$
$$0<\frac{\log x}{x}<2\left(\frac{1}{x}+\frac{1}{\sqrt{x}}\right).$$

$\lim_{x\to\infty}2\left(\frac{1}{x}+\frac{1}{\sqrt{x}}\right)=0$ であるから，

$$\lim_{x\to\infty}\frac{\log x}{x}=0.$$

4. $\sin\sqrt{x+c}-\sin\sqrt{x}$

$$=2\cos\frac{\sqrt{x+c}+\sqrt{x}}{2}\sin\frac{\sqrt{x+c}-\sqrt{x}}{2}$$
$$=2\cos\frac{\sqrt{x+c}+\sqrt{x}}{2}\sin\frac{(\sqrt{x+c}-\sqrt{x})(\sqrt{x+c}+\sqrt{x})}{2(\sqrt{x+c}+\sqrt{x})}$$
$$=2\cos\frac{\sqrt{x+c}+\sqrt{x}}{2}\sin\frac{c}{2(\sqrt{x+c}+\sqrt{x})}$$

より，

$$|\sin\sqrt{x+c}-\sin\sqrt{x}|$$
$$=2\left|\cos\frac{\sqrt{x+c}+\sqrt{x}}{2}\right|\left|\sin\frac{c}{2(\sqrt{x+c}+\sqrt{x})}\right|.$$

$\left|\cos\frac{\sqrt{x+c}+\sqrt{c}}{2}\right|\leqq 1$ であるから，

$$0\leqq|\sin\sqrt{x+c}-\sin\sqrt{x}|\leqq 2\left|\sin\frac{c}{2(\sqrt{x+c}+\sqrt{x})}\right|.$$

$\lim_{x\to\infty}\left|\sin\frac{2}{2(\sqrt{x+c}+\sqrt{x})}\right|=0$ より，

$$\lim_{x\to\infty}|\sin\sqrt{x+c}-\sin\sqrt{x}|=0.$$

よって，

$$\lim_{x\to\infty}(\sin\sqrt{x+c}-\sin\sqrt{x})=0.$$

5. $x=0$ を代入して，

$$|f(0)-1|\leqq 0.$$

よって， $f(0)=1$.

$-\pi<x<\pi$ のとき，

$$x\sin x=|x\sin x|$$

であるから，

$$|f(x)-f(0)-x-\sin 2x|\leqq|x\sin x|.$$

$x\neq 0$ のとき，

$$\left|\frac{f(x)-f(0)}{x}-1-\frac{\sin 2x}{x}\right|\leqq|\sin x|.$$
$$1+\frac{\sin 2x}{x}-|\sin x|\leqq\frac{f(x)-f(0)}{x}\leqq 1+\frac{\sin 2x}{x}+|\sin x|.$$
$$\lim_{x\to 0}\frac{\sin 2x}{x}=\lim_{x\to 0}\frac{\sin 2x}{2x}\cdot 2=2,$$
$$\lim_{x\to 0}|\sin x|=0$$

であるから，

$$\lim_{x\to 0}\frac{f(x)-f(0)}{x}=3.$$

第5講 微分法

微分 1（積）

1. $$\begin{aligned} f'(x) &= (x^2)'(1-x)^2(3+2x)+x^2\{(1-x)^2\}'(3+2x) \\ &\quad +x^2(1-x)^2(3+2x)' \\ &= 2x(1-x)^2(3+2x)+x^2\cdot 2(1-x)(-1)(3+2x) \\ &\quad +x^2(1-x)^2\cdot 2 \\ &= 2x(1-x)\{(1-x)(3+2x) \\ &\quad -x(3+2x)+x(1-x)\} \\ &= 2x(1-x)(-2x^2-x+3-2x^2-3x-x^2+x) \\ &= 2x(1-x)(-5x^2-3x+3) \\ &= 2x(x-1)(5x^2+3x-3). \end{aligned}$$

2. $$\begin{aligned} f'(x) &= (x)'\log x + x(\log x)' \\ &= \log x + x\cdot\frac{1}{x} \\ &= \log x + 1. \end{aligned}$$

3. $$\begin{aligned} f'(x) &= (x)'\sin x + x(\sin x)' \\ &= \sin x + x\cos x. \end{aligned}$$

4. $$\begin{aligned} f'(x) &= (e^x)'\sin x + e^x(\sin x)' \\ &= e^x\sin x + e^x\cos x \\ &= e^x(\sin x+\cos x). \end{aligned}$$

5. $$\begin{aligned} f'(x) &= (x)'e^x + x(e^x)' \\ &= e^x + xe^x \\ &= (1+x)e^x. \end{aligned}$$

微分 2（積）

1. $$\begin{aligned} f'(x) &= (x^2-10x+20)'e^x \\ &\quad +(x^2-10x+20)(e^x)' \\ &= (2x-10)e^x+(x^2-10x+20)e^x \\ &= (x^2-8x+10)e^x. \end{aligned}$$

2. $$\begin{aligned} S'(\theta) &= (\cos\theta+1)'\sin\theta+(\cos\theta+1)(\sin\theta)' \\ &= -\sin\theta\cdot\sin\theta+(\cos\theta+1)\cos\theta \\ &= -(1-\cos^2\theta)+(\cos\theta+1)\cos\theta \\ &= (\cos\theta+1)(\cos\theta-1)+(\cos\theta+1)\cos\theta \\ &= (\cos\theta+1)(2\cos\theta-1). \end{aligned}$$

3. $$\begin{aligned} y' &= x'\cos x + x(\cos x)' - (\sin x)' \\ &= \cos x + x(-\sin x) - \cos x \\ &= -x\sin x. \end{aligned}$$

4. $$\begin{aligned} f'(\theta) &= (2\cos\theta)'(\sin\theta-\theta\cos\theta) \\ &\quad +2\cos\theta(\sin\theta-\theta\cos\theta)' \\ &= -2\sin\theta(\sin\theta-\theta\cos\theta) \\ &\quad +2\cos\theta(\cos\theta-\cos\theta+\theta\sin\theta) \\ &= -2\sin^2\theta+2\theta\sin\theta\cos\theta+2\theta\sin\theta\cos\theta \\ &= 2\sin\theta(2\theta\cos\theta-\sin\theta). \end{aligned}$$

5. $$\begin{aligned} f'(x) &= (x)'e^x + x(e^x)' - (p+1) \\ &= e^x + xe^x - (p+1). \\ &= (1+x)e^x - (p+1). \end{aligned}$$

微分 3（商）

1. $$\begin{aligned} f'(x) &= \frac{(x)'(x^2+1)-x(x^2+1)'}{(x^2+1)^2} \\ &= \frac{1\cdot(x^2+1)-x\cdot 2x}{(x^2+1)^2} \\ &= \frac{1-x^2}{(x^2+1)^2}. \end{aligned}$$

2. $$\begin{aligned} f'(a) &= \frac{(4-a)'(a^2-2a+2)-(4-a)(a^2-2a+2)'}{(a^2-2a+2)^2} \\ &= \frac{-(a^2-2a+2)-(4-a)(2a-2)}{(a^2-2a+2)^2} \\ &= \frac{a^2-8a+6}{(a^2-2a+2)^2}. \end{aligned}$$

3. $$\begin{aligned} f'(x) &= -\frac{1}{(x+1)^2}-\frac{1}{x^2}-\frac{1}{(x-1)^2} \\ &= -\frac{x^2(x-1)^2+(x+1)^2(x-1)^2+x^2(x+1)^2}{x^2(x+1)^2(x-1)^2} \\ &= -\frac{3x^4+1}{x^2(x+1)^2(x-1)^2}. \end{aligned}$$

4. $$y' = \frac{1}{2} \cdot \frac{(x^4-4x^2+3)'(1-3x^2)-(x^4-4x^2+3)(1-3x^2)'}{(1-3x^2)^2}$$

$$= \frac{1}{2} \cdot \frac{(4x^3-8x)(1-3x^2)-(x^4-4x^2+3)(-6x)}{(1-3x^2)^2}$$

$$= \frac{-3x^5+2x^3+5x}{(1-3x^2)^2}.$$

5. $$f'(x) = \frac{(px+q)'(x^2+3x)-(px+q)(x^2+3x)'}{(x^2+3x)^2}$$

$$= \frac{p(x^2+3x)-(px+q)(2x+3)}{(x^2+3x)^2}$$

$$= \frac{p(x^2+3x)-\{2px^2+(3p+2q)x+3q\}}{(x^2+3x)^2}$$

$$= \frac{-(px^2+2qx+3q)}{(x^2+3x)^2}.$$

微分 4（商）

1. $$y' = \frac{(\sin x)'x - \sin x(x)'}{x^2}$$

$$= \frac{(\cos x)x - (\sin x) \cdot 1}{x^2}$$

$$= \frac{x\cos x - \sin x}{x^2}.$$

2. $$y = \frac{(\tan x)'x - (\tan x)(x)'}{x^2}$$

$$= \frac{\frac{1}{\cos^2 x} \cdot x - (\tan x) \cdot 1}{x^2}$$

$$= \frac{x - \frac{\sin x}{\cos x} \cdot \cos^2 x}{x^2 \cos^2 x}$$

$$= \frac{x - \sin x \cos x}{x^2 \cos^2 x}.$$

3. $$f'(x) = \frac{(\sin x)'(1+\cos x) - \sin x(1+\cos x)'}{(1+\cos x)^2}$$

$$= \frac{\cos x(1+\cos x) - \sin x(-\sin x)}{(1+\cos x)^2}$$

$$= \frac{1}{1+\cos x}.$$

4. $$y' = \frac{(\cos x)'\sqrt{x} - \cos x(\sqrt{x})'}{(\sqrt{x})^2}$$

$$= \frac{(-\sin x)\sqrt{x} - (\cos x)\frac{1}{2\sqrt{x}}}{x}$$

$$= -\frac{2x\sin x + \cos x}{2x\sqrt{x}}.$$

5. $$f'(x)$$

$$= \frac{(\sin x - \cos x + 2)'(\sin x + \cos x + 2) - (\sin x - \cos x + 2)(\sin x + \cos x + 2)'}{(\sin x + \cos x + 2)^2}$$

$$= \frac{(\cos x + \sin x)(\sin x + \cos x + 2) - (\sin x - \cos x + 2)(\cos x - \sin x)}{(\sin x + \cos x + 2)^2}$$

$$= \frac{2(\sin^2 x + \cos^2 x) + 4\sin x}{(\sin x + \cos x + 2)^2}$$

$$= \frac{4\sin x + 2}{(\sin x + \cos x + 2)^2}.$$

微分 5（商）

1. $$f'(x) = \frac{(e^x)'x - e^x(x)'}{x^2}$$

$$= \frac{e^x \cdot x - e^x \cdot 1}{x^2}$$

$$= \frac{(x-1)e^x}{x^2}.$$

2. $$f'(x) = \frac{(x^n)'e^x - x^n(e^x)'}{(e^x)^2}$$

$$= \frac{nx^{n-1}e^x - x^n e^x}{e^{2x}}$$

$$= \frac{(nx^{n-1} - x^n)e^x}{e^{2x}}$$

$$= \frac{(n-x)x^{n-1}}{e^x}.$$

［注］ $f(x) = x^n e^{-x}$

より，

$$f'(x) = (x^n)'e^{-x} + x^n(e^{-x})'$$
$$= nx^{n-1}e^{-x} + x^n(-e^{-x})$$
$$= (n-x)x^{n-1}e^{-x}.$$

［注終り］

3. $f'(x)=\dfrac{(\log x)'x^n-(\log x)\cdot(x^n)'}{(x^n)^2}$

$=\dfrac{\frac{1}{x}\cdot x^n-(\log x)\cdot nx^{n-1}}{x^{2n}}$

$=\dfrac{x^{n-1}(1-n\log x)}{x^{2n}}$

$=\dfrac{1-n\log x}{x^{n+1}}.$

4. $y'=\dfrac{(\log x)'\sqrt{x}-(\log x)(\sqrt{x})'}{(\sqrt{x})^2}$

$=\dfrac{\frac{1}{x}\cdot\sqrt{x}-(\log x)\cdot\frac{1}{2\sqrt{x}}}{x}$

$=\dfrac{2-\log x}{2x\sqrt{x}}.$

5. $g'(x)$

$=\dfrac{(e^x-e^{-x})'(e^x+e^{-x})-(e^x-e^{-x})(e^x+e^{-x})'}{(e^x+e^{-x})^2}$

$=\dfrac{(e^x+e^{-x})(e^x+e^{-x})-(e^x-e^{-x})(e^x-e^{-x})}{(e^x+e^{-x})^2}$

$=\dfrac{e^{2x}+2+(e^{-x})^2-\{e^{2x}-2+(e^{-x})^2\}}{(e^x+e^{-x})^2}$

$=\dfrac{4}{(e^x+e^{-x})^2}.$

微分 6（合成）

1. $y'=9\left(\dfrac{x^2+1}{2}\right)^8\cdot\left(\dfrac{x^2+1}{2}\right)'$

$=9x\left(\dfrac{x^2+1}{2}\right)^8.$

［注］ $\begin{cases} y=u^9, \\ u=\dfrac{x^2+1}{2}. \end{cases}$

$y'=\dfrac{dy}{du}\cdot\dfrac{du}{dx}=9u^8\cdot\left(\dfrac{x^2+1}{2}\right)'.$

［注終り］

2. $f'(x)=\cos(3x+2)\cdot(3x+2)'$

$=\cos(3x+2)\cdot 3$

$=3\cos(3x+2).$

［注］ $\begin{cases} f(x)=\sin u, \\ u=3x+2. \end{cases}$

$f'(x)=\dfrac{df(x)}{du}\cdot\dfrac{du}{dx}$

$=\cos u\cdot(3x+2)'.$

［注終り］

3. $f'(x)=e^{-\frac{x^2}{2}}\cdot\left(-\dfrac{x^2}{2}\right)'$

$=e^{-\frac{x^2}{2}}\cdot(-x)$

$=-xe^{-\frac{x^2}{2}}.$

［注］ $\begin{cases} f(x)=e^u, \\ u=-\dfrac{x^2}{2}. \end{cases}$

$f'(x)=\dfrac{df(x)}{du}\cdot\dfrac{du}{dx}$

$=e^u\cdot\left(-\dfrac{x^2}{2}\right)'.$

［注終り］

4. $f'(x)=\dfrac{3}{2}\left(\dfrac{x+3}{3}\right)^{\frac{1}{2}}\cdot\left(\dfrac{x+3}{3}\right)'$

$=\dfrac{3}{2}\left(\dfrac{x+3}{3}\right)^{\frac{1}{2}}\cdot\dfrac{1}{3}$

$=\dfrac{1}{2}\left(\dfrac{x+3}{3}\right)^{\frac{1}{2}}.$

［注］ $\begin{cases} f(x)=u^{\frac{3}{2}}, \\ u=\dfrac{x+3}{3}. \end{cases}$

$f'(x)=\dfrac{df(x)}{du}\cdot\dfrac{du}{dx}$

$=\dfrac{3}{2}u^{\frac{1}{2}}\cdot\left(\dfrac{x+3}{3}\right)'.$

［注終り］

5. $f'(x)=\dfrac{1}{2\sqrt{x^2+x+5}}\cdot(x^2+x+5)'-1$

$=\dfrac{2x+1}{2\sqrt{x^2+x+5}}-1.$

［注］ $\begin{cases} y = u^{\frac{1}{2}}, \\ u = x^2 + x + 5. \end{cases}$

$$\frac{dy}{dx} = \frac{dy}{du} \cdot \frac{du}{dx} = \frac{1}{2}u^{-\frac{1}{2}} \cdot (x^2 + x + 5)' = \frac{1}{2\sqrt{u}} \cdot (x^2 + x + 5)'.$$

［注終り］

微分 7（合成）

1. $$y' = \frac{1}{\tan x} \cdot (\tan x)' = \frac{\frac{1}{\cos^2 x}}{\tan x} = \frac{1}{\sin x \cos x}.$$

［注］ $\begin{cases} y = \log u, \\ u = \tan x. \end{cases}$

$$\frac{dy}{dx} = \frac{dy}{du} \cdot \frac{du}{dx} = \frac{1}{u} \cdot (\tan x)'.$$

［注終り］

2. $$f'(x) = \frac{1}{\log x} \cdot (\log x)' = \frac{\frac{1}{x}}{\log x} = \frac{1}{x \log x}.$$

［注］ $\begin{cases} f(x) = \log u, \\ u = \log x. \end{cases}$

$$f'(x) = \frac{df(x)}{du} \cdot \frac{du}{dx} = \frac{1}{u} \cdot (\log x)'.$$

［注終り］

3. $$f'(x) = \frac{\left(\frac{e^x + e^{-x}}{2}\right)'}{\frac{e^x + e^{-x}}{2}} = \frac{\frac{e^x - e^{-x}}{2}}{\frac{e^x + e^{-x}}{2}} = \frac{e^x - e^{-x}}{e^x + e^{-x}}.$$

［注］ $\begin{cases} f(x) = \log u, \\ u = \frac{e^x + e^{-x}}{2}. \end{cases}$

$$f'(x) = \frac{df(x)}{du} \cdot \frac{du}{dx} = \frac{1}{u} \cdot \left(\frac{e^x + e^{-x}}{2}\right)'.$$

［注終り］

4. $$f'(x) = \cos(\cos x) \cdot (\cos x)' = \cos(\cos x) \cdot (-\sin x) = -\sin x \cos(\cos x).$$

［注］ $\begin{cases} f(x) = \sin u, \\ u = \cos x. \end{cases}$

$$f'(x) = \frac{df(x)}{du} \cdot \frac{du}{dx} = \cos u \cdot (\cos x)'.$$

［注終り］

5. $$f'(x) = \frac{1}{\frac{1-x}{1+x}} \cdot \left(\frac{1-x}{1+x}\right)' = \frac{1}{\frac{1-x}{1+x}} \cdot \frac{(1-x)'(1+x) - (1-x)(1+x)'}{(1+x)^2} = \frac{-(1+x) - (1-x)}{(1-x)(1+x)} = \frac{-2}{1-x^2} = \frac{2}{x^2 - 1}.$$

［注1］ $\begin{cases} f(x) = \log u, \\ u = \frac{1-x}{1+x}. \end{cases}$

$$f'(x)=\frac{df(x)}{du}\cdot\frac{du}{dx}$$
$$=\frac{1}{u}\cdot\left(\frac{1-x}{1+x}\right)'.$$

［注１終り］

［注２］ $\frac{1-x}{1+x}>0$ の x に対し，

$$f(x)=\log\left(\frac{1-x}{1+x}\right)=\log\left|\frac{1-x}{1+x}\right|$$
$$=\log|1-x|-\log|1+x|.$$
$$f'(x)=\frac{-1}{1-x}-\frac{1}{1+x}$$
$$=-\frac{2}{1-x^2}=\frac{2}{x^2-1}.$$

（真数条件より，$\frac{1-x}{1+x}>0$.
$(1+x)^2(>0)$ をかけて，
$(1-x)(1+x)>0$.
$(x-1)(x+1)<0$.
$-1<x<1$.
したがって，
$f(x)=\log(1-x)-\log(1+x)$.）

［注２終り］

微分 8（合成）

1. $f'(x)$

$$=\frac{(2x^2+1)'(x^2+2)^2-(2x^2+1)\{(x^2+2)^2\}'}{\{(x^2+2)^2\}^2}$$
$$=\frac{4x(x^2+2)^2-(2x^2+1)\cdot 2(x^2+2)\cdot 2x}{(x^2+2)^4}$$
$$=\frac{4x(x^2+2)\{x^2+2-(2x^2+1)\}}{(x^2+2)^4}$$
$$=\frac{4x(-x^2+1)}{(x^2+2)^3}.$$

［注］ $f(x)=(2x^2+1)(x^2+2)^{-2}$.

$f'(x)$
$$=(2x^2+1)'(x^2+2)^{-2}+(2x^2+1)\{(x^2+2)^{-2}\}'$$
$$=4x(x^2+2)^{-2}+(2x^2+1)\{-2(x^2+2)^{-3}\cdot 2x\}$$
$$=4x(x^2+2)^{-3}\{x^2+2-(2x^2+1)\}$$
$$=\frac{4x(-x^2+1)}{(x^2+2)^3}.$$

［注終り］

2.
$$y'=\frac{1\cdot\sqrt{x^2+1}-x\cdot\dfrac{2x}{2\sqrt{x^2+1}}}{x^2+1}$$
$$=\frac{x^2+1-x^2}{(x^2+1)\sqrt{x^2+1}}$$
$$=\frac{1}{(x^2+1)\sqrt{x^2+1}}.$$

［注］ $y=x(x^2+1)^{-\frac{1}{2}}$

$$y'=1\cdot(x^2+1)^{-\frac{1}{2}}+x\cdot\left(-\frac{1}{2}\right)(x^2+1)^{-\frac{3}{2}}\cdot 2x$$
$$=(x^2+1)^{-\frac{3}{2}}(x^2+1-x^2)$$
$$=\frac{1}{(x^2+1)\sqrt{x^2+1}}.$$

［注終り］

3.
$$f'(x)=2e^{\pi x}\cdot\pi\sin(\pi x)+2e^{\pi x}\{\cos(\pi x)\}\cdot\pi$$
$$=2\pi e^{\pi x}\{\sin(\pi x)+\cos(\pi x)\}.$$

4.
$$g'(x)=e^{-2x}(-2)(\cos 3x-\sin x)$$
$$+e^{-2x}(-\sin 3x\cdot 3-\cos x)$$
$$=e^{-2x}(-2\cos 3x+2\sin x-3\sin 3x-\cos x).$$

5.
$$f'(x)=6\sin^2 x\cos x\cos x$$
$$+2\sin^3 x(-\sin x)$$
$$=2\sin^2 x(3\cos^2 x-\sin^2 x)$$
$$=2\sin^2 x\{3(1-\sin^2 x)-\sin^2 x\}$$
$$=2\sin^2 x(3-4\sin^2 x).$$

微分 9（合成）

1.
$$f'(a)=\frac{\frac{3}{2}(e^{2a}+1)^{\frac{1}{2}}\cdot e^{2a}\cdot 2\cdot e^a-(e^{2a}+1)^{\frac{3}{2}}\cdot e^a}{(e^a)^2}$$
$$=\frac{e^a(e^{2a}+1)^{\frac{1}{2}}\{3e^{2a}-(e^{2a}+1)\}}{e^{2a}}$$
$$=\frac{(e^{2a}+1)^{\frac{1}{2}}(2e^{2a}-1)}{e^a}.$$

2. $f'(\theta)$

$$=\frac{1}{4}\cdot\frac{2\cos 2\theta(1+\cos\theta)^2-\sin 2\theta\cdot 2(1+\cos\theta)(-\sin\theta)}{(1+\cos\theta)^4}$$

$$=\frac{2(1+\cos\theta)\{\cos 2\theta(1+\cos\theta)+\sin\theta\sin 2\theta\}}{4(1+\cos\theta)^4}$$

$$=\frac{\cos 2\theta+\cos(2\theta-\theta)}{2(1+\cos\theta)^3}$$

$$=\frac{2\cos^2\theta+\cos\theta-1}{2(1+\cos\theta)^3}$$

$$=\frac{(\cos\theta+1)(2\cos\theta-1)}{2(1+\cos\theta)^3}=\frac{2\cos\theta-1}{2(1+\cos\theta)^2}.$$

［注］ $f(\theta)=\frac{1}{4}\sin 2\theta(1+\cos\theta)^{-2}$.

$f'(\theta)$

$$=\frac{1}{4}\{\cos 2\theta\cdot 2(1+\cos\theta)^{-2}+\sin 2\theta\cdot(-2)(1+\cos\theta)^{-3}\cdot(-\sin\theta)\}$$

$$=\frac{1}{2}(1+\cos\theta)^{-3}\{\cos 2\theta\cdot(1+\cos\theta)+\sin 2\theta\sin\theta\}$$

$$=\frac{1}{2}(1+\cos\theta)^{-3}\{\cos 2\theta+\cos(2\theta-\theta)\}$$

$$=\frac{1}{2}(1+\cos\theta)^{-3}(2\cos^2\theta-1+\cos\theta)$$

$$=\frac{1}{2}(1+\cos\theta)^{-3}(2\cos\theta-1)(\cos\theta+1)$$

$$=\frac{1}{2}(1+\cos\theta)^{-2}(2\cos\theta-1)$$

$$=\frac{2\cos\theta-1}{2(1+\cos\theta)^2}.$$

［注終り］

3. $$f'(x)=\frac{3e^{3x}\cdot x(3x+2)-e^{3x}(6x+2)}{\{x(3x+2)\}^2}=\frac{e^{3x}(9x^2-2)}{x^2(3x+2)^2}.$$

4. $$f'(x)=1-\log(1-x)+(1-x)\frac{-1}{1-x}=-\log(1-x).$$

5. $f(t)=t\left(\frac{1-t}{1+t}\right)^{\frac{1}{2}}$.

$f'(t)$

$$=(t)'\left(\frac{1-t}{1+t}\right)^{\frac{1}{2}}+t\left\{\left(\frac{1-t}{1+t}\right)^{\frac{1}{2}}\right\}'$$

$$=\left(\frac{1-t}{1+t}\right)^{\frac{1}{2}}+t\cdot\frac{1}{2}\left(\frac{1-t}{1+t}\right)^{-\frac{1}{2}}\cdot\frac{(1-t)'(1+t)-(1-t)(1+t)'}{(1+t)^2}$$

$$=\left(\frac{1-t}{1+t}\right)^{-\frac{1}{2}}\left\{\frac{1-t}{1+t}+\frac{t}{2}\cdot\frac{-(1+t)-(1-t)}{(1+t)^2}\right\}$$

$$=\left(\frac{1-t}{1+t}\right)^{-\frac{1}{2}}\left\{\frac{1-t}{1+t}-\frac{t}{(1+t)^2}\right\}$$

$$=\left(\frac{1-t}{1+t}\right)^{-\frac{1}{2}}\frac{(1-t)(1+t)-t}{(1+t)^2}$$

$$=\left(\frac{1-t}{1+t}\right)^{-\frac{1}{2}}\frac{1-t-t^2}{(1+t)^2}$$

$$=\frac{1-t-t^2}{(1+t)^2}\sqrt{\frac{1+t}{1-t}}.\quad(t\neq 1)$$

［注］ $\frac{1-t}{1+t}\geqq 0$ より，$-1<t\leqq 1$.

$t\neq 1$ のとき，

$$\log|f(t)|=\log|t|+\frac{1}{2}\{\log(1-t)-\log(1+t)\}$$

$$\frac{f'(t)}{f(t)}=\frac{1}{t}+\frac{1}{2}\left(\frac{-1}{1-t}-\frac{1}{1+t}\right)=\frac{1}{t}-\frac{1}{1-t^2}=\frac{1-t-t^2}{t(1-t^2)}.$$

よって，

$$f'(t)=\frac{1-t-t^2}{t(1-t^2)}f(t)=\frac{1-t-t^2}{1-t^2}\sqrt{\frac{1-t}{1+t}}.$$

$$\left(=\frac{1-t-t^2}{(1+t)^2}\cdot\frac{1+t}{1-t}\sqrt{\frac{1-t}{1+t}}=\frac{1-t-t^2}{(1+t)^2}\cdot\sqrt{\left(\frac{1+t}{1-t}\right)^2\frac{1-t}{1+t}}=\frac{1-t-t^2}{(1+t)^2}\sqrt{\frac{1+t}{1-t}}.\right)$$

［注終り］

微分 10（合成）

1. $$f'(x)=\frac{\dfrac{6e^{2x}}{2\sqrt{5+3e^{2x}}}(1+e^x)-\sqrt{5+3e^{2x}}\cdot e^x}{(1+e^x)^2}$$

$$=\frac{e^x\{3e^x(1+e^x)-(5+3e^{2x})\}}{(1+e^x)^2\sqrt{5+3e^{2x}}}$$

$$=\frac{e^x(3e^x-5)}{(1+e^x)^2\sqrt{5+3e^{2x}}}.$$

2. $f(x)=\dfrac{\log(\log x)}{\log x}$ より，

$$f'(x)=\frac{\dfrac{\frac{1}{x}}{\log x}\cdot\log x-\log(\log x)\cdot\dfrac{1}{x}}{(\log x)^2}$$

$$=\frac{1-\log(\log x)}{x(\log x)^2}.$$

3. $f'(\theta)$

$$=\frac{\cos\theta(\sqrt{3}\cos\theta+2\sqrt{2})^2-\sin\theta\cdot2(\sqrt{3}\cos\theta+2\sqrt{2})(-\sqrt{3}\sin\theta)}{(\sqrt{3}\cos\theta+2\sqrt{2})^4}$$

$$=\frac{\cos\theta(\sqrt{3}\cos\theta+2\sqrt{2})+2\sqrt{3}\sin^2\theta}{(\sqrt{3}\cos\theta+2\sqrt{2})^3}$$

$$=\frac{\sqrt{3}\cos^2\theta+2\sqrt{2}\cos\theta+2\sqrt{3}(1-\cos^2\theta)}{(\sqrt{3}\cos\theta+2\sqrt{2})^3}$$

$$=\frac{-\sqrt{3}\cos^2\theta+2\sqrt{2}\cos\theta+2\sqrt{3}}{(\sqrt{3}\cos\theta+2\sqrt{2})^3}.$$

［注］ $f(\theta)=\sin\theta(\sqrt{3}\cos\theta+2\sqrt{2})^{-2}$.

$f'(\theta)$

$$=\cos\theta(\sqrt{3}\cos\theta+2\sqrt{2})^{-2}+\sin\theta\cdot(-2)(\sqrt{3}\cos\theta+2\sqrt{2})^{-3}(-\sqrt{3}\sin\theta)$$

$$=(\sqrt{3}\cos\theta+2\sqrt{2})^{-3}\times\{\cos\theta(\sqrt{3}\cos\theta+2\sqrt{2})+2\sqrt{3}\sin^2\theta\}$$

$$=(\sqrt{3}\cos\theta+2\sqrt{2})^{-3}\times\{\sqrt{3}\cos^2\theta+2\sqrt{2}\cos\theta+2\sqrt{3}(1-\cos^2\theta)\}$$

$$=\frac{-\sqrt{3}\cos^2\theta+2\sqrt{2}\cos\theta+2\sqrt{3}}{(\sqrt{3}\cos\theta+2\sqrt{2})^3}.$$

［注終り］

4. $$y'=\cos\frac{x}{2}\cdot\frac{1}{2}\left(\cos\frac{x}{2}+1\right)+\sin\frac{x}{2}\left(-\sin\frac{x}{2}\right)\cdot\frac{1}{2}$$

$$=\frac{1}{2}\left\{\cos^2\frac{x}{2}+\cos\frac{x}{2}-\sin^2\frac{x}{2}\right\}$$

$$=\frac{1}{2}\left(\cos x+\cos\frac{x}{2}\right).$$

5. y'

$$=\frac{\cos\left(\frac{3}{2}\theta+\frac{\pi}{4}\right)\cdot\frac{3}{2}\sin\left(\frac{\theta}{2}+\frac{\pi}{4}\right)-\sin\left(\frac{3}{2}\theta+\frac{\pi}{4}\right)\cos\left(\frac{\theta}{2}+\frac{\pi}{4}\right)\cdot\frac{1}{2}}{\sin^2\left(\frac{\theta}{2}+\frac{\pi}{4}\right)}$$

$$=\frac{\sin\left(\frac{\theta}{2}+\frac{\pi}{4}\right)\cos\left(\frac{3}{2}\theta+\frac{\pi}{4}\right)-\cos\left(\frac{\theta}{2}+\frac{\pi}{4}\right)\sin\left(\frac{3}{2}\theta+\frac{\pi}{4}\right)+2\cos\left(\frac{3}{2}\theta+\frac{\pi}{4}\right)\sin\left(\frac{\theta}{2}+\frac{\pi}{4}\right)}{2\sin^2\left(\frac{\theta}{2}+\frac{\pi}{4}\right)}$$

$$=\frac{\sin\left\{\left(\frac{\theta}{2}+\frac{\pi}{4}\right)-\left(\frac{3}{2}\theta+\frac{\pi}{4}\right)\right\}+\sin\left\{\left(\frac{3}{2}\theta+\frac{\pi}{4}\right)+\left(\frac{\theta}{2}+\frac{\pi}{4}\right)\right\}-\sin\left\{\left(\frac{3}{2}\theta+\frac{\pi}{4}\right)-\left(\frac{\theta}{2}+\frac{\pi}{4}\right)\right\}}{2\sin^2\left(\frac{\theta}{2}+\frac{\pi}{4}\right)}$$

$$=\frac{\sin(-\theta)+\sin\left(2\theta+\frac{\pi}{2}\right)-\sin\theta}{2\sin^2\left(\frac{\theta}{2}+\frac{\pi}{4}\right)}$$

$$=\frac{\cos2\theta-2\sin\theta}{1-\cos\left(\theta+\frac{\pi}{2}\right)}$$

$$=\frac{\cos2\theta-2\sin\theta}{1+\sin\theta}.$$

微分 11（合成）

1. $$f'(x)=\cos2x\cdot2-2\cdot\frac{2\sin x\cos x\tan2x-\sin^2x\cdot\dfrac{1}{\cos^2 2x}\cdot2}{\tan^2 2x}$$

$$=2\cos2x-2\cdot\frac{\sin2x\cdot\cos^2 2x\cdot\tan2x-2\sin^2x}{\cos^2 2x\cdot\tan^2 2x}$$

$$=2\cos2x-2\cdot\frac{\sin^2 2x\cos2x-2\sin^2x}{\cos^2 2x\tan^2 2x}$$

$$=2\cos2x-\frac{2(\sin^2 2x\cos2x-2\sin^2x)}{\sin^2 2x}$$

$$=\frac{2\sin^2 2x\cos2x-2(\sin^2 2x\cos2x-2\sin^2x)}{\sin^2 2x}$$

$$=\frac{4\sin^2 x}{\sin^2 2x}=\frac{4\sin^2 x}{4\sin^2 x\cos^2 x}=\frac{1}{\cos^2 x}.$$

2. $f'(x)=2x+2\cos\left(\sqrt{\frac{\pi}{2}}x\right)\times\left\{-\sin\left(\sqrt{\frac{\pi}{2}}x\right)\right\}\sqrt{\frac{\pi}{2}}$

$$=2x-\sqrt{\frac{\pi}{2}}\sin\left(2\sqrt{\frac{\pi}{2}}x\right)$$

$$=2x-\sqrt{\frac{\pi}{2}}\sin(\sqrt{2\pi}x).$$

3. $f'(x)=2x\sin\frac{1}{x}+x^2\cos\frac{1}{x}\cdot\left(-\frac{1}{x^2}\right)$

$$=2x\sin\frac{1}{x}-\cos\frac{1}{x}.$$

4. $g'(x)=\dfrac{-\frac{1}{x^2}}{1+\frac{1}{x}}+\dfrac{1}{(1+x)^2}$

$$=-\frac{1}{x(x+1)}+\frac{1}{(1+x)^2}$$

$$=\frac{-1}{x(1+x)^2}.$$

5. $f'(x)=\dfrac{(\cos 3x)\cdot 3\cdot x(\pi-x)-(\sin 3x)\cdot(\pi-2x)}{\{x(\pi-x)\}^2}$

$$=\frac{3x(\pi-x)\cos 3x+(2x-\pi)\sin 3x}{x^2(\pi-x)^2}.$$

微分 12（合成）

1. $f'(x)=\dfrac{1+\frac{2x}{2\sqrt{x^2+1}}}{x+\sqrt{x^2+1}}$

$$=\frac{\sqrt{x^2+1}+x}{(x+\sqrt{x^2+1})\sqrt{x^2+1}}$$

$$=\frac{1}{\sqrt{x^2+1}}.$$

2. $f'(x)=\dfrac{\sin x}{2\sqrt{1-\cos x}}\cdot\sin^3 x+\sqrt{1-\cos x}\cdot 3\sin^2 x\cdot\cos x$

$$=\frac{\sin^2 x\{\sin^2 x+6(1-\cos x)\cos x\}}{2\sqrt{1-\cos x}}$$

$$=\frac{\sin^2 x(\sin^2 x-6\cos^2 x+6\cos x)}{2\sqrt{1-\cos x}}$$

$$=\frac{\sin^2 x\{(1-\cos^2 x)-6\cos^2 x+6\cos x\}}{2\sqrt{1-\cos x}}$$

$$=\frac{\sin^2 x(-7\cos^2 x+6\cos x+1)}{2\sqrt{1-\cos x}}$$

$$=\frac{(1-\cos^2 x)(1-\cos x)(1+7\cos x)}{2\sqrt{1-\cos x}}$$

$$=\frac{1}{2}(1-\cos^2 x)(1+7\cos x)\sqrt{1-\cos x}.$$

3. $f(x)=x^2(x^4+2)^{-\frac{3}{2}}$ より，

$$f'(x)=2x(x^4+2)^{-\frac{3}{2}}+x^2\left(-\frac{3}{2}\right)(x^4+2)^{-\frac{5}{2}}\cdot 4x^3$$

$$=2x(x^4+2)^{-\frac{5}{2}}(x^4+2-3x^4)$$

$$=4x(1-x^4)(x^4+2)^{-\frac{5}{2}}.$$

4. $f'(x)=2x\sqrt{4-x^2}+x^2\cdot\dfrac{-2x}{2\sqrt{4-x^2}}$

$$=\frac{2x(4-x^2)-x^3}{\sqrt{4-x^2}}$$

$$=\frac{x(8-3x^2)}{\sqrt{4-x^2}}.$$

5. $f(x)=\left\{\dfrac{1-\sqrt{x}}{1+\sqrt{x}}\right\}^{\frac{1}{2}}.$

$$f'(x)=\frac{1}{2}\left\{\frac{1-\sqrt{x}}{1+\sqrt{x}}\right\}^{-\frac{1}{2}}\times\frac{-\frac{1}{2\sqrt{x}}(1+\sqrt{x})-(1-\sqrt{x})\frac{1}{2\sqrt{x}}}{(1+\sqrt{x})^2}$$

$$=\frac{1}{2}\sqrt{\frac{1+\sqrt{x}}{1-\sqrt{x}}}\cdot\frac{-1}{\sqrt{x}(1+\sqrt{x})^2}$$

$$=-\frac{1}{2\sqrt{x}(1+\sqrt{x})^2}\sqrt{\frac{1+\sqrt{x}}{1-\sqrt{x}}}.$$

［注 1］ さらに変形すると，

$$f'(x)=-\frac{1}{2\sqrt{x}(1+\sqrt{x})^2}\cdot\frac{\sqrt{1+\sqrt{x}}}{\sqrt{1-\sqrt{x}}}$$
$$=-\frac{1}{2\sqrt{x}(1+\sqrt{x})\sqrt{1+\sqrt{x}}\sqrt{1-\sqrt{x}}}$$
$$=-\frac{1}{2\sqrt{x}(1+\sqrt{x})\sqrt{1-x}}.$$

［注１終り］

［**注２**］ $0<x<1$ のとき，

$$f(x)=\sqrt{\frac{1-\sqrt{x}}{1+\sqrt{x}}}$$ より，

$$\log f(x)=\frac{1}{2}\log\frac{1-\sqrt{x}}{1+\sqrt{x}}$$
$$=\frac{1}{2}\{\log(1-\sqrt{x})-\log(1+\sqrt{x})\}.$$

両辺を x で微分して，

$$\frac{f'(x)}{f(x)}=\frac{1}{2}\left(\frac{-\frac{1}{2\sqrt{x}}}{1-\sqrt{x}}-\frac{\frac{1}{2\sqrt{x}}}{1+\sqrt{x}}\right)$$
$$=\frac{-1}{2(1-x)\sqrt{x}}.$$

よって，

$$f'(x)=\frac{-1}{2(1-x)\sqrt{x}}\sqrt{\frac{1-\sqrt{x}}{1+\sqrt{x}}}$$
$$=\frac{-1}{2\sqrt{x}(1+\sqrt{x})(1-\sqrt{x})}\cdot\frac{\sqrt{1-\sqrt{x}}}{\sqrt{1+\sqrt{x}}}$$
$$=-\frac{1}{2\sqrt{x}(1+\sqrt{x})\sqrt{1-\sqrt{x}}\sqrt{1+\sqrt{x}}}$$
$$=-\frac{1}{2\sqrt{x}(1+\sqrt{x})\sqrt{1-x}}.$$

［注２終り］

微分 13（合成）

1. $y=\log(\sin 4x)-\log(\sin 2x)$

$$=\log\frac{\sin 4x}{\sin 2x}$$
$$=\log\frac{2\sin 2x\cos 2x}{\sin 2x}$$
$$=\log(2\cos 2x).$$
$$y'=\frac{-4\sin 2x}{2\cos 2x}$$
$$=-2\tan 2x.$$

2. $f'(t)=2(1-e^{-t-1})(-e^{-t-1})\cdot(-1)$

$$-2(1-e^{-t})(-e^{-t})\cdot(-1)$$
$$=2e^{-t-1}(1-e^{-t-1})-2e^{-t}(1-e^{-t})$$
$$=2e^{-t-1}\{1-e^{-t-1}-e(1-e^{-t})\}$$
$$=2e^{-t-1}(e^{-t+1}-e^{-t-1}-e+1)$$
$$=2e^{-t-1}\{(e^2-1)e^{-t-1}-(e-1)\}$$
$$=2e^{-t-1}\{(e-1)(e+1)e^{-t-1}-(e-1)\}$$
$$=2(e-1)e^{-t-1}\{(e+1)e^{-t-1}-1\}.$$

3. $y=\frac{1}{2}\log\frac{1+x^2}{1-x^2}$ より，

$$y'=\frac{1}{2}\cdot\frac{\frac{2x(1-x^2)-(1+x^2)(-2x)}{(1-x^2)^2}}{\frac{1+x^2}{1-x^2}}$$
$$=\frac{1}{2}\cdot\frac{4x}{(1-x^2)^2}\cdot\frac{1-x^2}{1+x^2}=\frac{2x}{(1-x^2)(1+x^2)}.$$

［**注**］ $-1<x<1$ のとき，

$$y=\log\sqrt{\frac{1+x^2}{1-x^2}}$$ より，

$$y=\frac{1}{2}\{\log(1+x^2)-\log(1-x^2)\}.$$
$$y'=\frac{1}{2}\left(\frac{2x}{1+x^2}-\frac{-2x}{1-x^2}\right)$$
$$=\frac{2x}{(1+x^2)(1-x^2)}.$$

［注終り］

4. $$y'=\frac{\frac{1}{\cos^2\frac{x}{2}}\cdot\frac{1}{2}}{\tan\frac{x}{2}}=\frac{1}{2\cos^2\frac{x}{2}\tan\frac{x}{2}}$$
$$=\frac{1}{2\sin\frac{x}{2}\cos\frac{x}{2}}$$
$$=\frac{1}{\sin x}.$$

5. $y=\frac{1}{2}\log(1+\cos^2 x)$ より，

$$y'=\frac{1}{2}\cdot\frac{2\cos x(-\sin x)}{1+\cos^2 x}$$

$$=-\frac{\sin x\cos x}{1+\cos^2 x}.$$

微分 14（合成）

1. $$y'=\frac{-2\cdot\dfrac{\tan x}{2}\cdot\dfrac{1}{2\cos^2 x}}{2\sqrt{1-\left(\dfrac{\tan x}{2}\right)^2}}$$

$$=-\frac{\sin x}{4\cos^3 x\sqrt{1-\left(\dfrac{\tan x}{2}\right)^2}}.$$

2. $$y'=e^{-\sqrt{1+x}}+xe^{-\sqrt{1+x}}\cdot\left(-\frac{1}{2\sqrt{1+x}}\right)$$

$$=\left(1-\frac{x}{2\sqrt{1+x}}\right)e^{-\sqrt{1+x}}.$$

3. $$y'=\frac{e^x+\dfrac{2e^{2x}}{2\sqrt{1+e^{2x}}}}{e^x+\sqrt{1+e^{2x}}}$$

$$=\frac{e^x(\sqrt{1+e^{2x}}+e^x)}{(e^x+\sqrt{1+e^{2x}})\sqrt{1+e^{2x}}}$$

$$=\frac{e^x}{\sqrt{1+e^{2x}}}.$$

4. $$y'=\frac{\dfrac{2x}{2\sqrt{x^2+1}}+\dfrac{2x}{2\sqrt{x^2-1}}}{\sqrt{x^2+1}+\sqrt{x^2-1}}$$

$$=\frac{x(\sqrt{x^2+1}+\sqrt{x^2-1})}{(\sqrt{x^2+1}+\sqrt{x^2-1})\sqrt{x^2+1}\sqrt{x^2-1}}$$

$$=\frac{x}{\sqrt{(x^2+1)(x^2-1)}}.$$

5. $y=(\tan x)^{-\frac{1}{2}}.$

$$y'=-\frac{1}{2}(\tan x)^{-\frac{3}{2}}\cdot\frac{1}{\cos^2 x}$$

$$=-\frac{1}{2\tan^{\frac{3}{2}}x\cos^2 x}$$

$$=-\frac{1}{2\sin^{\frac{3}{2}}x\cos^{\frac{1}{2}}x}.$$

微分 15（2次導関数）

1. $f'(x)=2xe^{-x}+x^2e^{-x}(-1)=(2x-x^2)e^{-x}.$

$$f''(x)=(2-2x)e^{-x}+(2x-x^2)e^{-x}(-1)$$

$$=(x^2-4x+2)e^{-x}.$$

2. $$f'(x)=\frac{-ae^{-x}(-1)}{(1+ae^{-x})^2}=\frac{ae^{-x}}{(1+ae^{-x})^2}.$$

$(=ae^{-x}(1+ae^{-x})^{-2})$

$$f''(x)=ae^{-x}(-1)(1+ae^{-x})^{-2}+ae^{-x}(-2)(1+ae^{-x})^{-3}(-ae^{-x})$$

$$=\frac{ae^{-x}\{-(1+ae^{-x})+2ae^{-x}\}}{(1+ae^{-x})^3}$$

$$=\frac{ae^{-x}(ae^{-x}-1)}{(1+ae^{-x})^3}.$$

3. $$f'(x)=\frac{2\log x\cdot\dfrac{1}{x}}{(\log x)^2}=\frac{2}{x\log x}.$$

$$f''(x)=\frac{-2\left(\log x+x\cdot\dfrac{1}{x}\right)}{(x\log x)^2}=\frac{-2(\log x+1)}{(x\log x)^2}.$$

4. $$f'(x)=e^{x-1}-\frac{1}{x}.$$

$$f''(x)=e^{x-1}+\frac{1}{x^2}.$$

5. $$f'(x)=\frac{6x}{1+3x^2}.$$

$$f''(x)=6\cdot\frac{1+3x^2-x\cdot 6x}{(1+3x^2)^2}$$

$$=\frac{6(1-3x^2)}{(1+3x^2)^2}.$$

微分 16（2次導関数）

1. $f'(x)=e^{-x^2}+xe^{-x^2}(-2x)$
$=(1-2x^2)e^{-x^2}.$

$f''(x)=-4xe^{-x^2}+(1-2x^2)e^{-x^2}(-2x)$
$=2x(2x^2-3)e^{-x^2}.$

2. $\dfrac{x-a}{b-x}>0$ の x に対し，

$$f(x)=\log\frac{x-a}{b-x}=\log\left|\frac{x-a}{b-x}\right|$$
$$=\log|x-a|-\log|b-x|.$$
$$f'(x)=\frac{1}{x-a}-\frac{-1}{b-x}=\frac{1}{x-a}-\frac{1}{x-b}$$
$$=\frac{a-b}{(x-a)(x-b)}.$$
$$f''(x)=\frac{-(a-b)\{x-b+x-a\}}{\{(x-a)(x-b)\}^2}$$
$$=\frac{(b-a)(2x-a-b)}{(x-a)^2(x-b)^2}.$$

［注］ $f'(x)=\dfrac{\dfrac{b-x-(x-a)(-1)}{(b-x)^2}}{\dfrac{x-a}{b-x}}$

$$=\frac{b-a}{(x-a)(b-x)}$$
$$=\frac{a-b}{(x-a)(x-b)}.$$

［注終り］

3. $f'(x)=\dfrac{18(x^2+x+1)-(18x-1)(2x+1)}{(x^2+x+1)^2}$

$$=\frac{-18x^2+2x+19}{(x^2+x+1)^2}.$$
$$(=(-18x^2+2x+19)(x^2+x+1)^{-2})$$
$$f''(x)=(-36x+2)(x^2+x+1)^{-2}$$
$$+(-18x^2+2x+19)(-2)(x^2+x+1)^{-3}(2x+1)$$
$$=\frac{(-36x+2)(x^2+x+1)-2(2x+1)(-18x^2+2x+19)}{(x^2+x+1)^3}$$
$$=\frac{6(6x^3-x^2-19x-6)}{(x^2+x+1)^3}.$$

4. $f'(x)=-\dfrac{1}{\sqrt{3}}e^{-\frac{1}{\sqrt{3}}x}\sin x+e^{-\frac{1}{\sqrt{3}}x}\cos x$

$$=\left(-\frac{1}{\sqrt{3}}\sin x+\cos x\right)e^{-\frac{1}{\sqrt{3}}x}.$$
$$f''(x)=\left(-\frac{1}{\sqrt{3}}\cos x-\sin x\right)e^{-\frac{1}{\sqrt{3}}x}$$
$$+\left(-\frac{1}{\sqrt{3}}\sin x+\cos x\right)\left(-\frac{1}{\sqrt{3}}\right)e^{-\frac{1}{\sqrt{3}}x}$$
$$=\left(-\frac{2}{3}\sin x-\frac{2}{\sqrt{3}}\cos x\right)e^{-\frac{1}{\sqrt{3}}x}.$$

5. $f'(x)=\dfrac{1}{V_1}\cdot\dfrac{2x}{2\sqrt{a^2+x^2}}+\dfrac{1}{V_2}\cdot\dfrac{2(c-x)(-1)}{2\sqrt{b^2+(c-x)^2}}$

$$=\frac{x}{V_1\sqrt{a^2+x^2}}+\frac{x-c}{V_2\sqrt{b^2+(c-x)^2}}.$$
$$f''(x)=\frac{1}{V_1}\cdot\frac{\sqrt{a^2+x^2}-x\cdot\dfrac{2x}{2\sqrt{a^2+x^2}}}{a^2+x^2}$$
$$+\frac{1}{V_2}\cdot\frac{\sqrt{b^2+(c-x)^2}-(x-c)\cdot\dfrac{2(c-x)(-1)}{2\sqrt{b^2+(c-x)^2}}}{b^2+(c-x)^2}$$
$$=\frac{a^2}{V_1(a^2+x^2)\sqrt{a^2+x^2}}$$
$$+\frac{b^2}{V_2\{b^2+(c-x)^2\}\sqrt{b^2+(c-x)^2}}.$$

［注］ $f'(x)=\dfrac{1}{V_1}x(a^2+x^2)^{-\frac{1}{2}}$

$$+\frac{1}{V_2}(x-c)\{b^2+(c-x)^2\}^{-\frac{1}{2}}.$$

$f''(x)$
$$=\frac{1}{V_1}\left\{(a^2+x^2)^{-\frac{1}{2}}+x\left(-\frac{1}{2}\right)(a^2+x^2)^{-\frac{3}{2}}\cdot 2x\right\}$$
$$+\frac{1}{V_2}\left[\{b^2+(c-x)^2\}^{-\frac{1}{2}}+(x-c)\left(-\frac{1}{2}\right)\right.$$
$$\left.\times\{b^2+(c-x)^2\}^{-\frac{3}{2}}\cdot 2(c-x)\cdot(-1)\right]$$
$$=\frac{1}{V_1}(a^2+x^2)^{-\frac{3}{2}}(a^2+x^2-x^2)$$
$$+\frac{1}{V_2}\{b^2+(c-x)^2\}^{-\frac{3}{2}}$$
$$\times\{b^2+(c-x)^2-(c-x)^2\}$$
$$=\frac{a^2}{V_1}(a^2+x^2)^{-\frac{3}{2}}+\frac{b^2}{V_2}\{b^2+(c-x)^2\}^{-\frac{3}{2}}.$$

［注終り］

微分 17（2次導関数）

1. $f'(x)=\dfrac{x^2+1-x\cdot 2x}{(x^2+1)^2}=\dfrac{1-x^2}{(x^2+1)^2}$.

$(=(1-x^2)(x^2+1)^{-2})$

$$f''(x)=-2x(x^2+1)^{-2}+(1-x^2)(-2)(x^2+1)^{-3}\cdot 2x$$
$$=2x(x^2+1)^{-3}\{-(x^2+1)-2(1-x^2)\}$$
$$=\frac{2x(x^2-3)}{(x^2+1)^3}.$$

2. $f'(x)=\dfrac{1}{2\sqrt{x}}(\log x-2)+\sqrt{x}\cdot\dfrac{1}{x}$

$$=\frac{\log x}{2\sqrt{x}}.$$

$$f''(x)=\frac{1}{2}\,\frac{\frac{1}{x}\cdot\sqrt{x}-(\log x)\cdot\frac{1}{2\sqrt{x}}}{x}$$
$$=\frac{2-\log x}{4x\sqrt{x}}.$$

3. $f'(x)=e^{-x^2}(-2x)=-2xe^{-x^2}$.

$$f''(x)=-2e^{-x^2}-2xe^{-x^2}(-2x)$$
$$=2(2x^2-1)e^{-x^2}.$$

4. $f'(x)=\dfrac{1}{e^2}+\dfrac{\frac{1}{x}\cdot x-(1+\log x)}{x^2}$

$$=\frac{1}{e^2}-\frac{\log x}{x^2}.$$

$$f''(x)=-\frac{\frac{1}{x}\cdot x^2-(\log x)\cdot 2x}{x^4}$$
$$=-\frac{x(1-2\log x)}{x^4}$$
$$=\frac{2\log x-1}{x^3}.$$

5. $f(x)=\log\dfrac{1+\sin x}{\cos x}+\cos x-\dfrac{x}{2}$.

$$f'(x)=\frac{\frac{\cos x\cdot\cos x-(1+\sin x)\cdot(-\sin x)}{\cos^2 x}}{\frac{1+\sin x}{\cos x}}-\sin x-\frac{1}{2}$$
$$=\frac{\cos^2 x+\sin^2 x+\sin x}{(1+\sin x)\cos x}-\sin x-\frac{1}{2}$$
$$=\frac{1+\sin x}{(1+\sin x)\cos x}-\sin x-\frac{1}{2}$$
$$=\frac{1}{\cos x}-\sin x-\frac{1}{2}.$$

$$f''(x)=\frac{-(-\sin x)}{\cos^2 x}-\cos x$$
$$=\frac{\sin x-\cos^3 x}{\cos^2 x}.$$

［注］ $\dfrac{1+\sin x}{\cos x}>0$ となる x に対し，

$$f(x)=\log(1+\sin x)-\log(\cos x)+\cos x-\frac{x}{2}.$$

$f'(x)$

$$=\frac{\cos x}{1+\sin x}-\frac{-\sin x}{\cos x}-\sin x-\frac{1}{2}$$
$$=\frac{\cos^2 x+\sin x(1+\sin x)}{(1+\sin x)\cos x}-\sin x-\frac{1}{2}$$
$$=\frac{\cos^2 x+\sin^2 x+\sin x}{(1+\sin x)\cos x}-\sin x-\frac{1}{2}$$
$$=\frac{1+\sin x}{(1+\sin x)\cos x}-\sin x-\frac{1}{2}$$
$$=\frac{1}{\cos x}-\sin x-\frac{1}{2}.$$

［注終り］

微分 18（2次導関数）

1. $f(x)=(1+x^2)^{-\frac{1}{2}}$ より，

$$f'(x)=-\frac{1}{2}(1+x^2)^{-\frac{3}{2}}\cdot 2x$$
$$=-\frac{x}{(1+x^2)\sqrt{1+x^2}}.$$

$(=-x(1+x^2)^{-\frac{3}{2}})$

$$f''(x)=-(1+x^2)^{-\frac{3}{2}}-x\left(-\frac{3}{2}\right)(1+x^2)^{-\frac{5}{2}}\cdot 2x$$
$$=(1+x^2)^{-\frac{5}{2}}\{-(1+x^2)+3x^2\}$$
$$=(2x^2-1)(1+x^2)^{-\frac{5}{2}}$$
$$=\frac{2x^2-1}{(1+x^2)^2\sqrt{1+x^2}}.$$

2. $$f'(x)=\frac{1}{2}\cdot\frac{2(x^2-1)\cdot 2x\cdot x-(x^2-1)^2}{x^2}$$
$$=\frac{(x^2-1)(3x^2+1)}{2x^2}.$$
$$f''(x)=\frac{1}{2}\cdot\frac{\{2x(3x^2+1)+(x^2-1)\cdot 6x\}x^2-(x^2-1)(3x^2+1)\cdot 2x}{(x^2)^2}$$
$$=\frac{x(6x^3-2x)-(3x^4-2x^2-1)}{x^3}$$
$$=\frac{3x^4+1}{x^3}.$$

［注］ $f'(x)=\frac{1}{2}(x^2-1)(3x^2+1)x^{-2}$.
$$f''(x)=\frac{1}{2}\{2x(3x^2+1)x^{-2}+(x^2-1)\cdot 6x\cdot x^{-2}+(x^2-1)(3x^2+1)\cdot(-2)x^{-3}\}$$
$$=x^{-3}\{x^2(3x^2+1)+3x^2(x^2-1)-(x^2-1)(3x^2+1)\}$$
$$=x^{-3}\{3x^4+x^2+3x^4-3x^2-(3x^4-2x^2-1)\}$$
$$=\frac{3x^4+1}{x^3}.$$

［注終り］

3. $$f(x)=\log(1+x)-x\{1+\log 2-\log(x+1)\}$$
$$=(1+x)\log(1+x)-(1+\log 2)x$$
より,
$$f'(x)=\log(1+x)+(1+x)\cdot\frac{1}{1+x}-(1+\log 2)$$
$$=\log(1+x)-\log 2.$$
$$f''(x)=\frac{1}{1+x}.$$

4. $$f'(x)=\frac{1}{2}\{1+e^{-2(x-1)}\}+\frac{1}{2}x\cdot e^{-2(x-1)}\cdot(-2)$$
$$=\frac{1}{2}\{1+(1-2x)e^{-2(x-1)}\}.$$
$$f''(x)=\frac{1}{2}\{-2e^{-2(x-1)}+(1-2x)e^{-2(x-1)}\cdot(-2)\}$$
$$=2(x-1)e^{-2(x-1)}.$$

5. $$f'(x)=\frac{-6x^5}{(1+x^6)^2}\left(=-6x^5(1+x^6)^{-2}\right).$$
$$f''(x)=-30x^4(1+x^6)^{-2}-6x^5(-2)(1+x^6)^{-3}\cdot 6x^5$$
$$=6x^4(1+x^6)^{-3}\{-5(1+x^6)+12x^6\}$$
$$=6x^4(7x^6-5)(1+x^6)^{-3}$$
$$=\frac{6x^4(7x^6-5)}{(1+x^6)^3}.$$

微分 19（パラメーター）

1. $\frac{dx}{dt}=4-12t^2$, $\frac{dy}{dt}=6t$ より,
$$\frac{dy}{dx}=\frac{\frac{dy}{dt}}{\frac{dx}{dt}}=\frac{3t}{2-6t^2}.$$

2. $$\frac{dx}{d\theta}=-e^{-\theta}\cos\theta+e^{-\theta}(-\sin\theta)$$
$$=-(\sin\theta+\cos\theta)e^{-\theta},$$
$$\frac{dy}{d\theta}=-e^{-\theta}\sin\theta+e^{-\theta}\cos\theta$$
$$=-(\sin\theta-\cos\theta)e^{-\theta}.$$
よって,
$$\frac{dy}{dx}=\frac{\frac{dy}{d\theta}}{\frac{dx}{d\theta}}=\frac{\sin\theta-\cos\theta}{\sin\theta+\cos\theta}.$$

3. $$\frac{dx}{dt}=3\cos^2 t(-\sin t),$$
$$\frac{dy}{dt}=3\sin^2 t\cos t.$$
よって,
$$\frac{dy}{dx}=\frac{\frac{dy}{dt}}{\frac{dx}{dt}}=-\frac{\sin t}{\cos t}=-\tan t.$$

4. $$\frac{dx}{dt}=2t\cos t+t^2(-\sin t)$$
$$=t(2\cos t-t\sin t),$$
$$\frac{dy}{dt}=2t\sin t+t^2\cos t$$
$$=t(2\sin t+t\cos t).$$

よって，

$$\frac{dy}{dx}=\frac{\frac{dy}{dt}}{\frac{dx}{dt}}=\frac{2\sin t+t\cos t}{2\cos t-t\sin t}.$$

5. $\dfrac{dx}{dt}=\dfrac{e^t+e^{-t}}{2}$，$\dfrac{dy}{dt}=\dfrac{e^t-e^{-t}}{2}$.

$$\frac{dy}{dx}=\frac{\frac{dy}{dt}}{\frac{dx}{dt}}=\frac{e^t-e^{-t}}{e^t+e^{-t}}.$$

微分 20（パラメーター）

1. $\dfrac{dx}{d\theta}=1-\cos\theta$，$\dfrac{dy}{d\theta}=\sin\theta$ より，

$$\frac{dy}{dx}=\frac{\frac{dy}{d\theta}}{\frac{dx}{d\theta}}=\frac{\sin\theta}{1-\cos\theta}=y'.$$

$$\frac{d^2y}{dx^2}=y''=(y')'=\frac{dy'}{dx}=\frac{\frac{dy'}{d\theta}}{\frac{dx}{d\theta}}.$$

$$\frac{dy'}{d\theta}=\frac{\cos\theta(1-\cos\theta)-\sin\theta\cdot\sin\theta}{(1-\cos\theta)^2}$$

$$=\frac{\cos\theta-1}{(1-\cos\theta)^2}=-\frac{1}{1-\cos\theta}.$$

よって，

$$\frac{d^2y}{dx^2}=\frac{-\frac{1}{1-\cos\theta}}{1-\cos\theta}=-\frac{1}{(1-\cos\theta)^2}.$$

2. $\dfrac{dx}{d\theta}=a(-\sin\theta+\sin\theta+\theta\cos\theta)$

$=a\theta\cos\theta$,

$\dfrac{dy}{d\theta}=a(\cos\theta-\cos\theta+\theta\sin\theta)$

$=a\theta\sin\theta$.

$$\frac{dy}{dx}=\frac{\frac{dy}{d\theta}}{\frac{dx}{d\theta}}=\frac{a\theta\sin\theta}{a\theta\cos\theta}=\tan\theta=y'.$$

$$\frac{d^2y}{dx^2}=y''=(y')'=\frac{dy'}{dx}=\frac{\frac{dy'}{d\theta}}{\frac{dx}{d\theta}}.$$

$$\frac{dy'}{d\theta}=\frac{1}{\cos^2\theta}.$$

よって，

$$\frac{d^2y}{dx^2}=\frac{\frac{1}{\cos^2\theta}}{a\theta\cos\theta}=\frac{1}{a\theta\cos^3\theta}.$$

3. $\dfrac{dx}{dt}=\dfrac{-(1+t)-(1-t)}{(1+t)^2}=\dfrac{-2}{(1+t)^2}$,

$$\frac{dy}{dt}=2\cdot\frac{\frac{1}{2\sqrt{t}}(1+t)-\sqrt{t}}{(1+t)^2}$$

$$=\frac{1+t-2t}{\sqrt{t}\,(1+t)^2}$$

$$=\frac{1-t}{\sqrt{t}\,(1+t)^2}.$$

$$\frac{dy}{dx}=\frac{\frac{dy}{dt}}{\frac{dx}{dt}}=\frac{\frac{1-t}{\sqrt{t}\,(1+t)^2}}{-\frac{2}{(1+t)^2}}$$

$$=-\frac{1-t}{2\sqrt{t}}=\frac{t-1}{2\sqrt{t}}=y'.$$

$$\frac{d^2y}{dx^2}=y''=(y')'=\frac{dy'}{dx}=\frac{\frac{dy'}{dt}}{\frac{dx}{dt}}.$$

$$\frac{dy'}{dt}=\frac{1}{2}\cdot\frac{\sqrt{t}-(t-1)\frac{1}{2\sqrt{t}}}{t}$$

$$=\frac{2t-(t-1)}{4t\sqrt{t}}=\frac{t+1}{4t\sqrt{t}}.$$

よって，

$$\frac{d^2y}{dx^2}=\frac{\frac{t+1}{4t\sqrt{t}}}{-\frac{2}{(1+t)^2}}=-\frac{(t+1)^3}{8t\sqrt{t}}.$$

4. $\dfrac{dx}{dt}=e^t$，$\dfrac{dy}{dt}=\cos t$.

$$\frac{dy}{dx}=\frac{\frac{dy}{dt}}{\frac{dx}{dt}}=\frac{\cos t}{e^t}=e^{-t}\cos t=y'.$$

$$\frac{d^2y}{dx^2}=y''=(y')'=\frac{dy'}{dx}=\frac{\frac{dy'}{dt}}{\frac{dx}{dt}}.$$

$$\frac{dy'}{dt}=-e^{-t}\cos t-e^{-t}\sin t$$
$$=-e^{-t}(\cos t+\sin t).$$

よって,

$$\frac{d^2y}{dx^2}=\frac{-e^{-t}(\cos t+\sin t)}{e^t}$$
$$=-e^{-2t}(\cos t+\sin t).$$

5. $\frac{dx}{dt}=1-\frac{1}{t^3},\ \frac{dy}{dt}=-\frac{1}{t^2}+\frac{1}{t^5}.$

$$\frac{dy}{dx}=\frac{\frac{dy}{dt}}{\frac{dx}{dt}}=\frac{-\frac{1}{t^2}+\frac{1}{t^5}}{1-\frac{1}{t^3}}$$
$$=\frac{1-t^3}{t^5}\cdot\frac{t^3}{t^3-1}$$
$$=-\frac{1}{t^2}=y'.$$

$$\frac{d^2y}{dx^2}=y''=(y')'=\frac{dy'}{dx}=\frac{\frac{dy'}{dt}}{\frac{dx}{dt}}.$$

$$\frac{dy'}{dt}=\frac{2}{t^3}.$$

よって,

$$\frac{d^2y}{dx^2}=\frac{\frac{2}{t^3}}{1-\frac{1}{t^3}}=\frac{2}{t^3-1}.$$

微分 21（陰関数）

1. $\frac{x^2}{a^2}+\frac{y^2}{b^2}=1$ より,

$$\frac{2x}{a^2}+\frac{2y}{b^2}\frac{dy}{dx}=0.$$

$$\frac{dy}{dx}=-\frac{b^2x}{a^2y}.$$

2. $a^2+b^2-2ab\cos x=c^2+d^2-2cd\cos y$

の両辺を x で微分して,

$$2ab\sin x=2cd\sin y\cdot\frac{dy}{dx}.$$

$$\frac{dy}{dx}=\frac{ab\sin x}{cd\sin y}.$$

3. $y=x^{x+1}$ より, $\log y=(x+1)\log x.$

両辺を x で微分して,

$$\frac{1}{y}\cdot\frac{dy}{dx}=\log x+(x+1)\cdot\frac{1}{x}=\log x+\frac{x+1}{x}.$$

$$\frac{dy}{dx}=\left(\log x+\frac{x+1}{x}\right)y$$
$$=\left(\log x+\frac{x+1}{x}\right)x^{x+1}.$$

4. $y=x^{\sin x}$ より, $\log y=\sin x\log x.$

両辺を x で微分して,

$$\frac{1}{y}\cdot\frac{dy}{dx}=\cos x\log x+\frac{\sin x}{x}.$$

$$\frac{dy}{dx}=\left(\cos x\log x+\frac{\sin x}{x}\right)y$$
$$=\left(\cos x\log x+\frac{\sin x}{x}\right)x^{\sin x}.$$

5. $y=(1+x)^{\frac{1}{x}}$ より,

$$\log y=\frac{1}{x}\log(1+x).$$

両辺を x で微分して,

$$\frac{1}{y}\cdot\frac{dy}{dx}=-\frac{1}{x^2}\log(1+x)+\frac{1}{x}\cdot\frac{1}{1+x}$$
$$=\frac{x-(1+x)\log(1+x)}{x^2(1+x)}.$$

$$\frac{dy}{dx}=\frac{x-(1+x)\log(1+x)}{x^2(1+x)}y$$
$$=\frac{x-(1+x)\log(1+x)}{x^2(1+x)}(1+x)^{\frac{1}{x}}$$
$$=\frac{x-(1+x)\log(1+x)}{x^2}(1+x)^{\frac{1}{x}-1}.$$

微分 22（陰関数）

1. $y^2=x^2-x$ の両辺を x で微分して，

$$2yy'=2x-1.$$

$$y'=\frac{2x-1}{2y}.$$

$$y''=\frac{1}{2}\cdot\frac{2y-(2x-1)\cdot y'}{y^2}$$

$$=\frac{1}{2}\cdot\frac{2y-(2x-1)\cdot\dfrac{2x-1}{2y}}{y^2}$$

$$=\frac{4y^2-(2x-1)^2}{4y^3}$$

$$=\frac{4(x^2-x)-(4x^2-4x+1)}{4y^3}$$

$$=-\frac{1}{4y^3}.$$

2. $x^p+y^q=1$ の両辺を x で微分して，

$$px^{p-1}+qy^{q-1}\cdot y'=0.$$

$$y'=-\frac{px^{p-1}}{qy^{q-1}}.$$

$$y'=-\frac{p}{q}x^{p-1}y^{1-q}.$$

$$y''=-\frac{p}{q}\{(p-1)x^{p-2}y^{1-q}+x^{p-1}\cdot(1-q)y^{-q}\cdot y'\}$$

$$=-\frac{p}{q}\left\{(p-1)x^{p-2}y^{1-q}+(1-q)x^{p-1}\cdot y^{-q}\left(-\frac{px^{p-1}}{qy^{q-1}}\right)\right\}$$

$$=-\frac{p}{q}\left\{(p-1)x^{p-2}y^{1-q}-\frac{p(1-q)}{q}x^{2p-2}q^{1-2q}\right\}$$

$$=-\frac{p}{q^2}x^{p-2}y^{1-2q}\{q(p-1)y^q-p(1-q)x^p\}.$$

3. $\log y=x\log x$ の両辺を x で微分して，

$$\frac{y'}{y}=\log x+1.$$

$$y'=(\log x+1)y\left(=(\log x+1)x^x\right).$$

$$y''=\frac{1}{x}y+(\log x+1)y'$$

$$=\frac{1}{x}y+(\log x+1)^2y$$

$$=\left\{\frac{1}{x}+(\log x+1)^2\right\}y$$

$$\left(=\left\{\frac{1}{x}+(\log x+1)^2\right\}x^x\right).$$

4. $x=\tan y$ の両辺を x で微分して，

$$1=\frac{1}{\cos^2 y}y'.$$

$$y'=\cos^2 y=\frac{1}{1+\tan^2 y}=\frac{1}{1+x^2}.$$

$$y''=-\frac{2x}{(1+x^2)^2}.$$

5. $x=2\sin\dfrac{y}{2}$ の両辺を x で微分して，

$$1=\left(2\cos\frac{y}{2}\right)\frac{y'}{2}.$$

$$y'=\frac{1}{\cos\dfrac{y}{2}}\left(=\pm\frac{1}{\sqrt{1-\dfrac{x^2}{4}}}\right).$$

$$y''=\frac{\sin\dfrac{y}{2}}{\cos^2\dfrac{y}{2}}\cdot\frac{y'}{2}$$

$$=\frac{\sin\dfrac{y}{2}}{\cos^2\dfrac{y}{2}}\cdot\frac{1}{2\cos\dfrac{y}{2}}=\frac{\sin\dfrac{y}{2}}{2\cos^3\dfrac{y}{2}}$$

$$\left(=\pm\frac{x}{4\sqrt{\left(1-\dfrac{x^2}{4}\right)^3}}\right).$$

微分 23（n 回微分）

1. $f(x)=x^2e^x.$

$f'(x)=2xe^x+x^2e^x=(x^2+2x)e^x.$

$f''(x)=(2x+2)e^x+(x^2+2x)e^x$

$\quad=(x^2+4x+2)e^x.$

$f'''(x)=(2x+4)e^x+(x^2+4x+2)e^x$

$\quad=(x^2+6x+6)e^x.$

$f^{(k)}(x)=\{x^2+2kx+k(k-1)\}e^x$

と仮定すると，

$f^{(k+1)}(x)$

$=(2x+2k)e^x+\{x^2+2kx+k(k-1)\}e^x$

$=\{x^2+2(k+1)x+k(k+1)\}e^x.$

よって，数学的帰納法により，

$$f^{(n)}(x)=\{x^2+2nx+n(n-1)\}e^x.$$

2. $f(x)=n^x-x^n.$

$f'(x)=n^x\log n-nx^{n-1}.$

$f''(x)=n^x(\log n)^2-n(n-1)x^{n-2}.$

$\vdots$

$f^{(n)}(x)=n^x(\log n)^n-n!.$

3. $f'(x)=\dfrac{1-\log x}{x^2}$ より，

$a_1=1,\ b_1=-1.$

$f^{(n)}(x)=\dfrac{a_n+b_n\log x}{x^{n+1}}$ より，

$$f^{(n+1)}(x)$$
$$=\frac{b_n\cdot\frac{1}{x}\cdot x^{n+1}-(a_n+b_n\log x)\cdot(n+1)\cdot x^n}{(x^{n+1})^2}$$
$$=\frac{-(n+1)a_n+b_n-(n+1)b_n\log x}{x^{n+2}}.$$

したがって，

$$\begin{cases} a_{n+1}=-(n+1)a_n+b_n, \\ b_{n+1}=-(n+1)b_n. \end{cases}$$

よって，

$$\begin{aligned} b_n&=(-1)nb_{n-1}=(-1)^2n(n-1)b_{n-2} \\ &=\cdots=(-1)^{n-1}n(n-1)\cdot\cdots\cdot2\cdot b_1 \\ &=(-1)^n n!. \end{aligned}$$

4. $y=e^x\sin x.$

$$\begin{aligned} y'&=e^x(\sin x+\cos x) \\ &=\sqrt{2}\,e^x\sin\left(x+\frac{\pi}{4}\right). \end{aligned}$$

$$\begin{aligned} y''&=\sqrt{2}\,e^x\left\{\sin\left(x+\frac{\pi}{4}\right)+\cos\left(x+\frac{\pi}{4}\right)\right\} \\ &=(\sqrt{2})^2e^x\sin\left(x+\frac{2}{4}\pi\right). \end{aligned}$$

$y^{(k)}=(\sqrt{2})^ke^x\sin\left(x+\dfrac{k}{4}\pi\right)$ と仮定すると，

$$\begin{aligned} y^{(k+1)}&=(\sqrt{2})^ke^x\left\{\sin\left(x+\frac{k}{4}\pi\right)+\cos\left(x+\frac{k}{4}\pi\right)\right\} \\ &=(\sqrt{2})^{k+1}e^x\sin\left(x+\frac{k+1}{4}\pi\right), \end{aligned}$$

よって，数学的帰納法により，

$$y^{(n)}=(\sqrt{2})^ne^x\sin\left(x+\frac{n}{4}\pi\right).$$

5. $\sin\theta=\cos\left(\theta-\dfrac{\pi}{2}\right)$ より，

$y'=-\sin 2x\cdot2=-2\cos\left(2x-\dfrac{\pi}{2}\right).$

$$\begin{aligned} y''&=(-2)\left\{-\sin\left(2x-\frac{\pi}{2}\right)\right\}\cdot2 \\ &=(-2)^2\cos(2x-\pi). \end{aligned}$$

$y^{(k)}=(-2)^k\cos\left(2x-\dfrac{k}{2}\pi\right)$ と仮定すると，

$$\begin{aligned} y^{(k+1)}&=(-2)^k\left\{-\sin\left(2x-\frac{k}{2}\pi\right)\right\}\cdot2 \\ &=(-2)^{k+1}\cos\left(2x-\frac{k+1}{2}\pi\right). \end{aligned}$$

よって，数学的帰納法により，

$$y^{(n)}=(-2)^n\cos\left(2x-\frac{n}{2}\pi\right).$$

［**注**］ $-\sin\theta=\cos\left(\theta+\dfrac{\pi}{2}\right)$ を用いると，

$y'=2\cos\left(2x+\dfrac{\pi}{2}\right).$

$y''=2^2\cos\left(2x+\dfrac{\pi}{2}+\dfrac{\pi}{2}\right)=2^2\cos(2x+\pi).$

$\vdots$

$y^{(n)}=2^n\cos\left(2x+\dfrac{n}{2}\pi\right).$

［注終り］

第6講　積分法

積分 1

1. $\displaystyle\int_0^{\frac{\pi}{2}}\cos x\,dx=\Big[\sin x\Big]_0^{\frac{\pi}{2}}=1.$

2. $\displaystyle\int_{-3}^{0}\frac{1}{x-1}\,dx=\Big[\log|x-1|\Big]_{-3}^{0}$

$$=-\log 4$$
$$=-2\log 2.$$

3. $\displaystyle\int_n^{n+1}e^{x-2n}\,dx=\Big[e^{x-2n}\Big]_n^{n+1}$

$$=e^{-n+1}-e^{-n}$$
$$=e^{-n}(e-1).$$

4. $\displaystyle\int_0^{\frac{\pi}{4}}\frac{1}{\cos^2 x}\,dx=\Big[\tan x\Big]_0^{\frac{\pi}{4}}$

$$=\tan\frac{\pi}{4}-\tan 0$$
$$=1.$$

5. $\displaystyle\int_{\frac{1}{(n+1)^2}}^{\frac{1}{\left(n+\frac{1}{2}\right)^2}}\frac{1}{\sqrt{x}}\,dx=\Big[2\sqrt{x}\Big]_{\frac{1}{(n+1)^2}}^{\frac{1}{\left(n+\frac{1}{2}\right)^2}}$

$$=2\left(\frac{1}{n+\frac{1}{2}}-\frac{1}{n+1}\right)$$
$$=\frac{1}{\left(n+\frac{1}{2}\right)(n+1)}$$
$$=\frac{2}{(2n+1)(n+1)}.$$

積分 2

1. $\left((e^{2x})'=2e^{2x}\right.$ に注意して$\left.\right)$

$$(\text{与式})=\left[\frac{1}{2}e^{2x}\right]_0^1=\frac{1}{2}(e^2-1).$$

2. $\left((\cos 2x)'=-2\sin 2x\right.$ に注意して$\left.\right)$

$$(\text{与式})=\left[-\frac{1}{2}\cos 2x\right]_0^{\frac{\pi}{4}}=\frac{1}{2}.$$

3. $\left(\left\{(4x-3)^{\frac{3}{2}}\right\}'=\frac{3}{2}(4x-3)^{\frac{1}{2}}\cdot 4\right.$ に注意して$\left.\right)$

$$(\text{与式})=\int_1^3(4x-3)^{\frac{1}{2}}\,dx$$
$$=\left[\frac{1}{6}(4x-3)^{\frac{3}{2}}\right]_1^3$$
$$=\frac{1}{6}(27-1)=\frac{13}{3}.$$

4. $\left(\left\{\sin\left(2x+\frac{5}{6}\pi\right)\right\}'=2\cos\left(2x+\frac{5}{6}\pi\right)\right.$ に注意して$\left.\right)$

$$(\text{与式})=\left[\frac{1}{2}\sin\left(2x+\frac{5}{6}\pi\right)\right]_{\frac{\pi}{3}}^{\frac{4}{3}\pi}$$
$$=\frac{1}{2}\left(\sin\frac{7}{2}\pi-\sin\frac{3}{2}\pi\right)$$
$$=\frac{1}{2}(-1+1)$$
$$=0.$$

5. $\left((\log|2x+3|)'=\frac{2}{2x+3}\right.$ に注意して$\left.\right)$

$$(\text{与式})=\left[\frac{1}{2}\log|2x+3|\right]_{-1}^{\frac{3}{2}}$$
$$=\frac{1}{2}(\log 6-\log 1)$$
$$=\frac{1}{2}\log 6.$$

積分 3

1. $\left((e^{-x})'=-e^{-x}\right.$ に注意して$\left.\right)$

$$(\text{与式})=\Big[-e^{-x}\Big]_0^{\log 2}$$
$$=-e^{-\log 2}+e^0$$
$$=-e^{\log\frac{1}{2}}+1$$

$$=-\frac{1}{2}+1=\frac{1}{2}.$$

2. $\left(\{\log(1+x^2)\}'=\dfrac{2x}{1+x^2}\right.$ に注意して$\left.\right)$

$$(\text{与式})=\left[\frac{1}{2}\log(1+x^2)\right]_0^1$$
$$=\frac{1}{2}(\log 2-\log 1)$$
$$=\frac{1}{2}\log 2.$$

3. $\left((\log|\cos x|)'=\dfrac{-\sin x}{\cos x}\right.$ に注意して$\left.\right)$

$$(\text{与式})=\int_0^{\frac{\pi}{4}}\frac{\sin x}{\cos x}\,dx$$
$$=\Big[-\log|\cos x|\Big]_0^{\frac{\pi}{4}}$$
$$=-\log\frac{1}{\sqrt{2}}+\log 1$$
$$=-\log 2^{-\frac{1}{2}}$$
$$=\frac{1}{2}\log 2.$$

4. $((\sin^2 x)'=2\sin x\cos x$ に注意して$)$

$$(\text{与式})=\left[\frac{1}{2}\sin^2 x\right]_0^{\frac{\pi}{2}}$$
$$=\frac{1}{2}.$$

［**注 1**］　$((\cos^2 x)'=2\cos x(-\sin x)$ に注意して$)$

$$(\text{与式})=\left[-\frac{1}{2}\cos^2 x\right]_0^{\frac{\pi}{2}}$$
$$=\frac{1}{2}.$$

［**注 2**］　$((\cos 2x)'=-2\sin 2x$ に注意して$)$

$$(\text{与式})=\int_0^{\frac{\pi}{2}}\frac{1}{2}\sin 2x\,dx$$
$$=\left[-\frac{1}{4}\cos 2x\right]_0^{\frac{\pi}{2}}$$
$$=-\frac{1}{4}(-1-1)$$
$$=\frac{1}{2}.$$

［注終り］

5. $\left((\tan 2x)'=\dfrac{1}{\cos^2 2x}\cdot 2\right.$ に注意して$\left.\right)$

$$(\text{与式})=\left[\frac{1}{2}\tan 2x\right]_0^{\frac{\pi}{6}}$$
$$=\frac{\sqrt{3}}{2}.$$

積分 4

1.
$$(\text{与式})=\int_0^{\frac{\pi}{2}}\frac{1-\sin^2 x}{1+\sin x}\,dx$$
$$=\int_0^{\frac{\pi}{2}}\frac{(1+\sin x)(1-\sin x)}{1+\sin x}\,dx$$
$$=\int_0^{\frac{\pi}{2}}(1-\sin x)\,dx$$
$$=\Big[x+\cos x\Big]_0^{\frac{\pi}{2}}$$
$$=\frac{\pi}{2}+\cos\frac{\pi}{2}-(0+\cos 0)$$
$$=\frac{\pi}{2}-1.$$

2.
$$(\text{与式})=\int_0^{\frac{\pi}{6}}\frac{1+\cos 2x}{2}\,dx$$
$$=\left[\frac{1}{2}\left(x+\frac{1}{2}\sin 2x\right)\right]_0^{\frac{\pi}{6}}$$
$$=\frac{1}{2}\left(\frac{\pi}{6}+\frac{\sqrt{3}}{4}\right)$$
$$=\frac{\pi}{12}+\frac{\sqrt{3}}{8}.$$

3.
$$(\text{与式})=\int_0^1(1-2\sqrt{x}+x)\,dx$$
$$=\left[x-\frac{4}{3}x^{\frac{3}{2}}+\frac{1}{2}x^2\right]_0^1$$
$$=1-\frac{4}{3}+\frac{1}{2}=\frac{1}{6}.$$

4.
$$(\text{与式})=\int_0^a\frac{e^{2x}}{e^{2x}+e^a}\,dx$$

$$=\left[\frac{1}{2}\log(e^{2x}+e^{a})\right]_0^a$$
$$=\frac{1}{2}\{\log(e^{2a}+e^{a})-\log(1+e^{a})\}$$
$$=\frac{1}{2}\log\frac{e^{a}(e^{a}+1)}{1+e^{a}}$$
$$=\frac{1}{2}\log e^{a}$$
$$=\frac{a}{2}.$$

5. (与式)$=\displaystyle\int_0^1\frac{1}{4}\left(\frac{1}{2-x}+\frac{1}{2+x}\right)dx$
$$=\left[\frac{1}{4}(-\log|2-x|+\log|2+x|)\right]_0^1$$
$$=\frac{1}{4}\log 3.$$

積分 5

1. $\displaystyle\int_{-\pi}^{\pi}\cos^2 2x\,dx=2\int_0^{\pi}\cos^2 2x\,dx$
$$=\int_0^{\pi}(1+\cos 4x)\,dx$$
$$=\left[x+\frac{1}{4}\sin 4x\right]_0^{\pi}=\pi.$$

2. $\displaystyle\int_0^{\frac{\pi}{2}}\sin 2x\sin 3x\,dx$
$$=\int_0^{\frac{\pi}{2}}\left(-\frac{1}{2}\right)(\cos 5x-\cos x)\,dx$$
$$=-\frac{1}{2}\left[\frac{1}{5}\sin 5x-\sin x\right]_0^{\frac{\pi}{2}}$$
$$=-\frac{1}{2}\left(\frac{1}{5}-1\right)=\frac{2}{5}.$$

3. $\displaystyle\int_0^{\frac{\pi}{2}}\sqrt{1-\cos\theta}\,d\theta=\int_0^{\frac{\pi}{2}}\sqrt{2\sin^2\frac{\theta}{2}}\,d\theta$
$$=\int_0^{\frac{\pi}{2}}\left|\sqrt{2}\sin\frac{\theta}{2}\right|d\theta$$
$$=\int_0^{\frac{\pi}{2}}\sqrt{2}\sin\frac{\theta}{2}\,d\theta$$
$$=\left[-2\sqrt{2}\cos\frac{\theta}{2}\right]_0^{\frac{\pi}{2}}$$
$$=-2\sqrt{2}\left(\frac{1}{\sqrt{2}}-1\right)$$
$$=2\sqrt{2}-2.$$

4. $\displaystyle\int_0^{\log 2}(e^{x}+e^{-x})^2\,dx$
$$=\int_0^{\log 2}(e^{2x}+2+e^{-2x})\,dx$$
$$=\left[\frac{1}{2}e^{2x}+2x-\frac{1}{2}e^{-2x}\right]_0^{\log 2}$$
$$=\frac{1}{2}e^{2\log 2}+2\log 2-\frac{1}{2}e^{-2\log 2}$$
$$=\frac{1}{2}e^{\log 4}+2\log 2-\frac{1}{2}e^{\log\frac{1}{4}}$$
$$=\frac{1}{2}\cdot 4+2\log 2-\frac{1}{2}\cdot\frac{1}{4}$$
$$=2\log 2+\frac{15}{8}.$$

5. $\displaystyle\int_0^{\frac{\pi}{4}}(\cos x+\sin x)^2\,dx$
$$=\int_0^{\frac{\pi}{4}}(\cos^2 x+2\sin x\cos x+\sin^2 x)\,dx$$
$$=\int_0^{\frac{\pi}{4}}(1+\sin 2x)\,dx$$
$$=\left[x-\frac{1}{2}\cos 2x\right]_0^{\frac{\pi}{4}}=\frac{\pi}{4}+\frac{1}{2}.$$

[注] $\displaystyle\int_0^{\frac{\pi}{4}}(\cos^2 x+2\sin x\cos x+\sin^2 x)\,dx$
$$=\int_0^{\frac{\pi}{4}}(1+2\sin x\cos x)\,dx$$
$$=\left[x+\sin^2 x\right]_0^{\frac{\pi}{4}}$$
$$=\frac{\pi}{4}+\frac{1}{2}.$$

[注終り]

積分 6

1. $\displaystyle\int_0^{t}\sqrt{1+(y')^2}\,dx=\int_0^{t}\sqrt{1+\left(\frac{e^{x}-e^{-x}}{2}\right)^2}\,dx$
$$=\int_0^{t}\sqrt{\left(\frac{e^{x}+e^{-x}}{2}\right)^2}\,dx$$
$$=\int_0^{t}\frac{e^{x}+e^{-x}}{2}\,dx$$

$$=\left[\frac{e^x-e^{-x}}{2}\right]_0^t$$
$$=\frac{e^t-e^{-t}}{2}.$$

2. $\displaystyle\int_0^{\frac{\pi}{2}}(\cos 3x+\sin 2x)^2\,dx$

$$=\int_0^{\frac{\pi}{2}}(\cos^2 3x+2\cos 3x\sin 2x+\sin^2 2x)\,dx$$
$$=\int_0^{\frac{\pi}{2}}\left(\frac{1+\cos 6x}{2}+\sin 5x-\sin x+\frac{1-\cos 4x}{2}\right)dx$$
$$=\left[x+\frac{1}{12}\sin 6x-\frac{1}{5}\cos 5x+\cos x-\frac{1}{8}\sin 4x\right]_0^{\frac{\pi}{2}}$$
$$=\frac{\pi}{2}-\left(-\frac{1}{5}+1\right)=\frac{\pi}{2}-\frac{4}{5}.$$

3. $\displaystyle\int_0^{\frac{\pi}{4}}\tan^2 x\,dx=\int_0^{\frac{\pi}{4}}\left(\frac{1}{\cos^2 x}-1\right)dx$

$$=\Big[\tan x-x\Big]_0^{\frac{\pi}{4}}=1-\frac{\pi}{4}.$$

4. $\displaystyle\int\frac{1}{x(x-1)^2}\,dx$

$$=\int\left(\frac{1}{x-1}-\frac{1}{x}\right)\frac{1}{x-1}\,dx$$
$$=\int\left\{\frac{1}{(x-1)^2}-\frac{1}{x(x-1)}\right\}dx$$
$$=\int\left\{\frac{1}{(x-1)^2}+\frac{1}{x}-\frac{1}{x-1}\right\}dx$$
$$=-\frac{1}{x-1}+\log|x|-\log|x-1|+C.\ (C:\text{定数})$$

5.

(i) $a=1$ のとき,

$$(\text{与式})=\int_0^x\frac{t}{(t+1)^2}\,dt=\int_0^x\frac{(t+1)-1}{(t+1)^2}\,dt$$
$$=\int_0^x\left\{\frac{1}{t+1}-\frac{1}{(t+1)^2}\right\}dt$$
$$=\left[\log(t+1)+\frac{1}{t+1}\right]_0^x$$
$$=\log(x+1)+\frac{1}{x+1}-1.$$

(ii) $a\neq 1$ のとき,

$$(\text{与式})=\int_0^x\frac{1}{a-1}\cdot\frac{a(t+1)-(t+a)}{(t+1)(t+a)}\,dt$$
$$=\frac{1}{a-1}\int_0^x\left\{\frac{a}{t+a}-\frac{1}{t+1}\right\}dt$$
$$=\frac{1}{a-1}\Big[a\log(t+a)-\log(t+1)\Big]_0^x$$
$$=\frac{1}{a-1}\{a\log(x+a)-\log(x+1)-a\log a\}.$$

積分 7

1. $\displaystyle\int_0^{\frac{\pi}{2}}\sin^4 x\,dx$

$$=\int_0^{\frac{\pi}{2}}\left(\frac{1-\cos 2x}{2}\right)^2dx$$
$$=\int_0^{\frac{\pi}{2}}\frac{1}{4}(1-2\cos 2x+\cos^2 2x)\,dx$$
$$=\int_0^{\frac{\pi}{2}}\frac{1}{4}\left(1-2\cos 2x+\frac{1+\cos 4x}{2}\right)dx$$
$$=\frac{1}{4}\left[\frac{3}{2}x-\sin 2x+\frac{1}{8}\sin 4x\right]_0^{\frac{\pi}{2}}$$
$$=\frac{3}{16}\pi.$$

2. $\displaystyle\int_0^{\frac{\pi}{2}}\sin^2 x\cos^2 x\,dx$

$$=\int_0^{\frac{\pi}{2}}(\sin x\cos x)^2\,dx$$
$$=\int_0^{\frac{\pi}{2}}\left(\frac{1}{2}\sin 2x\right)^2dx$$
$$=\int_0^{\frac{\pi}{2}}\frac{1}{4}\cdot\frac{1-\cos 4x}{2}\,dx$$
$$=\frac{1}{8}\left[x-\frac{1}{4}\sin 4x\right]_0^{\frac{\pi}{2}}=\frac{\pi}{16}.$$

3. $\displaystyle\int_0^{\frac{\pi}{2}}\sqrt{1+\sin x}\,dx$

$$=\int_0^{\frac{\pi}{2}}\sqrt{1+\cos\left(\frac{\pi}{2}-x\right)}\,dx$$
$$=\int_0^{\frac{\pi}{2}}\sqrt{2\cos^2\left(\frac{\pi}{4}-\frac{x}{2}\right)}\,dx$$
$$=\int_0^{\frac{\pi}{2}}\sqrt{2}\left|\cos\left(\frac{\pi}{4}-\frac{x}{2}\right)\right|dx$$

$$=\int_0^{\frac{\pi}{2}}\sqrt{2}\cos\left(\frac{\pi}{4}-\frac{x}{2}\right)dx$$
$$=\left[-2\sqrt{2}\sin\left(\frac{\pi}{4}-\frac{x}{2}\right)\right]_0^{\frac{\pi}{2}}$$
$$=2.$$

［注］ (与式)$=\int_0^{\frac{\pi}{2}}\sqrt{1+2\sin\frac{x}{2}\cos\frac{x}{2}}\,dx$
$$=\int_0^{\frac{\pi}{2}}\sqrt{\left(\sin\frac{x}{2}+\cos\frac{x}{2}\right)^2}\,dx$$
$$=\int_0^{\frac{\pi}{2}}\left|\sin\frac{x}{2}+\cos\frac{x}{2}\right|dx$$
$$=\int_0^{\frac{\pi}{2}}\left(\sin\frac{x}{2}+\cos\frac{x}{2}\right)dx$$
$$=\left[-2\cos\frac{x}{2}+2\sin\frac{x}{2}\right]_0^{\frac{\pi}{2}}$$
$$=-2\cdot\frac{1}{\sqrt{2}}+2\cdot\frac{1}{\sqrt{2}}-(-2+0)$$
$$=2.$$

［注終り］

4. $\int_{\frac{\pi}{2}}^{x}(\sin t-\cos t)^4\,dt$
$$=\int_{\frac{\pi}{2}}^{x}\{(\sin t-\cos t)^2\}^2\,dt$$
$$=\int_{\frac{\pi}{2}}^{x}(\sin^2 t-2\sin t\cos t+\cos^2 t)^2\,dt$$
$$=\int_{\frac{\pi}{2}}^{x}(1-\sin 2t)^2\,dt$$
$$=\int_{\frac{\pi}{2}}^{x}(1-2\sin 2t+\sin^2 2t)\,dt$$
$$=\int_{\frac{\pi}{2}}^{x}\left(1-2\sin 2t+\frac{1-\cos 4t}{2}\right)dt$$
$$=\left[\frac{3}{2}t+\cos 2t-\frac{1}{8}\sin 4t\right]_{\frac{\pi}{2}}^{x}$$
$$=\frac{3}{2}x+\cos 2x-\frac{1}{8}\sin 4x-\frac{3}{4}\pi+1.$$

［注］ (与式)$=\int_{\frac{\pi}{2}}^{x}\left\{\sqrt{2}\sin\left(t-\frac{\pi}{4}\right)\right\}^4 dt$
$$=\int_{\frac{\pi}{2}}^{x}\left\{2\sin^2\left(t-\frac{\pi}{4}\right)\right\}^2 dt$$
$$=\int_{\frac{\pi}{2}}^{x}\left\{1-\cos\left(2t-\frac{\pi}{2}\right)\right\}^2 dt$$
$$=\int_{\frac{\pi}{2}}^{x}(1-\sin 2t)^2\,dt.$$

［注終り］

5. $\int_{-\pi}^{\pi}\sin mx\sin nx\,dx$
$$=2\int_0^{\pi}\left(-\frac{1}{2}\right)\{\cos(m+n)x-\cos(m-n)x\}\,dx$$
$$=\int_0^{\pi}\{\cos(m-n)x-\cos(m+n)x\}\,dx.$$

(i) $m=n$ のとき,

(与式)$=\int_0^{\pi}(1-\cos 2mx)\,dx$
$$=\left[x-\frac{1}{2m}\sin 2mx\right]_0^{\pi}$$
$$=\pi.$$

(ii) $m\neq n$ のとき,

(与式)$=\left[\frac{1}{m-n}\sin(m-n)x-\frac{1}{m+n}\sin(m+n)x\right]_0^{\pi}$
$$=0.$$

積分 8（絶対値）

1. (i) $a\leqq\frac{1}{e}$ のとき,

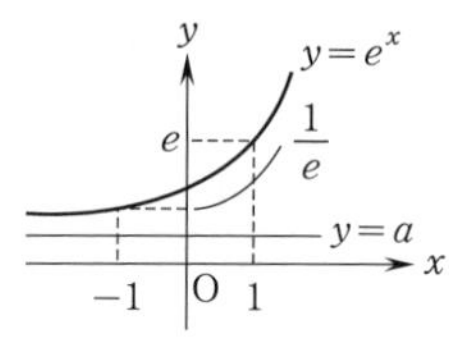

(与式)$=\int_{-1}^{1}(e^x-a)\,dx$
$$=\left[e^x-ax\right]_{-1}^{1}$$
$$=e-a-(e^{-1}+a)$$
$$=-2a+e-e^{-1}$$
$$=-2a+e-\frac{1}{e}.$$

(ii) $\frac{1}{e}<a<e$ のとき,

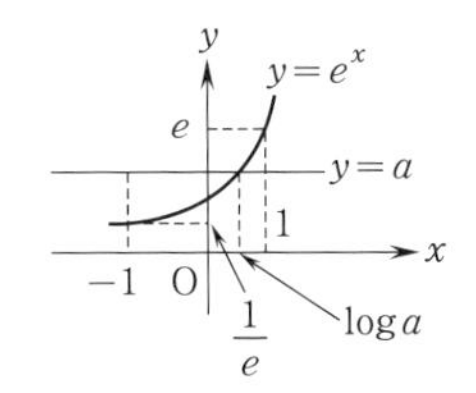

$e^x=a$ より，

$$x=\log a.$$

$$
\begin{aligned}
(\text{与式})&=\int_{-1}^{\log a}|e^x-a|\,dx+\int_{\log a}^{1}|e^x-a|\,dx\\
&=\int_{-1}^{\log a}(-e^x+a)\,dx+\int_{\log a}^{1}(e^x-a)\,dx\\
&=\Big[-e^x+ax\Big]_{-1}^{\log a}+\Big[e^x-ax\Big]_{\log a}^{1}\\
&=-e^{\log a}+a\log a+e^{-1}+a\\
&\qquad+e-a-(e^{\log a}-a\log a)\\
&=-a+a\log a+e^{-1}+a\\
&\qquad+e-a-a+a\log a\\
&=2a\log a-2a+e+\frac{1}{e}.
\end{aligned}
$$

(iii) $a\geqq e$ のとき，

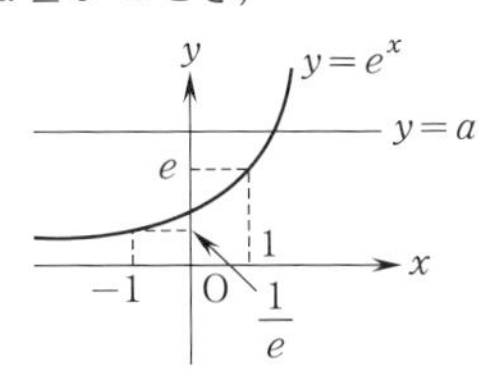

$$
\begin{aligned}
(\text{与式})&=\int_{-1}^{1}(-e^x+a)\,dx\\
&=2a-e+\frac{1}{e}.
\end{aligned}
$$

2.

$$
\begin{aligned}
(\text{与式})&=\int_0^{\frac{\pi}{6}}\left(\left|\sin x-\frac{1}{2}\right|+\frac{1}{2}\right)dx\\
&\qquad+\int_{\frac{\pi}{6}}^{\frac{\pi}{2}}\left(\left|\sin x-\frac{1}{2}\right|+\frac{1}{2}\right)dx\\
&=\int_0^{\frac{\pi}{6}}\left(\frac{1}{2}-\sin x+\frac{1}{2}\right)dx\\
&\qquad+\int_{\frac{\pi}{6}}^{\frac{\pi}{2}}\left(\sin x-\frac{1}{2}+\frac{1}{2}\right)dx\\
&=\Big[x+\cos x\Big]_0^{\frac{\pi}{6}}+\Big[-\cos x\Big]_{\frac{\pi}{6}}^{\frac{\pi}{2}}\\
&=\frac{\pi}{6}+\frac{\sqrt{3}}{2}-1+\frac{\sqrt{3}}{2}\\
&=\frac{\pi}{6}+\sqrt{3}-1.
\end{aligned}
$$

3.

$$
\begin{aligned}
(\text{与式})&=\int_0^{\pi}|\cos\theta|\cos\frac{\theta}{2}\,d\theta\\
&=\int_0^{\frac{\pi}{2}}|\cos\theta|\cos\frac{\theta}{2}\,d\theta\\
&\qquad+\int_{\frac{\pi}{2}}^{\pi}|\cos\theta|\cos\frac{\theta}{2}\,d\theta\\
&=\int_0^{\frac{\pi}{2}}\cos\theta\cos\frac{\theta}{2}\\
&\qquad-\int_{\frac{\pi}{2}}^{\pi}\cos\theta\cos\frac{\theta}{2}\,d\theta\\
&=\int_0^{\frac{\pi}{2}}\frac{1}{2}\left(\cos\frac{3}{2}\theta+\cos\frac{\theta}{2}\right)d\theta\\
&\qquad-\int_{\frac{\pi}{2}}^{\pi}\frac{1}{2}\left(\cos\frac{3}{2}\theta+\cos\frac{\theta}{2}\right)d\theta\\
&=\frac{1}{2}\left[\frac{2}{3}\sin\frac{3}{2}\theta+2\sin\frac{\theta}{2}\right]_0^{\frac{\pi}{2}}\\
&\qquad-\frac{1}{2}\left[\frac{2}{3}\sin\frac{3}{2}\theta+2\sin\frac{\theta}{2}\right]_{\frac{\pi}{2}}^{\pi}\\
&=\frac{1}{2}\left(\frac{2}{3}\cdot\frac{\sqrt{2}}{2}+2\cdot\frac{\sqrt{2}}{2}\right)\\
&\qquad-\frac{1}{2}\left(-\frac{2}{3}+2-\frac{2}{3}\cdot\frac{\sqrt{2}}{2}-2\cdot\frac{\sqrt{2}}{2}\right)\\
&=\frac{2}{3}\sqrt{2}-\frac{2}{3}+\frac{2}{3}\sqrt{2}\\
&=\frac{4}{3}\sqrt{2}-\frac{2}{3}.
\end{aligned}
$$

4.

$$\int_0^{\pi}\sin\left(|t-x|+\frac{\pi}{4}\right)dx$$

$$=\int_0^{t}\sin\left(|t-x|+\frac{\pi}{4}\right)dx+\int_t^{\pi}\sin\left(|t-x|+\frac{\pi}{4}\right)dx$$

$$=\int_0^{t}\sin\left(t-x+\frac{\pi}{4}\right)dx+\int_t^{\pi}\sin\left(x-t+\frac{\pi}{4}\right)dx$$

$$=\left[\cos\left(t+\frac{\pi}{4}-x\right)\right]_0^t+\left[-\cos\left(x+\frac{\pi}{4}-t\right)\right]_t^{\pi}$$

$$=\frac{\sqrt{2}}{2}-\cos\left(t+\frac{\pi}{4}\right)-\cos\left(\frac{5}{4}\pi-t\right)+\frac{\sqrt{2}}{2}$$

$$=\sqrt{2}-2\cos\frac{3}{4}\pi\cos\left(t-\frac{\pi}{2}\right)$$

$$=\sqrt{2}+\sqrt{2}\sin t.$$

5.

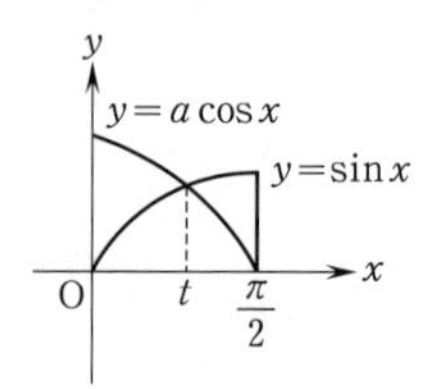

$$a\cos t=\sin t,\ 0<t<\frac{\pi}{2}$$

とすると，

$\tan t=a.$

よって，

$$\cos t=\frac{1}{\sqrt{a^2+1}},\ \sin t=\frac{a}{\sqrt{a^2+1}}.$$

$$(\text{与式})=\int_0^t|\sin x-a\cos x|dx+\int_t^{\frac{\pi}{2}}|\sin x-a\cos x|dx$$

$$=\int_0^t(-\sin x+a\cos x)\,dx+\int_t^{\frac{\pi}{2}}(\sin x-a\cos x)\,dx$$

$$=\Big[\cos x+a\sin x\Big]_0^t+\Big[-\cos x-a\sin x\Big]_t^{\frac{\pi}{2}}$$

$$=\cos t+a\sin t-1-a+\cos t+a\sin t$$

$$=2(a\sin t+\cos t)-(a+1)$$

$$=2\left(\frac{a^2}{\sqrt{a^2+1}}+\frac{1}{\sqrt{a^2+1}}\right)-(a+1)$$

$$=2\sqrt{a^2+1}-(a+1).$$

積分 9（置換）

1. $x^2=t$ とおくと，

$$2x\,dx=dt.$$

$$x\,dx=\frac{1}{2}dt.$$

x	$0\to1$
t	$0\to1$

$$(\text{与式})=\int_0^1\frac{1}{2}e^{-t}dt$$

$$=\left[-\frac{1}{2}e^{-t}\right]_0^1=\frac{1}{2}\left(1-\frac{1}{e}\right).$$

［注］ （$(e^{-x^2})'=e^{-x^2}\cdot(-2x)$ に注意して）

$$(\text{与式})=\left[-\frac{1}{2}e^{-x^2}\right]_0^1$$

$$=-\frac{1}{2}(e^{-1}-1)$$

$$=\frac{1}{2}\left(1-\frac{1}{e}\right).$$

［注終り］

2. $\sin x=t$ とおくと，

$$\cos x\,dx=dt.$$

x	$0\to\frac{\pi}{2}$
t	$0\to1$

$$(\text{与式})=\int_0^1 t^2\,dt$$

$$=\left[\frac{1}{3}t^3\right]_0^1=\frac{1}{3}.$$

［注］ （$(\sin^3x)'=3\sin^2x\cdot\cos x$ に注意して）

$$(\text{与式})=\left[\frac{1}{3}\sin^3x\right]_0^{\frac{\pi}{2}}$$

$$=\frac{1}{3}.$$

［注終り］

3. $4-x^2=t$ とおくと，
$-2x\,dx=dt.$
$x\,dx=-\frac{1}{2}dt.$

x	$0\to2$
t	$4\to0$

$$(\text{与式})=\int_4^0\sqrt{t}\left(-\frac{1}{2}\right)dt$$
$$=\int_0^4\frac{1}{2}t^{\frac{1}{2}}dt.$$
$$=\left[\frac{1}{3}t^{\frac{3}{2}}\right]_0^4=\frac{8}{3}.$$

［注］ $\left(\left\{(4-x^2)^{\frac{3}{2}}\right\}'=\frac{3}{2}(4-x^2)^{\frac{1}{2}}\cdot(-2x)\right.$ に注意して$\Big)$

$$(\text{与式})=\left[-\frac{1}{3}(4-x^2)^{\frac{3}{2}}\right]_0^2$$
$$=\frac{1}{3}\cdot4^{\frac{3}{2}}$$
$$=\frac{8}{3}.$$

［注終り］

4. $x^2-4=t$ とおくと，
$2x\,dx=dt.$
$x\,dx=\frac{1}{2}dt.$

x	$0\to1$
t	$-4\to-3$

$$(\text{与式})=\int_{-4}^{-3}\frac{1}{t}\cdot\frac{1}{2}dt=\left[\frac{1}{2}\log|t|\right]_{-4}^{-3}$$
$$=\frac{1}{2}(\log3-\log4)=\frac{1}{2}\log\frac{3}{4}.$$

［注］ $\left((\log|x^2-4|)'=\frac{2x}{x^2-4}\right.$ に注意して$\Big)$

$$(\text{与式})=\left[\frac{1}{2}\log|x^2-4|\right]_0^1$$
$$=\frac{1}{2}(\log3-\log4)$$
$$=\frac{1}{2}\log\frac{3}{4}.$$

5. $\sqrt{1-x}=t$ とおくと，
$1-x=t^2.$
$x=1-t^2.$
$dx=-2t\,dt.$

x	$0\to1$
t	$1\to0$

$$(\text{与式})=\int_1^0(1-t^2)t(-2t)\,dt$$
$$=\int_0^1 2(t^2-t^4)\,dt$$
$$=2\left[\frac{t^3}{3}-\frac{t^5}{5}\right]_0^1=\frac{4}{15}.$$

［注］ $(\text{与式})=\int_0^1(x-1+1)\sqrt{1-x}\,dx$
$$=\int_0^1\left\{-(1-x)^{\frac{3}{2}}+(1-x)^{\frac{1}{2}}\right\}dx$$
$$=\left[\frac{2}{5}(1-x)^{\frac{5}{2}}-\frac{2}{3}(1-x)^{\frac{3}{2}}\right]_0^1$$
$$=-\frac{2}{5}+\frac{2}{3}$$
$$=\frac{4}{15}.$$

積分 10（置換）

1. $\sin x=t$ とおくと，
$\cos x\,dx=dt.$

x	$\frac{\pi}{6}\to\frac{\pi}{2}$
t	$\frac{1}{2}\to1$

$$(\text{与式})=\int_{\frac{1}{2}}^1\frac{1}{t}dt$$
$$=\Big[\log|t|\Big]_{\frac{1}{2}}^1$$
$$=\log1-\log\frac{1}{2}$$
$$=\log2.$$

［注］ $\left((\log|\sin x|)'=\frac{\cos x}{\sin x}\right.$ に注意して$\Big)$

$$(\text{与式})=\Big[\log|\sin x|\Big]_{\frac{\pi}{6}}^{\frac{\pi}{2}}$$
$$=\log1-\log\frac{1}{2}$$
$$=\log2.$$

［注終り］

2. $\log x=t$ とおくと，
$\frac{1}{x}dx=dt.$

x	$1\to e$
t	$0\to1$

$$\int_1^e\frac{\log x}{x}dx=\int_0^1t\,dt$$
$$=\left[\frac{t^2}{2}\right]_0^1=\frac{1}{2}.$$

［注］ $\left(\{(\log x)^2\}'=2\log x\cdot\frac{1}{x}\right.$ に注意

して$\Big)$

$$(\text{与式})=\left[\frac{1}{2}(\log x)^2\right]_1^e$$
$$=\frac{1}{2}\{(\log e)^2-(\log 1)^2\}$$
$$=\frac{1}{2}.$$

［注終り］

3. $e^x+e^{-x}=t$ とおくと，

$(e^x-e^{-x})\,dx=dt.$

x	$0\to\quad 1$
t	$2\to e+e^{-1}$

$$(\text{与式})=\int_2^{e+e^{-1}}\frac{1}{t}dt=\Big[\log t\Big]_2^{e+e^{-1}}$$
$$=\log(e+e^{-1})-\log 2$$
$$=\log\frac{e+e^{-1}}{2}.$$

［注］ $\left(\{\log|f(x)|\}'=\dfrac{f'(x)}{f(x)},\right.$ $\left.(e^x+e^{-x})'=e^x-e^{-x}\ \text{に注意して}\right)$

$$(\text{与式})=\Big[\log(e^x+e^{-x})\Big]_0^1$$
$$=\log(e+e^{-1})-\log 2$$
$$=\log\frac{e+e^{-1}}{2}.$$

［注終り］

4. $e^t-1=u$ とおくと，

$e^t\,dt=du.$

t	$1\quad\to\quad 2$
u	$e-1\to e^2-1$

$$(\text{与式})=\int_{e-1}^{e^2-1}\frac{1}{u^2}du=\left[-\frac{1}{u}\right]_{e-1}^{e^2-1}$$
$$=-\frac{1}{e^2-1}+\frac{1}{e-1}=\frac{e}{e^2-1}.$$

［注］ $(\{(e^t-1)^{-1}\}'=-(e^t-1)^{-2}\cdot e^t$ に注意して)

$$(\text{与式})=\Big[-(e^t-1)^{-1}\Big]_1^2$$
$$=-\frac{1}{e^2-1}+\frac{1}{e-1}$$
$$=\frac{e}{e^2-1}.$$

［注終り］

5. $$\int_0^{\frac{\pi}{2}}\cos^3 x\,dx=\int_0^{\frac{\pi}{2}}\cos^2 x\cdot\cos x\,dx$$
$$=\int_0^{\frac{\pi}{2}}(1-\sin^2 x)\cos x\,dx.$$

$\sin x=t$ とおくと，

$\cos x\,dx=dt.$

x	$0\to\frac{\pi}{2}$
t	$0\to 1$

$$(\text{与式})=\int_0^1(1-t^2)\,dt$$
$$=\left[t-\frac{1}{3}t^3\right]_0^1$$
$$=\frac{2}{3}.$$

［注1］ $((\sin^3 x)'=3\sin^2 x\cos x$ に注意して)

$$(\text{与式})=\int_0^{\frac{\pi}{2}}(\cos x-\sin^2 x\cos x)\,dx$$
$$=\left[\sin x-\frac{1}{3}\sin^3 x\right]_0^{\frac{\pi}{2}}$$
$$=1-\frac{1}{3}$$
$$=\frac{2}{3}.$$

［注1終り］

［注2］ $(\cos 3x=4\cos^3 x-3\cos x$ に注意して)

$$(\text{与式})=\int_0^{\frac{\pi}{2}}\frac{1}{4}(\cos 3x+3\cos x)\,dx$$
$$=\frac{1}{4}\left[\frac{1}{3}\sin 3x+3\sin x\right]_0^{\frac{\pi}{2}}$$
$$=\frac{1}{4}\left(-\frac{1}{3}+3\right)$$
$$=\frac{2}{3}.$$

［注2終り］

積分 11（置換）

1. $$\int_0^{\frac{\pi}{2}}\sin^3 x\cos^3 x\,dx$$
$$=\int_0^{\frac{\pi}{2}}\sin^3 x(1-\sin^2 x)\cos x\,dx.$$

$\sin x=t$ とおくと，

$\cos x\,dx=dt.$

x	$0\to\frac{\pi}{2}$
t	$0\to 1$

$$(与式)=\int_0^1 t^3(1-t^2)\,dt$$
$$=\left[\frac{t^4}{4}-\frac{t^6}{6}\right]_0^1$$
$$=\frac{1}{4}-\frac{1}{6}=\frac{1}{12}.$$

［**注**］ $((\sin^4 x)'=4\sin^3 x\cos x,$
$(\sin^6 x)'=6\sin^5 x\cos x$ に注意して)

$$(与式)=\int_0^{\frac{\pi}{2}}\sin^3 x(1-\sin^2 x)\cos x\,dx$$
$$=\int_0^{\frac{\pi}{2}}(\sin^3 x\cos x-\sin^5 x\cos x)\,dx$$
$$=\left[\frac{1}{4}\sin^4 x-\frac{1}{6}\sin^6 x\right]_0^{\frac{\pi}{2}}$$
$$=\frac{1}{4}-\frac{1}{6}$$
$$=\frac{1}{12}.$$

［注終り］

2. $\displaystyle\int_{\sqrt{3}}^{2\sqrt{2}}\sqrt{t^2+t^4}\,dt=\int_{\sqrt{3}}^{2\sqrt{2}}t\sqrt{1+t^2}\,dt.$

$1+t^2=x$ とおくと，
$2t\,dt=dx.$
$t\,dt=\frac{1}{2}dx.$

t	$\sqrt{3}\to 2\sqrt{2}$
x	$4\to 9$

$$(与式)=\int_4^9\sqrt{x}\cdot\frac{1}{2}\,dx=\int_4^9\frac{1}{2}x^{\frac{1}{2}}\,dx$$
$$=\left[\frac{1}{3}x^{\frac{3}{2}}\right]_4^9$$
$$=\frac{1}{3}(27-8)=\frac{19}{3}.$$

［**注**］ $\left(\left\{(1+t^2)^{\frac{3}{2}}\right\}'=\frac{3}{2}(1+t^2)^{\frac{1}{2}}\cdot 2t\right.$ に注意して$\Big)$

$$(与式)=\int_{\sqrt{3}}^{2\sqrt{2}}t(1+t^2)^{\frac{1}{2}}\,dt$$
$$=\left[\frac{1}{3}(1+t^2)^{\frac{3}{2}}\right]_{\sqrt{3}}^{2\sqrt{2}}$$
$$=\frac{1}{3}\left(9^{\frac{3}{2}}-4^{\frac{3}{2}}\right)$$
$$=\frac{1}{3}(27-8)$$
$$=\frac{19}{3}.$$

3. $\sqrt{x}=t$ とおくと，
$x=t^2.$
$dx=2t\,dt.$

x	$1\to 2$
t	$1\to\sqrt{2}$

$$(与式)=\int_1^{\sqrt{2}}\frac{t}{t+1}\cdot 2t\,dt$$
$$=\int_1^{\sqrt{2}}\frac{2t^2}{t+1}\,dt$$
$$=\int_1^{\sqrt{2}}2\left(t-1+\frac{1}{t+1}\right)dt$$
$$=2\left[\frac{t^2}{2}-t+\log(t+1)\right]_1^{\sqrt{2}}$$
$$=2\left\{1-\sqrt{2}+\log(\sqrt{2}+1)-\frac{1}{2}+1-\log 2\right\}$$
$$=2\left(\frac{3}{2}-\sqrt{2}+\log\frac{\sqrt{2}+1}{2}\right)$$
$$=3-2\sqrt{2}+2\log\frac{\sqrt{2}+1}{2}.$$

4. $e^x=t$ とおくと，
$e^x\,dx=dt.$
$dx=\frac{1}{t}dt.$

x	$0\to 1$
t	$1\to e$

$$(与式)=\int_1^e\frac{1}{t+1}\cdot\frac{1}{t}\,dt$$
$$=\int_1^e\left(\frac{1}{t}-\frac{1}{t+1}\right)dt$$
$$=\Big[\log t-\log(t+1)\Big]_1^e$$
$$=1-\log(e+1)+\log 2.$$

5. $\displaystyle\int_0^{\frac{\pi}{2}}\{\sin x(1+\cos x)\}^3\,dx$

$$=\int_0^{\frac{\pi}{2}}\sin^3 x(1+\cos x)^3\,dx$$
$$=\int_0^{\frac{\pi}{2}}(1-\cos^2 x)(1+\cos x)^3\sin x\,dx$$
$$=\int_0^{\frac{\pi}{2}}(1-\cos x)(1+\cos x)^4\sin x\,dx.$$

$1+\cos x=t$ とおくと，$\cos x=t-1.$
$-\sin x\,dx=dt.$
$\sin x\,dx=-dt.$

x	$0\to\frac{\pi}{2}$
t	$2\to 1$

$$(与式)=\int_2^1(2-t)t^4(-dt)$$
$$=\int_1^2(2t^4-t^5)\,dt$$

$$=\left[\frac{2}{5}t^5-\frac{t^6}{6}\right]_1^2$$
$$=\frac{2}{5}(32-1)-\frac{1}{6}(64-1)$$
$$=\frac{62}{5}-\frac{21}{2}=\frac{19}{10}.$$

積分 12（置換）

1. $x=\dfrac{e^t-e^{-t}}{2}$ より，

$$dx=\frac{e^t+e^{-t}}{2}dt.$$

$0=\dfrac{e^t-e^{-t}}{2}$ より，$e^t=e^{-t}$.

$$e^{2t}=1.\quad t=0.$$

$\dfrac{3}{4}=\dfrac{e^t-e^{-t}}{2}$ より，$3e^t=2e^{2t}-2$.

$$2e^{2t}-3e^t-2=0.$$
$$(2e^t+1)(e^t-2)=0.$$

よって，$e^t=2$. $t=\log 2$.

$$x^2+1=\left(\frac{e^t+e^{-t}}{2}\right)^2.$$

x	$0\ \to\ \frac{3}{4}$
t	$0\ \to\ \log 2$

$$(\text{与式})=\int_0^{\log 2}\frac{e^t+e^{-t}}{2}\cdot\frac{e^t+e^{-t}}{2}dt$$
$$=\frac{1}{4}\int_0^{\log 2}(e^{2t}+2+e^{-2t})\,dt$$
$$=\frac{1}{4}\left[\frac{1}{2}e^{2t}+2t-\frac{1}{2}e^{-2t}\right]_0^{\log 2}$$
$$=\frac{1}{4}\left(\frac{1}{2}e^{2\log 2}+2\log 2-\frac{1}{2}e^{-2\log 2}\right)$$
$$=\frac{1}{4}\left(\frac{1}{2}e^{\log 4}+2\log 2-\frac{1}{2}e^{\log\frac{1}{4}}\right)$$
$$=\frac{1}{4}\left(\frac{1}{2}\cdot 4+2\log 2-\frac{1}{2}\cdot\frac{1}{4}\right)$$
$$=\frac{15}{32}+\frac{1}{2}\log 2.$$

2. $t=\sqrt{x^2+1}+x$ より，

$$\frac{dt}{dx}=\frac{2x}{2\sqrt{x^2+1}}+1$$
$$=\frac{x+\sqrt{x^2+1}}{\sqrt{x^2+1}}=\frac{t}{\sqrt{x^2+1}}.$$

$$\frac{1}{\sqrt{x^2+1}}dx=\frac{1}{t}dt.$$

x	$-\frac{4}{3}\ \to\ \frac{4}{3}$
t	$\frac{1}{3}\ \to\ 3$

$$(\text{与式})=\int_{\frac{1}{3}}^{3}\frac{1}{t}dt$$
$$=\Big[\log t\Big]_{\frac{1}{3}}^{3}$$
$$=\log 3-\log\frac{1}{3}$$
$$=2\log 3.$$

3. $x=\dfrac{1}{2}\left(t-\dfrac{1}{t}\right)$ より，

$$dx=\frac{1}{2}\left(1+\frac{1}{t^2}\right)dt.$$

$1=\dfrac{1}{2}\left(t-\dfrac{1}{t}\right)$ より，$t^2-2t-1=0$.

$$t=1\pm\sqrt{2}.$$

$t>0$ より，$t=1+\sqrt{2}$.

$2=\dfrac{1}{2}\left(t-\dfrac{1}{t}\right)$ より，$t^2-4t-1=0$.

$$t=2\pm\sqrt{5}.$$

$t>0$ より，$t=2+\sqrt{5}$.

よって，

x	$1\ \to\ 2$
t	$1+\sqrt{2}\ \to\ 2+\sqrt{5}$

また，$x^2+1=\dfrac{1}{4}\left(t+\dfrac{1}{t}\right)^2$.

$$(\text{与式})=\int_{1+\sqrt{2}}^{2+\sqrt{5}}\frac{1}{2}\left(t+\frac{1}{t}\right)\cdot\frac{1}{2}\left(1+\frac{1}{t^2}\right)dt$$
$$=\frac{1}{4}\int_{1+\sqrt{2}}^{2+\sqrt{5}}\left(t+\frac{2}{t}+\frac{1}{t^3}\right)dt$$
$$=\frac{1}{4}\left[\frac{t^2}{2}+2\log t-\frac{1}{2t^2}\right]_{1+\sqrt{2}}^{2+\sqrt{5}}$$
$$=\frac{1}{4}\left[\frac{1}{2}\left(t+\frac{1}{t}\right)\left(t-\frac{1}{t}\right)+2\log t\right]_{1+\sqrt{2}}^{2+\sqrt{5}}$$
$$=\frac{1}{4}\left\{\frac{1}{2}(2+\sqrt{5}+\sqrt{5}-2)\cdot 4+2\log(2+\sqrt{5})\right.$$
$$\left.-\frac{1}{2}(1+\sqrt{2}+\sqrt{2}-1)\cdot 2-2\log(1+\sqrt{2})\right\}$$
$$=\sqrt{5}+\frac{1}{2}\log(2+\sqrt{5})-\frac{\sqrt{2}}{2}-\frac{1}{2}\log(1+\sqrt{2}).$$

4. $\dfrac{dt}{dx}=\dfrac{1}{\cos^2\frac{x}{2}}\cdot\dfrac{1}{2}=\dfrac{1+\tan^2\frac{x}{2}}{2}=\dfrac{1+t^2}{2}.$

$$dx=\frac{2}{1+t^2}dt.$$

x	$0\to\frac{\pi}{2}$
t	$0\to 1$

$$\sin x=2\sin\frac{x}{2}\cos\frac{x}{2}$$
$$=2\tan\frac{x}{2}\cos^2\frac{x}{2}=\frac{2t}{1+t^2}.$$
$$\cos x=\cos^2\frac{x}{2}-\sin^2\frac{x}{2}$$
$$=\left(1-\tan^2\frac{x}{2}\right)\cos^2\frac{x}{2}=\frac{1-t^2}{1+t^2}.$$
$$(\text{与式})=\int_0^1\frac{1}{1+\frac{2t}{1+t^2}+\frac{1-t^2}{1+t^2}}\cdot\frac{2}{1+t^2}dt$$
$$=\int_0^1\frac{2}{1+t^2+2t+1-t^2}dt$$
$$=\int_0^1\frac{1}{1+t}dt$$
$$=\Big[\log(1+t)\Big]_0^1=\log 2.$$

5. $(\text{与式})=\displaystyle\int_0^{\frac{\pi}{12}}\frac{1}{\{(\cos x+\sin x)^2\}^2}dx$

$$=\int_0^{\frac{\pi}{12}}\frac{1}{(\cos^2x+2\sin x\cos x+\sin^2x)^2}dx$$
$$=\int_0^{\frac{\pi}{12}}\frac{1}{(1+\sin 2x)^2}dx.$$
$$t=\frac{1}{1+\sin 2x}.$$

x	$0\to\frac{\pi}{12}$
t	$1\to\frac{2}{3}$

$$\frac{dt}{dx}=\frac{-2\cos 2x}{(1+\sin 2x)^2}$$

より，

$$\frac{1}{(1+\sin 2x)^2}dx=\frac{1}{-2\cos 2x}dt.$$

$1+\sin 2x=\dfrac{1}{t}$ より，

$$\sin 2x=\frac{1}{t}-1.$$
$$\sin^2 2x=\frac{1}{t^2}-\frac{2}{t}+1.$$
$$1-\cos^2 2x=\frac{1}{t^2}-\frac{2}{t}+1.$$
$$\cos^2 2x=\frac{2}{t}-\frac{1}{t^2}=\frac{2t-1}{t^2}.$$

$0\leqq 2x\leqq\dfrac{\pi}{6}$，$\dfrac{2}{3}\leqq t\leqq 1$ より，

$$\cos 2x=\frac{\sqrt{2t-1}}{t}.$$

よって，

$$\frac{1}{(1+\sin 2x)^2}dx=\frac{t}{-2\sqrt{2t-1}}dt.$$
$$(\text{与式})=\int_1^{\frac{2}{3}}\frac{t}{-2\sqrt{2t-1}}dt$$
$$=\frac{1}{2}\int_{\frac{2}{3}}^1\frac{t}{\sqrt{2t-1}}dt\qquad\cdots(*)$$
$$=\frac{1}{4}\int_{\frac{2}{3}}^1\frac{2t-1+1}{\sqrt{2t-1}}dt$$
$$=\frac{1}{4}\int_{\frac{2}{3}}^1\left\{(2t-1)^{\frac{1}{2}}+(2t-1)^{-\frac{1}{2}}\right\}dt$$
$$=\frac{1}{4}\left[\frac{1}{3}(2t-1)^{\frac{3}{2}}+(2t-1)^{\frac{1}{2}}\right]_{\frac{2}{3}}^1$$
$$=\frac{1}{4}\left(\frac{4}{3}-\frac{10}{9\sqrt{3}}\right)$$
$$=\frac{1}{3}-\frac{5}{18\sqrt{3}}=\frac{1}{54}(18-5\sqrt{3}).$$

［**注**］ $\sqrt{2t-1}=u$ とおくと，

t	$\frac{2}{3}\to 1$
u	$\frac{1}{\sqrt{3}}\to 1$

$$t=\frac{u^2+1}{2}.$$
$$dt=udu.$$
$$(*)=\frac{1}{2}\int_{\frac{1}{\sqrt{3}}}^1\frac{\frac{u^2+1}{2}}{u}\cdot udu$$
$$=\frac{1}{4}\int_{\frac{1}{\sqrt{3}}}^1(u^2+1)du$$
$$=\frac{1}{4}\left[\frac{1}{3}u^3+u\right]_{\frac{1}{\sqrt{3}}}^1$$
$$=\frac{1}{4}\left(\frac{4}{3}-\frac{10}{9\sqrt{3}}\right)$$
$$=\frac{1}{54}(18-5\sqrt{3}).$$

［注終り］

積分 13（置換）

1. $x=\tan\theta\left(-\frac{\pi}{2}<\theta<\frac{\pi}{2}\right)$ とおくと，

$$dx=\frac{1}{\cos^2\theta}d\theta=(1+\tan^2\theta)\,d\theta.$$

x	$0\to\sqrt{3}$
θ	$0\to\frac{\pi}{3}$

$$(\text{与式})=\int_0^{\frac{\pi}{3}}\frac{1}{\tan^2\theta+1}(1+\tan^2\theta)\,d\theta=\Big[\theta\Big]_0^{\frac{\pi}{3}}=\frac{\pi}{3}.$$

2. $x=2\sin\theta\left(-\frac{\pi}{2}\leqq\theta\leqq\frac{\pi}{2}\right)$ とおくと，

$$dx=2\cos\theta\,d\theta.$$

$$\sqrt{4-x^2}=\sqrt{4(1-\sin^2\theta)}=2|\cos\theta|=2\cos\theta.$$

x	$0\to1$
θ	$0\to\frac{\pi}{6}$

$$(\text{与式})=\int_0^{\frac{\pi}{6}}\frac{1}{2\cos\theta}\cdot2\cos\theta\,d\theta=\Big[\theta\Big]_0^{\frac{\pi}{6}}=\frac{\pi}{6}.$$

3. $x=\sqrt{2}\sin\theta\left(-\frac{\pi}{2}\leqq\theta\leqq\frac{\pi}{2}\right)$ とおくと，

$$dx=\sqrt{2}\cos\theta\,d\theta.$$

$$\sqrt{2-x^2}=\sqrt{2(1-\sin^2\theta)}=\sqrt{2}\,|\cos\theta|=\sqrt{2}\cos\theta.$$

x	$0\to1$
θ	$0\to\frac{\pi}{4}$

$$(\text{与式})=\int_0^{\frac{\pi}{4}}\sqrt{2}\cos\theta\cdot\sqrt{2}\cos\theta\,d\theta=\int_0^{\frac{\pi}{4}}(1+\cos2\theta)\,d\theta=\left[\theta+\frac{1}{2}\sin2\theta\right]_0^{\frac{\pi}{4}}=\frac{\pi}{4}+\frac{1}{2}.$$

4. $$\int_0^1\frac{dx}{x^2-x+1}=\int_0^1\frac{1}{\left(x-\frac{1}{2}\right)^2+\frac{3}{4}}dx.$$

$x-\frac{1}{2}=\frac{\sqrt{3}}{2}\tan\theta\left(-\frac{\pi}{2}<\theta<\frac{\pi}{2}\right)$

とおくと，

$$dx=\frac{\sqrt{3}}{2}\cdot\frac{1}{\cos^2\theta}d\theta=\frac{\sqrt{3}}{2}(1+\tan^2\theta)\,d\theta.$$

x	$0\to1$
θ	$-\frac{\pi}{6}\to\frac{\pi}{6}$

$$(\text{与式})=\int_{-\frac{\pi}{6}}^{\frac{\pi}{6}}\frac{1}{\frac{3}{4}(1+\tan^2\theta)}\cdot\frac{\sqrt{3}}{2}(1+\tan^2\theta)\,d\theta=\int_{-\frac{\pi}{6}}^{\frac{\pi}{6}}\frac{2\sqrt{3}}{3}d\theta=\left[\frac{2\sqrt{3}}{3}\theta\right]_{-\frac{\pi}{6}}^{\frac{\pi}{6}}=\frac{2\sqrt{3}}{9}\pi.$$

5. $$\int_0^1\sqrt{x(1-x)}\,dx=\int_0^1\sqrt{\frac{1}{4}-\left(x-\frac{1}{2}\right)^2}\,dx.$$

$x-\frac{1}{2}=\frac{1}{2}\sin\theta\left(-\frac{\pi}{2}\leqq\theta\leqq\frac{\pi}{2}\right)$

とおくと，

$$dx=\frac{1}{2}\cos\theta\,d\theta.$$

x	$0\to1$
θ	$-\frac{\pi}{2}\to\frac{\pi}{2}$

$$\sqrt{\frac{1}{4}-\left(x-\frac{1}{2}\right)^2}=\sqrt{\frac{1}{4}(1-\sin^2\theta)}=\frac{1}{2}|\cos\theta|=\frac{1}{2}\cos\theta.$$

$$(\text{与式})=\int_{-\frac{\pi}{2}}^{\frac{\pi}{2}}\frac{1}{2}\cos\theta\cdot\frac{1}{2}\cos\theta\,d\theta=\frac{1}{2}\int_0^{\frac{\pi}{2}}\cos^2\theta\,d\theta=\frac{1}{2}\int_0^{\frac{\pi}{2}}\frac{1}{2}(1+\cos2\theta)\,d\theta=\frac{1}{4}\left[\theta+\frac{1}{2}\sin2\theta\right]_0^{\frac{\pi}{2}}=\frac{\pi}{8}.$$

積分 14（置換）

1. $$\int_0^{\frac{\pi}{4}}\frac{1}{\cos x}dx=\int_0^{\frac{\pi}{4}}\frac{\cos x}{\cos^2x}dx$$

$$=\int_0^{\frac{\pi}{4}}\frac{\cos x}{1-\sin^2 x}\,dx.$$

$\sin x=t$ とおくと，$\cos x\,dx=dt$.

x	$0 \to \frac{\pi}{4}$
t	$0 \to \frac{1}{\sqrt{2}}$

$$(\text{与式})=\int_0^{\frac{1}{\sqrt{2}}}\frac{1}{1-t^2}\,dt$$

$$=\int_0^{\frac{1}{\sqrt{2}}}\frac{1}{2}\left(\frac{1}{1-t}+\frac{1}{1+t}\right)dt$$

$$=\frac{1}{2}\Big[-\log|1-t|+\log|1+t|\Big]_0^{\frac{1}{\sqrt{2}}}$$

$$=\frac{1}{2}\log\frac{1+\frac{1}{\sqrt{2}}}{1-\frac{1}{\sqrt{2}}}=\frac{1}{2}\log\frac{\sqrt{2}+1}{\sqrt{2}-1}$$

$$=\log(\sqrt{2}+1).$$

[**注**]　置換積分法を用いないで次のようにしてもよい．

$$(\text{与式})=\int_0^{\frac{\pi}{4}}\frac{\cos x}{1-\sin^2 x}\,dx$$

$$=\int_0^{\frac{\pi}{4}}\frac{\cos x}{(1+\sin x)(1-\sin x)}\,dx$$

$$=\int_0^{\frac{\pi}{4}}\frac{1}{2}\left(\frac{\cos x}{1+\sin x}+\frac{\cos x}{1-\sin x}\right)dx$$

$$=\int_0^{\frac{\pi}{4}}\frac{1}{2}\left\{\frac{(1+\sin x)'}{1+\sin x}-\frac{(1-\sin x)'}{(1-\sin x)}\right\}dx$$

$$=\frac{1}{2}\Big[\log|1+\sin x|-\log|1-\sin x|\Big]_0^{\frac{\pi}{4}}$$

$$=\frac{1}{2}\left\{\log\left(1+\frac{1}{\sqrt{2}}\right)-\log\left(1-\frac{1}{\sqrt{2}}\right)\right\}$$

$$=\frac{1}{2}\log\frac{1+\frac{1}{\sqrt{2}}}{1-\frac{1}{\sqrt{2}}}$$

$$=\log(\sqrt{2}+1).$$

[注終り]

2.　$$\int_{\frac{\pi}{4}}^{\frac{\pi}{2}}\frac{1}{\sin x}\,dx=\int_{\frac{\pi}{4}}^{\frac{\pi}{2}}\frac{\sin x}{\sin^2 x}\,dx$$

$$=\int_{\frac{\pi}{4}}^{\frac{\pi}{2}}\frac{\sin x}{1-\cos^2 x}\,dx.$$

$\cos x=t$ とおくと，$-\sin x\,dx=dt$.

x	$\frac{\pi}{4} \to \frac{\pi}{2}$
t	$\frac{1}{\sqrt{2}} \to 0$

$$(\text{与式})=\int_{\frac{1}{\sqrt{2}}}^{0}\frac{1}{1-t^2}(-dt)$$

$$=\int_0^{\frac{1}{\sqrt{2}}}\frac{1}{2}\left(\frac{1}{1-t}+\frac{1}{1+t}\right)dt$$

$$=\frac{1}{2}\Big[-\log|1-t|+\log|1+t|\Big]_0^{\frac{1}{\sqrt{2}}}$$

$$=\frac{1}{2}\log\frac{1+\frac{1}{\sqrt{2}}}{1-\frac{1}{\sqrt{2}}}$$

$$=\frac{1}{2}\log\frac{\sqrt{2}+1}{\sqrt{2}-1}$$

$$=\log(\sqrt{2}+1).$$

[**注**]　置換積分法を用いないで次のようにしてもよい．

$$(\text{与式})=\int_{\frac{\pi}{4}}^{\frac{\pi}{2}}\frac{\sin x}{1-\cos^2 x}\,dx$$

$$=\int_{\frac{\pi}{4}}^{\frac{\pi}{2}}\frac{\sin x}{(1-\cos x)(1+\cos x)}\,dx$$

$$=\int_{\frac{\pi}{4}}^{\frac{\pi}{2}}\frac{1}{2}\left(\frac{\sin x}{1-\cos x}+\frac{\sin x}{1+\cos x}\right)dx$$

$$=\int_{\frac{\pi}{4}}^{\frac{\pi}{2}}\frac{1}{2}\left\{\frac{(1-\cos x)'}{1-\cos x}-\frac{(1+\cos x)'}{1+\cos x}\right\}dx$$

$$=\frac{1}{2}\Big[\log|1-\cos x|-\log|1+\cos x|\Big]_{\frac{\pi}{4}}^{\frac{\pi}{2}}$$

$$=-\frac{1}{2}\left\{\log\left(1-\frac{1}{\sqrt{2}}\right)-\log\left(1+\frac{1}{\sqrt{2}}\right)\right\}$$

$$=\frac{1}{2}\log\frac{1+\frac{1}{\sqrt{2}}}{1-\frac{1}{\sqrt{2}}}$$

$$=\log(\sqrt{2}+1).$$

[注終り]

3.　$$\int_0^{\frac{\pi}{2}}\sin^3 x\cos 2x\,dx$$

$$=\int_0^{\frac{\pi}{2}}\sin x(1-\cos^2 x)(2\cos^2 x-1)\,dx.$$

$\cos x = t$ とおくと，
$-\sin x\,dx = dt$.

x	$0 \to \frac{\pi}{2}$
t	$1 \to 0$

$$(\text{与式}) = \int_1^0 (1-t^2)(2t^2-1)(-dt)$$
$$= \int_0^1 (-2t^4+3t^2-1)\,dt$$
$$= \left[-\frac{2}{5}t^5 + t^3 - t\right]_0^1 = -\frac{2}{5}.$$

［注］ 置換積分法を用いないで次のようにしてもよい．

$$(\text{与式}) = \int_0^{\frac{\pi}{2}} \sin x(1-\cos^2 x)(2\cos^2 x-1)\,dx$$
$$= \int_0^{\frac{\pi}{2}} (-2\cos^4 x+3\cos^2 x-1)\sin x\,dx$$
$$= \int_0^{\frac{\pi}{2}} (2\cos^4 x-3\cos^2 x+1)(\cos x)'\,dx$$
$$= \left[\frac{2}{5}\cos^5 x - \cos^3 x + \cos x\right]_0^{\frac{\pi}{2}}$$
$$= -\left(\frac{2}{5}-1+1\right)$$
$$= -\frac{2}{5}.$$

4.　$x = \tan\theta \left(-\frac{\pi}{2} < \theta < \frac{\pi}{2}\right)$ とおくと，

$$dx = \frac{1}{\cos^2\theta}\,d\theta.$$

x	$0 \to 1$
θ	$0 \to \frac{\pi}{4}$

$(1+x^2)^{\frac{3}{2}}$
$$= (1+\tan^2\theta)^{\frac{3}{2}} = \left(\frac{1}{\cos^2\theta}\right)^{\frac{3}{2}} = \frac{1}{\cos^3\theta}.$$

$$(\text{与式}) = \int_0^{\frac{\pi}{4}} \cos^3\theta \cdot \frac{1}{\cos^2\theta}\,d\theta$$
$$= \int_0^{\frac{\pi}{4}} \cos\theta\,d\theta = \Big[\sin\theta\Big]_0^{\frac{\pi}{4}}$$
$$= \frac{\sqrt{2}}{2}.$$

5.　$$\int_{-\frac{\pi}{4}}^{\frac{\pi}{4}} \sqrt{1+\tan^2 x}\,dx = 2\int_0^{\frac{\pi}{4}} \frac{1}{\cos x}\,dx$$
$$= 2\int_0^{\frac{\pi}{4}} \frac{\cos x}{\cos^2 x}\,dx$$
$$= 2\int_0^{\frac{\pi}{4}} \frac{\cos x}{1-\sin^2 x}\,dx.$$

$\sin x = t$ とおくと，
$\cos x\,dx = dt$.

x	$0 \to \frac{\pi}{4}$
t	$0 \to \frac{1}{\sqrt{2}}$

$$(\text{与式}) = 2\int_0^{\frac{1}{\sqrt{2}}} \frac{1}{1-t^2}\,dt$$
$$= \int_0^{\frac{1}{\sqrt{2}}} \left(\frac{1}{1-t} + \frac{1}{1+t}\right)dt$$
$$= \Big[-\log|1-t| + \log|1+t|\Big]_0^{\frac{1}{\sqrt{2}}}$$
$$= \log\frac{1+\frac{1}{\sqrt{2}}}{1-\frac{1}{\sqrt{2}}} = \log\frac{\sqrt{2}+1}{\sqrt{2}-1}$$
$$= \log(\sqrt{2}+1)^2 = 2\log(\sqrt{2}+1).$$

積分 15（置換）

1.　$$(\text{与式}) = \int_0^{\frac{\pi}{4}} \frac{1-\sin x}{1-\sin^2 x}\,dx$$
$$= \int_0^{\frac{\pi}{4}} \frac{1-\sin x}{\cos^2 x}\,dx$$
$$= \int_0^{\frac{\pi}{4}} \frac{1}{\cos^2 x}\,dx - \int_0^{\frac{\pi}{4}} \frac{\sin x}{\cos^2 x}\,dx.$$

$\cos x = t$ とおくと，
$-\sin x\,dx = dt$.

x	$0 \to \frac{\pi}{4}$
t	$1 \to \frac{1}{\sqrt{2}}$

$$\int_0^{\frac{\pi}{4}} \frac{\sin x}{\cos^2 x}\,dx = \int_1^{\frac{1}{\sqrt{2}}} \frac{1}{t^2}(-dt)$$
$$= \left[\frac{1}{t}\right]_1^{\frac{1}{\sqrt{2}}} = \sqrt{2}-1.$$

また，
$$\int_0^{\frac{\pi}{4}} \frac{1}{\cos^2 x}\,dx = \Big[\tan x\Big]_0^{\frac{\pi}{4}} = 1.$$

よって，
$$(\text{与式}) = 1-(\sqrt{2}-1)$$
$$= 2-\sqrt{2}.$$

［注 1］　$\displaystyle\int_0^{\frac{\pi}{4}} \frac{1}{1+\sin x}\,dx$

$$=\int_0^{\frac{\pi}{4}}\frac{1}{1+\cos\left(\frac{\pi}{2}-x\right)}dx$$

$$=\int_0^{\frac{\pi}{4}}\frac{1}{2\cos^2\left(\frac{\pi}{4}-\frac{x}{2}\right)}dx$$

$$=\left[-\tan\left(\frac{\pi}{4}-\frac{x}{2}\right)\right]_0^{\frac{\pi}{4}}$$

$$=-\tan\frac{\pi}{8}+\tan\frac{\pi}{4}.$$

$$\tan^2\frac{\pi}{8}=\frac{1-\cos\frac{\pi}{4}}{1+\cos\frac{\pi}{4}}=\frac{1-\frac{1}{\sqrt{2}}}{1+\frac{1}{\sqrt{2}}}$$

$$=\frac{\sqrt{2}-1}{\sqrt{2}+1}=(\sqrt{2}-1)^2.$$

$\tan\frac{\pi}{8}>0$ であるから,

$$\tan\frac{\pi}{8}=\sqrt{2}-1.$$

$$(\text{与式})=-(\sqrt{2}-1)+1=2-\sqrt{2}.$$

［注 1 終り］

［注 2］ $\tan\frac{x}{2}=t$ とおくと,

$$\sin x=2\sin\frac{x}{2}\cos\frac{x}{2}$$

$$=\frac{2\sin\frac{x}{2}\cos\frac{x}{2}}{\cos^2\frac{x}{2}+\sin^2\frac{x}{2}}$$

$$=\frac{2\cdot\frac{\sin\frac{x}{2}}{\cos\frac{x}{2}}}{1+\frac{\sin^2\frac{x}{2}}{\cos^2\frac{x}{2}}}$$

$$=\frac{2t}{1+t^2}.$$

$$\frac{dt}{dx}=\frac{1}{2\cos^2\frac{x}{2}}=\frac{1+\tan^2\frac{x}{2}}{2}$$

$$=\frac{1+t^2}{2}$$

より,

$$dx=\frac{2}{1+t^2}dt.$$

x	$0 \to \frac{\pi}{4}$
t	$0 \to \sqrt{2}-1$

$$\tan^2\frac{\pi}{8}=\frac{1-\cos\frac{\pi}{4}}{1+\cos\frac{\pi}{4}}=\frac{1-\frac{1}{\sqrt{2}}}{1+\frac{1}{\sqrt{2}}}$$

$$=\frac{\sqrt{2}-1}{\sqrt{2}+1}=(\sqrt{2}-1)^2.$$

$\tan\frac{\pi}{8}>0$ であるから,

$$\tan\frac{\pi}{8}=\sqrt{2}-1.$$

$$(\text{与式})=\int_0^{\sqrt{2}-1}\frac{1}{1+\frac{2t}{1+t^2}}\cdot\frac{2}{1+t^2}dt$$

$$=\int_0^{\sqrt{2}-1}\frac{2}{t^2+2t+1}dt$$

$$=\int_0^{\sqrt{2}-1}\frac{2}{(t+1)^2}dt$$

$$=\left[-\frac{2}{t+1}\right]_0^{\sqrt{2}-1}$$

$$=-\sqrt{2}+2$$

$$=2-\sqrt{2}.$$

［注 2 終り］

［注 3］ $((\cos^{-1}x)'=-\cos^{-2}x\cdot(-\sin x)$ に注意して)

$$\int_0^{\frac{\pi}{4}}\frac{\sin x}{\cos^2 x}dx=\left[\cos^{-1}x\right]_0^{\frac{\pi}{4}}$$

$$=\frac{1}{\cos\frac{\pi}{4}}-\frac{1}{\cos 0}$$

$$=\sqrt{2}-1.$$

［注 3 終り］

2. $$(\text{与式})=\int_{\frac{\pi}{3}}^{\frac{\pi}{2}}\frac{1-\cos x}{(1+\cos x)(1-\cos x)}dx$$

$$=\int_{\frac{\pi}{3}}^{\frac{\pi}{2}}\frac{1-\cos x}{1-\cos^2 x}dx$$

$$=\int_{\frac{\pi}{3}}^{\frac{\pi}{2}}\frac{1-\cos x}{\sin^2 x}dx$$

$$=\int_{\frac{\pi}{3}}^{\frac{\pi}{2}}\frac{1}{\sin^2 x}dx-\int_{\frac{\pi}{3}}^{\frac{\pi}{2}}\frac{\cos x}{\sin^2 x}dx.$$

$$\int_{\frac{\pi}{3}}^{\frac{\pi}{2}} \frac{1}{\sin^2 x}\,dx = \int_{\frac{\pi}{3}}^{\frac{\pi}{2}} \frac{1}{\cos^2\left(\frac{\pi}{2}-x\right)}\,dx$$

$$= \left[-\tan\left(\frac{\pi}{2}-x\right)\right]_{\frac{\pi}{3}}^{\frac{\pi}{2}}$$

$$= -\tan 0 + \tan\frac{\pi}{6}$$

$$= \frac{\sqrt{3}}{3}.$$

$\sin x = t$ とおくと,

$\cos x\,dx = dt.$

x	$\frac{\pi}{3} \to \frac{\pi}{2}$
t	$\frac{\sqrt{3}}{2} \to 1$

$$\int_{\frac{\pi}{3}}^{\frac{\pi}{2}} \frac{\cos x}{\sin^2 x}\,dx = \int_{\frac{\sqrt{3}}{2}}^{1} \frac{1}{t^2}\,dt$$

$$= \left[-\frac{1}{t}\right]_{\frac{\sqrt{3}}{2}}^{1}$$

$$= -1 + \frac{2}{\sqrt{3}}$$

$$= -1 + \frac{2\sqrt{3}}{3}.$$

よって,

$$(\text{与式}) = \frac{\sqrt{3}}{3} - \left(-1 + \frac{2\sqrt{3}}{3}\right)$$

$$= 1 - \frac{\sqrt{3}}{3}.$$

[注1] $(\text{与式}) = \displaystyle\int_{\frac{\pi}{3}}^{\frac{\pi}{2}} \frac{1}{2\cos^2\frac{x}{2}}\,dx$

$$= \left[\tan\frac{x}{2}\right]_{\frac{\pi}{3}}^{\frac{\pi}{2}}$$

$$= \tan\frac{\pi}{4} - \tan\frac{\pi}{6}$$

$$= 1 - \frac{\sqrt{3}}{3}.$$

[注1終り]

[注2] $\tan\frac{x}{2} = t$ とおくと,

$$\cos x = \cos^2\frac{x}{2} - \sin^2\frac{x}{2}$$

$$= \frac{\cos^2\frac{x}{2} - \sin^2\frac{x}{2}}{\cos^2\frac{x}{2} + \sin^2\frac{x}{2}}$$

$$= \frac{1 - \frac{\sin^2\frac{x}{2}}{\cos^2\frac{x}{2}}}{1 + \frac{\sin^2\frac{x}{2}}{\cos^2\frac{x}{2}}}$$

$$= \frac{1-t^2}{1+t^2}.$$

$$\frac{dt}{dx} = \frac{1}{2\cos^2\frac{x}{2}} = \frac{1+\tan^2\frac{x}{2}}{2}$$

$$= \frac{1+t^2}{2}$$

より,

$dx = \dfrac{2}{1+t^2}\,dt.$

x	$\frac{\pi}{3} \to \frac{\pi}{2}$
t	$\frac{1}{\sqrt{3}} \to 1$

$$(\text{与式}) = \int_{\frac{1}{\sqrt{3}}}^{1} \frac{1}{1+\frac{1-t^2}{1+t^2}} \cdot \frac{2}{1+t^2}\,dt$$

$$= \int_{\frac{1}{\sqrt{3}}}^{1} dt$$

$$= \Big[t\Big]_{\frac{1}{\sqrt{3}}}^{1}$$

$$= 1 - \frac{1}{\sqrt{3}}$$

$$= 1 - \frac{\sqrt{3}}{3}.$$

[注2終り]

[注3] $((\sin^{-1}x)' = -\sin^{-2}x \cdot \cos x$ に注意して)

$$\int_{\frac{\pi}{3}}^{\frac{\pi}{2}} \frac{\cos x}{\sin^2 x}\,dx = \left[-\sin^{-1}x\right]_{\frac{\pi}{3}}^{\frac{\pi}{2}}$$

$$= -\frac{1}{\sin\frac{\pi}{2}} + \frac{1}{\sin\frac{\pi}{3}}$$

$$= -1 + \frac{2}{\sqrt{3}}$$

$$= -1 + \frac{2\sqrt{3}}{3}.$$

［注３終り］

3. $x=2\tan\theta\left(-\frac{\pi}{2}<\theta<\frac{\pi}{2}\right)$ とおくと，

$$dx=\frac{2}{\cos^2\theta}d\theta.$$

$$\sqrt{x^2+4}=\sqrt{4(1+\tan^2\theta)}=\frac{2}{\cos\theta}.$$

x	$0 \to 2$
θ	$0 \to \frac{\pi}{4}$

$$(与式)=\int_0^{\frac{\pi}{4}}\frac{4\tan\theta+1}{\frac{2}{\cos\theta}}\cdot\frac{2}{\cos^2\theta}d\theta$$

$$=\int_0^{\frac{\pi}{4}}\frac{4\tan\theta+1}{\cos\theta}d\theta$$

$$=\int_0^{\frac{\pi}{4}}\left(\frac{4\sin\theta}{\cos^2\theta}+\frac{1}{\cos\theta}\right)d\theta$$

$$=\left[\frac{4}{\cos\theta}\right]_0^{\frac{\pi}{4}}+\int_0^{\frac{\pi}{4}}\frac{\cos\theta}{1-\sin^2\theta}d\theta$$

$$=4(\sqrt{2}-1)+\int_0^{\frac{\pi}{4}}\frac{1}{2}\left(\frac{\cos\theta}{1-\sin\theta}+\frac{\cos\theta}{1+\sin\theta}\right)d\theta$$

$$=4(\sqrt{2}-1)+\frac{1}{2}\Big[-\log|1-\sin\theta|+\log|1+\sin\theta|\Big]_0^{\frac{\pi}{4}}$$

$$=4(\sqrt{2}-1)+\frac{1}{2}\log\frac{1+\frac{1}{\sqrt{2}}}{1-\frac{1}{\sqrt{2}}}$$

$$=4(\sqrt{2}-1)+\log(\sqrt{2}+1).$$

［**注**］ $(与式)=\int_0^2\frac{2x}{\sqrt{x^2+4}}dx+\int_0^2\frac{1}{\sqrt{x^2+4}}dx.$

$$\int_0^2\frac{2x}{\sqrt{x^2+4}}dx=\Big[2\sqrt{x^2+4}\Big]_0^2=2(2\sqrt{2}-2)=4(\sqrt{2}-1).$$

$x+\sqrt{x^2+4}=t$ とおくと，

$$\frac{dt}{dx}=1+\frac{x}{\sqrt{x^2+4}}=\frac{x+\sqrt{x^2+4}}{\sqrt{x^2+4}}=\frac{t}{\sqrt{x^2+4}}.$$

$$\frac{1}{t}dt=\frac{1}{\sqrt{x^2+4}}dx.$$

x	$0 \to 2$
t	$2 \to 2(1+\sqrt{2})$

$$\int_0^2\frac{1}{\sqrt{x^2+4}}dx=\int_2^{2(1+\sqrt{2})}\frac{1}{t}dt=\Big[\log|t|\Big]_2^{2(1+\sqrt{2})}=\log(1+\sqrt{2}).$$

$$(与式)=4(\sqrt{2}-1)+\log(1+\sqrt{2}).$$

［注終り］

4. $\sqrt{x-1}=t$ とおくと，

$$x=t^2+1.$$

$$dx=2t\,dt.$$

x	$\frac{4}{3} \to 2$
t	$\frac{1}{\sqrt{3}} \to 1$

$$(与式)=\int_{\frac{1}{\sqrt{3}}}^1\frac{1}{(t^2+1)^2\cdot t}\cdot 2t\,dt=\int_{\frac{1}{\sqrt{3}}}^1\frac{2}{(t^2+1)^2}dt.$$

$t=\tan\theta\left(-\frac{\pi}{2}<\theta<\frac{\pi}{2}\right)$ とおくと，

$$dt=\frac{1}{\cos^2\theta}d\theta.$$

$$t^2+1=\tan^2\theta+1=\frac{1}{\cos^2\theta}.$$

t	$\frac{1}{\sqrt{3}} \to 1$
θ	$\frac{\pi}{6} \to \frac{\pi}{4}$

$$(与式)=\int_{\frac{\pi}{6}}^{\frac{\pi}{4}}2\cos^4\theta\cdot\frac{1}{\cos^2\theta}d\theta$$

$$=\int_{\frac{\pi}{6}}^{\frac{\pi}{4}}2\cos^2\theta\,d\theta$$

$$=\int_{\frac{\pi}{6}}^{\frac{\pi}{4}}(1+\cos 2\theta)\,d\theta$$

$$=\left[\theta+\frac{1}{2}\sin 2\theta\right]_{\frac{\pi}{6}}^{\frac{\pi}{4}}$$

$$=\frac{\pi}{4}-\frac{\pi}{6}+\frac{1}{2}\left(1-\frac{\sqrt{3}}{2}\right)$$

$$=\frac{\pi}{12}+\frac{2-\sqrt{3}}{4}.$$

5. $x=\frac{1}{\sqrt{2}}\sin\theta\left(-\frac{\pi}{2}\leqq\theta\leqq\frac{\pi}{2}\right)$ とおくと，

$$dx=\frac{1}{\sqrt{2}}\cos\theta\,d\theta.$$

x	$0 \to \frac{1}{2}$
θ	$0 \to \frac{\pi}{4}$

$$\sqrt{1-2x^2}=\sqrt{1-\sin^2\theta}$$
$$=|\cos\theta|$$
$$=\cos\theta.$$

$$(\text{与式})=\int_0^{\frac{\pi}{4}}\left(\frac{1}{\sqrt{2}}\sin\theta+1\right)\cos\cdot\theta\frac{1}{\sqrt{2}}\cos\theta\,d\theta$$
$$=\int_0^{\frac{\pi}{4}}\left(\frac{1}{2}\sin\theta\cdot\cos^2\theta+\frac{1}{\sqrt{2}}\cos^2\theta\right)d\theta$$
$$=\int_0^{\frac{\pi}{4}}\frac{1}{2}\cos^2\theta\sin\theta\,d\theta+\frac{1}{\sqrt{2}}\int_0^{\frac{\pi}{4}}\frac{1+\cos 2\theta}{2}d\theta$$
$$=\left[-\frac{1}{6}\cos^3\theta\right]_0^{\frac{\pi}{4}}+\frac{1}{2\sqrt{2}}\left[\theta+\frac{1}{2}\sin 2\theta\right]_0^{\frac{\pi}{4}}$$
$$=-\frac{\sqrt{2}}{24}+\frac{1}{6}+\frac{1}{2\sqrt{2}}\left(\frac{\pi}{4}+\frac{1}{2}\right)$$
$$=\frac{\sqrt{2}}{16}\pi+\frac{\sqrt{2}}{12}+\frac{1}{6}.$$

積分 16（置換）

1. $t=\tan\theta\left(-\frac{\pi}{2}<\theta<\frac{\pi}{2}\right)$ とおくと，

$$dt=\frac{1}{\cos^2\theta}d\theta=(1+\tan^2\theta)\,d\theta.$$

$x=\tan\alpha\left(-\frac{\pi}{2}<\alpha<\frac{\pi}{2}\right)$ とすると，

t	$0\to x$
θ	$0\to\alpha$

$\frac{1}{x}=\tan\left(\frac{\pi}{2}-\alpha\right)$ より，

t	$0\to\frac{1}{x}$
θ	$0\to\frac{\pi}{2}-\alpha$

$$f(x)+f\left(\frac{1}{x}\right)$$
$$=\int_0^{\alpha}\frac{1}{\tan^2\theta+1}(1+\tan^2\theta)\,d\theta$$
$$+\int_0^{\frac{\pi}{2}-\alpha}\frac{1}{\tan^2\theta+1}(1+\tan^2\theta)\,d\theta$$
$$=\int_0^{\alpha}d\theta+\int_0^{\frac{\pi}{2}-\alpha}d\theta$$
$$=\Big[\theta\Big]_0^{\alpha}+\Big[\theta\Big]_0^{\frac{\pi}{2}-\alpha}$$
$$=\frac{\pi}{2}.$$

2. $x=\tan\theta\left(-\frac{\pi}{2}<\theta<\frac{\pi}{2}\right)$ とおくと，

$$dx=\frac{1}{\cos^2\theta}d\theta.$$

x	$0\to\sqrt{3}$
θ	$0\to\frac{\pi}{3}$

$$\frac{1}{1+x^2}=\frac{1}{1+\tan^2\theta}$$
$$=\cos^2\theta.$$

$$(\text{与式})=\int_0^{\frac{\pi}{3}}(\tan\theta\cdot\cos^2\theta)^2\cdot\frac{1}{\cos^2\theta}d\theta$$
$$=\int_0^{\frac{\pi}{3}}(\sin\theta\cdot\cos\theta)^2\cdot\frac{1}{\cos^2\theta}d\theta$$
$$=\int_0^{\frac{\pi}{3}}\sin^2\theta\,d\theta$$
$$=\int_0^{\frac{\pi}{3}}\frac{1}{2}(1-\cos 2\theta)\,d\theta$$
$$=\frac{1}{2}\left[\theta-\frac{1}{2}\sin 2\theta\right]_0^{\frac{\pi}{3}}$$
$$=\frac{1}{2}\left(\frac{\pi}{3}-\frac{\sqrt{3}}{4}\right)$$
$$=\frac{\pi}{6}-\frac{\sqrt{3}}{8}.$$

3. $\int_1^{2\sqrt{2}}\sqrt{1+\frac{1}{x^2}}\,dx=\int_1^{2\sqrt{2}}\frac{1}{x}\sqrt{1+x^2}\,dx.$

$\sqrt{1+x^2}=t$ とおくと，

$$x^2=t^2-1.$$
$$x=\sqrt{t^2-1}.$$

x	$1\to 2\sqrt{2}$
t	$\sqrt{2}\to 3$

$$dx=\frac{t}{\sqrt{t^2-1}}dt.$$

$$(\text{与式})=\int_{\sqrt{2}}^{3}\frac{1}{\sqrt{t^2-1}}\cdot t\cdot\frac{t}{\sqrt{t^2-1}}dt$$
$$=\int_{\sqrt{2}}^{3}\frac{t^2}{t^2-1}dt=\int_{\sqrt{2}}^{3}\left(1+\frac{1}{t^2-1}\right)dt$$
$$=\int_{\sqrt{2}}^{3}\left\{1+\frac{1}{2}\left(\frac{1}{t-1}-\frac{1}{t+1}\right)\right\}dt$$
$$=\left[t+\frac{1}{2}(\log|t-1|-\log|t+1|)\right]_{\sqrt{2}}^{3}$$

$$=3-\sqrt{2}+\frac{1}{2}\left(\log\frac{2}{4}-\log\frac{\sqrt{2}-1}{\sqrt{2}+1}\right)$$
$$=3-\sqrt{2}+\frac{1}{2}\{-\log 2-\log(\sqrt{2}-1)^2\}$$
$$=3-\sqrt{2}-\frac{1}{2}\log 2-\log(\sqrt{2}-1)$$
$$=3-\sqrt{2}-\{\log\sqrt{2}+\log(\sqrt{2}-1)\}$$
$$=3-\sqrt{2}-\log(2-\sqrt{2}).$$

4. $\displaystyle\int_1^2\frac{x^2}{\sqrt{4x-x^2}}\,dx=\int_1^2\frac{x^2}{\sqrt{4-(x-2)^2}}\,dx.$

$x-2=2\sin\theta\ \left(-\frac{\pi}{2}\leqq\theta\leqq\frac{\pi}{2}\right)$ とおくと，

$x=2(1+\sin\theta).$
$dx=2\cos\theta\,d\theta.$

x	$1\ \to\ 2$
θ	$-\frac{\pi}{6}\ \to\ 0$

$$\sqrt{4-(x-2)^2}=\sqrt{4(1-\sin^2\theta)}$$
$$=2|\cos\theta|=2\cos\theta.$$

$$(\text{与式})=\int_{-\frac{\pi}{6}}^0\frac{4(1+\sin\theta)^2}{2\cos\theta}\cdot2\cos\theta\,d\theta$$
$$=\int_{-\frac{\pi}{6}}^0 4(1+2\sin\theta+\sin^2\theta)\,d\theta$$
$$=\int_{-\frac{\pi}{6}}^0 4\left(1+2\sin\theta+\frac{1-\cos2\theta}{2}\right)d\theta$$
$$=4\left[\frac{3}{2}\theta-2\cos\theta-\frac{1}{4}\sin2\theta\right]_{-\frac{\pi}{6}}^0$$
$$=4\left(-2+\frac{\pi}{4}+\sqrt{3}-\frac{\sqrt{3}}{8}\right)$$
$$=\pi-8+\frac{7\sqrt{3}}{2}.$$

5. $\displaystyle(\text{与式})=\int_1^{\frac{1}{\cos\theta}}\sqrt{1-\frac{1}{x^2}}\,dx.$

$\dfrac{1}{x}=\cos t$ とおくと，$x=\dfrac{1}{\cos t}.$

$dx=\dfrac{\sin t}{\cos^2 t}\,dt,$

x	$1\ \to\ \frac{1}{\cos\theta}$
t	$0\ \to\ \theta$

$$(\text{与式})=\int_0^\theta\sqrt{1-\cos^2 t}\cdot\frac{\sin t}{\cos^2 t}\,dt$$
$$=\int_0^\theta\frac{\sin^2 t}{\cos^2 t}\,dt$$
$$=\int_0^\theta\tan^2 t\,dt$$
$$=\int_0^\theta\left(\frac{1}{\cos^2 t}-1\right)dt$$
$$=\Big[\tan t-t\Big]_0^\theta$$
$$=\tan\theta-\theta.$$

積分 17（置換）

1. $a-x=t$ とおくと，

$dx=-dt.$

x	$0\ \to\ a$
t	$a\ \to\ 0$

$$\int_0^a f(a-x)\,dx$$
$$=\int_a^0 f(t)(-dt)=\int_0^a f(t)\,dt$$
$$=\int_0^a f(x)\,dx.$$

よって，

$$\frac{1}{2}\int_0^a\{f(x)+f(a-x)\}\,dx$$
$$=\frac{1}{2}\int_0^a f(x)\,dx+\frac{1}{2}\int_0^a f(a-x)\,dx$$
$$=\frac{1}{2}\int_0^a f(x)\,dx+\frac{1}{2}\int_0^a f(x)\,dx$$
$$=\int_0^a f(x)\,dx.$$

［注］　$F'(x)=f(x)$ とすると，

$$F'(a-x)=-f(a-x).$$

$$\frac{1}{2}\int_0^a\{f(x)+f(a-x)\}\,dx$$
$$=\frac{1}{2}\Big[F(x)-F(a-x)\Big]_0^a$$
$$=\frac{1}{2}\{F(a)-F(0)-F(0)+F(a)\}$$
$$=F(a)-F(0)$$
$$=\int_0^a f(x)\,dx.$$

［注終り］

2. $\displaystyle I=\int_0^\pi xf(x)\,dx$ とすると，

$f(x)=f(\pi-x)$ より，

$$I=\int_0^{\pi} xf(\pi-x)\,dx.$$

x	$0\to\pi$
t	$\pi\to 0$

$\pi-x=t$ とおくと，$x=\pi-t.$

$$dx=-dt.$$

$$I=\int_{\pi}^{0}(\pi-t)f(t)(-dt)$$
$$=\int_0^{\pi}\{\pi f(t)-tf(t)\}\,dt$$
$$=\pi\int_0^{\pi}f(t)\,dt-\int_0^{\pi}tf(t)\,dt$$
$$=\pi\int_0^{\pi}f(x)\,dx-I.$$
$$2I=\pi\int_0^{\pi}f(x)\,dx.$$

よって，

$$(\text{左辺})=I=\frac{\pi}{2}\int_0^{\pi}f(x)\,dx.$$

［**注**］ **演習1**の等式を用いると，

$$\int_0^{\pi}xf(x)\,dx$$
$$=\frac{1}{2}\int_0^{\pi}\{xf(x)+(\pi-x)f(\pi-x)\}\,dx$$
$$=\frac{1}{2}\int_0^{\pi}\{xf(x)+(\pi-x)f(x)\}\,dx$$

$(f(\pi-x)=f(x)$ より$)$

$$=\frac{\pi}{2}\int_0^{\pi}f(x)\,dx.$$

［注終り］

3. **演習1**の式を用いると，

$$\int_0^{\frac{\pi}{2}}\frac{\cos^3 x}{\sin x+\cos x}\,dx$$
$$=\frac{1}{2}\int_0^{\frac{\pi}{2}}\left\{\frac{\cos^3 x}{\sin x+\cos x}+\frac{\cos^3\left(\frac{\pi}{2}-x\right)}{\sin\left(\frac{\pi}{2}-x\right)+\cos\left(\frac{\pi}{2}-x\right)}\right\}dx$$
$$=\frac{1}{2}\int_0^{\frac{\pi}{2}}\left(\frac{\cos^3 x}{\sin x+\cos x}+\frac{\sin^3 x}{\cos x+\sin x}\right)dx$$
$$=\frac{1}{2}\int_0^{\frac{\pi}{2}}\frac{(\sin x+\cos x)(\sin^2 x-\sin x\cos x+\cos^2 x)}{\sin x+\cos x}\,dx$$
$$=\frac{1}{2}\int_0^{\frac{\pi}{2}}(1-\sin x\cos x)\,dx$$
$$=\frac{1}{2}\left[x-\frac{1}{2}\sin^2 x\right]_0^{\frac{\pi}{2}}$$
$$=\frac{1}{2}\left(\frac{\pi}{2}-\frac{1}{2}\right)=\frac{\pi-1}{4}.$$

4. $f(x)=\dfrac{\sin^3 x}{4-\cos^2 x}$ とおくと，

$$f(\pi-x)=\frac{\sin^3(\pi-x)}{4-\cos^2(\pi-x)}$$
$$=\frac{\sin^3 x}{4-\cos^2 x}$$
$$=f(x).$$

演習2の式を用いると，

$$(\text{与式})=\frac{\pi}{2}\int_0^{\pi}\frac{\sin^3 x}{4-\cos^2 x}\,dx$$
$$=\frac{\pi}{2}\int_0^{\pi}\frac{(1-\cos^2 x)\sin x}{4-\cos^2 x}\,dx.$$

$\cos x=t$ とおくと，

$$-\sin x\,dx=dt.$$

x	$0\to\pi$
t	$1\to -1$

$$(\text{与式})=\frac{\pi}{2}\int_1^{-1}\frac{1-t^2}{4-t^2}(-dt)$$
$$=\frac{\pi}{2}\int_{-1}^{1}\frac{1-t^2}{4-t^2}\,dt$$
$$=\pi\int_0^{1}\frac{1-t^2}{4-t^2}\,dt$$
$$=\pi\int_0^{1}\left(1-\frac{3}{4-t^2}\right)dt$$
$$=\pi\int_0^{1}\left\{1-\frac{3}{(2+t)(2-t)}\right\}dt$$
$$=\pi\int_0^{1}\left\{1-\frac{3}{4}\left(\frac{1}{2+t}+\frac{1}{2-t}\right)\right\}dt$$
$$=\pi\left[t-\frac{3}{4}(\log|2+t|-\log|2-t|)\right]_0^{1}$$
$$=\pi\left(1-\frac{3}{4}\log 3\right).$$

5. $$\int_{-1}^{1}\frac{x^2}{1+e^{-x}}\,dx=\int_{-1}^{0}\frac{x^2}{1+e^{-x}}\,dx+\int_0^{1}\frac{x^2}{1+e^{-x}}\,dx.$$

$-x=t$ とおくと，

$$dx=-dt.$$

x	$-1\to 0$
t	$1\to 0$

$$\int_{-1}^{0}\frac{x^2}{1+e^{-x}}\,dx=\int_1^{0}\frac{(-t)^2}{1+e^{t}}(-dt)$$

$$=\int_0^1 \frac{t^2}{1+e^t}\,dt$$

$$=\int_0^1 \frac{x^2}{1+e^x}\,dx.$$

$$(\text{与式})=\int_0^1\left(\frac{x^2}{1+e^x}+\frac{x^2}{1+e^{-x}}\right)dx$$

$$=\int_0^1 \frac{x^2(1+e^x+1+e^{-x})}{(1+e^x)(1+e^{-x})}\,dx$$

$$=\int_0^1 \frac{x^2(2+e^x+e^{-x})}{2+e^x+e^{-x}}\,dx$$

$$=\int_0^1 x^2\,dx$$

$$=\left[\frac{x^3}{3}\right]_0^1=\frac{1}{3}.$$

［注］ **演習 1** の解答と同様にして，

$$\int_a^b f(x)\,dx=\frac{1}{2}\int_a^b\{f(x)+f(a+b-x)\}\,dx$$

が成り立つことが示せる．これを用いると，

$$\int_{-1}^1 \frac{x^2}{1+e^{-x}}\,dx$$

$$=\frac{1}{2}\int_{-1}^1\left\{\frac{x^2}{1+e^{-x}}+\frac{(1-1-x)^2}{1+e^{-(1-1-x)}}\right\}dx$$

$$=\frac{1}{2}\int_{-1}^1\left(\frac{x^2}{1+e^{-x}}+\frac{x^2}{1+e^x}\right)dx$$

$$=\frac{1}{2}\int_{-1}^1 \frac{x^2(1+e^x+1+e^{-x})}{(1+e^{-x})(1+e^x)}\,dx$$

$$=\frac{1}{2}\int_{-1}^1 \frac{x^2(2+e^x+e^{-x})}{2+e^x+e^{-x}}\,dx$$

$$=\frac{1}{2}\int_{-1}^1 x^2\,dx$$

$$=\int_0^1 x^2\,dx$$

$$=\frac{1}{3}.$$

［注終り］

積分 18（漸化式）

1.

$$I_n+I_{n+1}=\int_0^1\left(\frac{x^n}{1+x}+\frac{x^{n+1}}{1+x}\right)dx$$

$$=\int_0^1 \frac{x^n(1+x)}{1+x}\,dx$$

$$=\int_0^1 x^n\,dx=\left[\frac{1}{n+1}x^{n+1}\right]_0^1$$

$$=\frac{1}{n+1}.$$

2.

$$I_n+I_{n+1}=\int_0^1\left(\frac{x^{2n}}{x^2+1}+\frac{x^{2(n+1)}}{x^2+1}\right)dx$$

$$=\int_0^1 \frac{x^{2n}(x^2+1)}{x^2+1}\,dx$$

$$=\int_0^1 x^{2n}\,dx$$

$$=\left[\frac{1}{2n+1}x^{2n+1}\right]_0^1$$

$$=\frac{1}{2n+1}.$$

3.

$$I_k+I_{k+2}=\int_0^{\frac{\pi}{4}}(\tan^k x+\tan^{k+2}x)\,dx$$

$$=\int_0^{\frac{\pi}{4}}\tan^k x(1+\tan^2 x)\,dx$$

$$=\int_0^{\frac{\pi}{4}}\tan^k x\cdot\frac{1}{\cos^2 x}\,dx$$

$$=\left[\frac{1}{k+1}\tan^{k+1}x\right]_0^{\frac{\pi}{4}}$$

$$=\frac{1}{k+1}.$$

4.

$$I_{n+1}-I_{n-1}$$

$$=\int_a^{\frac{\pi}{2}}\frac{\sin(n+1)x-\sin(n-1)x}{\sin x}\,dx$$

$$=\int_a^{\frac{\pi}{2}}\frac{2\cos nx\sin x}{\sin x}\,dx$$

$$=\int_a^{\frac{\pi}{2}}2\cos nx\,dx$$

$$=\left[\frac{2}{n}\sin nx\right]_a^{\frac{\pi}{2}}$$

$$=\frac{2}{n}\left(\sin\frac{n\pi}{2}-\sin na\right).$$

よって，

$$\lim_{a\to+0}(I_{n+1}-I_{n-1})=\frac{2}{n}\sin\frac{n\pi}{2}.$$

5.

$$I_{n+1}=\int_{n\pi}^{(n+1)\pi}e^{-x}|\sin x|\,dx.$$

$x-\pi=t$ とおくと，

$dx=dt.$

x	$n\pi \to (n+1)\pi$
t	$(n-1)\pi \to n\pi$

$$e^{-x}=e^{-\pi-t}=e^{-\pi}\cdot e^{-t}.$$

$$|\sin x|=|\sin(\pi+t)|=|\sin t|.$$

よって，

$$\begin{aligned}I_{n+1}&=\int_{(n-1)\pi}^{n\pi}e^{-\pi}\cdot e^{-t}|\sin t|\,dt\\&=e^{-\pi}\int_{(n-1)\pi}^{n\pi}e^{-t}|\sin t|\,dt\\&=e^{-\pi}I_n.\end{aligned}$$

積分 19（部分積分）

1. $$\begin{aligned}\int xe^x\,dx&=\int x(e^x)'\,dx\\&=xe^x-\int e^x\,dx\\&=xe^x-e^x+C\\&=(x-1)e^x+C.\ (C:\text{定数})\end{aligned}$$

2. $\int x\cos x\,dx$

$$\begin{aligned}&=\int x(\sin x)'\,dx\\&=x\sin x-\int\sin x\,dx\\&=x\sin x+\cos x+C.\ (C:\text{定数})\end{aligned}$$

3. $\int x\log x\,dx$

$$\begin{aligned}&=\int\left(\frac{x^2}{2}\right)'\log x\,dx\\&=\frac{x^2}{2}\log x-\int\frac{x^2}{2}\cdot\frac{1}{x}\,dx\\&=\frac{x^2}{2}\log x-\int\frac{x}{2}\,dx\\&=\frac{x^2}{2}\log x-\frac{x^2}{4}+C.\ (C:\text{定数})\end{aligned}$$

4. $\int x\sin x\,dx$

$$\begin{aligned}&=\int x(-\cos x)'\,dx\\&=x(-\cos x)-\int(-\cos x)\,dx\\&=-x\cos x+\sin x+C.\ (C:\text{定数})\end{aligned}$$

5. $\int\log x\,dx$

$$\begin{aligned}&=\int(x)'\log x\,dx\\&=x\log x-\int x\cdot\frac{1}{x}\,dx\\&=x\log x-\int dx\\&=x\log x-x+C.\ (C:\text{定数})\end{aligned}$$

積分 20（部分積分）

1. $$\begin{aligned}\int_0^1 xe^{-x}\,dx&=\int_0^1 x(-e^{-x})'\,dx\\&=\Big[x(-e^{-x})\Big]_0^1-\int_0^1(-e^{-x})\,dx\\&=-e^{-1}-\Big[e^{-x}\Big]_0^1\\&=-e^{-1}-e^{-1}+1=1-\frac{2}{e}.\end{aligned}$$

2. $$\begin{aligned}(\text{与式})&=\int_0^\pi x\left(-\frac{1}{2}\cos 2x\right)'dx\\&=\left[x\left(-\frac{1}{2}\cos 2x\right)\right]_0^\pi\\&\qquad-\int_0^\pi\left(-\frac{1}{2}\cos 2x\right)dx\\&=-\frac{\pi}{2}+\frac{1}{2}\int_0^\pi\cos 2x\,dx\\&=-\frac{\pi}{2}+\frac{1}{2}\left[\frac{1}{2}\sin 2x\right]_0^\pi\\&=-\frac{\pi}{2}.\end{aligned}$$

3. $\int_1^e x^2\log x\,dx$

$$\begin{aligned}&=\int_1^e\left(\frac{x^3}{3}\right)'\log x\,dx\\&=\left[\frac{x^3}{3}\log x\right]_1^e-\int_1^e\frac{x^3}{3}\cdot\frac{1}{x}\,dx\\&=\frac{e^3}{3}-\left[\frac{x^3}{9}\right]_1^e\end{aligned}$$

$$= \frac{e^3}{3} - \left(\frac{e^3}{9} - \frac{1}{9}\right) = \frac{1}{9}(2e^3+1).$$

4. $$\int_0^1 xe^{2x}\,dx = \int_0^1 x\left(\frac{1}{2}e^{2x}\right)'dx$$
$$= \left[x\cdot\frac{1}{2}e^{2x}\right]_0^1 - \int_0^1 \frac{1}{2}e^{2x}\,dx$$
$$= \frac{e^2}{2} - \left[\frac{1}{4}e^{2x}\right]_0^1$$
$$= \frac{e^2}{2} - \frac{1}{4}(e^2-1) = \frac{1}{4}(e^2+1).$$

5. $$\int_0^\pi x\cos\frac{x}{2}\,dx$$
$$= \int_0^\pi x\left(2\sin\frac{x}{2}\right)'dx$$
$$= \left[x\cdot 2\sin\frac{x}{2}\right]_0^\pi - \int_0^\pi 2\sin\frac{x}{2}\,dx$$
$$= 2\pi - \left[-4\cos\frac{x}{2}\right]_0^\pi$$
$$= 2\pi - 4.$$

積分 21（部分積分）

1. $$\int_0^1 x^2\log(x+1)\,dx$$
$$= \int_0^1 \left(\frac{x^3+1}{3}\right)'\log(x+1)\,dx$$
$$= \left[\frac{x^3+1}{3}\log(x+1)\right]_0^1 - \int_0^1 \frac{x^3+1}{3}\cdot\frac{1}{x+1}\,dx$$
$$= \frac{2}{3}\log 2 - \int_0^1 \frac{1}{3}(x^2-x+1)\,dx$$
$$= \frac{2}{3}\log 2 - \frac{1}{3}\left[\frac{x^3}{3} - \frac{x^2}{2} + x\right]_0^1$$
$$= \frac{2}{3}\log 2 - \frac{5}{18}.$$

［注］ $$\int_0^1 x^2\log(x+1)\,dx$$
$$= \int_0^1 \left(\frac{x^3}{3}\right)'\log(x+1)\,dx$$
$$= \left[\frac{x^3}{3}\log(x+1)\right]_0^1 - \int_0^1 \frac{x^3}{3}\cdot\frac{1}{x+1}\,dx$$
$$= \frac{1}{3}\log 2 - \int_0^1 \frac{1}{3}\left(x^2-x+1-\frac{1}{x+1}\right)dx$$
$$= \frac{1}{3}\log 2 - \frac{1}{3}\left[\frac{x^3}{3} - \frac{x^2}{2} + x - \log(1+x)\right]_0^1$$
$$= \frac{1}{3}\log 2 - \frac{1}{3}\left(\frac{5}{6} - \log 2\right)$$
$$= \frac{2}{3}\log 2 - \frac{5}{18}.$$

［注終り］

2. $$\int_0^\pi (\pi - x)\sin 3x\,dx$$
$$= \int_0^\pi (\pi - x)\left(-\frac{1}{3}\cos 3x\right)'dx$$
$$= \left[(\pi - x)\left(-\frac{1}{3}\cos 3x\right)\right]_0^\pi - \int_0^\pi \frac{1}{3}\cos 3x\,dx$$
$$= \frac{\pi}{3} - \left[\frac{1}{9}\sin 3x\right]_0^\pi$$
$$= \frac{\pi}{3}.$$

3. $$\int_1^e \frac{\log x}{x^2}\,dx$$
$$= \int_1^e \left(-\frac{1}{x}\right)'\log x\,dx$$
$$= \left[-\frac{1}{x}\log x\right]_1^e - \int_1^e \left(-\frac{1}{x}\right)\frac{1}{x}\,dx$$
$$= -\frac{1}{e} - \left[\frac{1}{x}\right]_1^e$$
$$= -\frac{1}{e} - \left(\frac{1}{e} - 1\right)$$
$$= 1 - \frac{2}{e}.$$

4. $$\int_{-1}^1 (1+x)e^{-x}\,dx$$
$$= \int_{-1}^1 (1+x)(-e^{-x})'\,dx$$
$$= \left[(1+x)(-e^{-x})\right]_{-1}^1 - \int_{-1}^1 (-e^{-x})\,dx$$
$$= -2e^{-1} - \left[e^{-x}\right]_{-1}^1$$
$$= -2e^{-1} - (e^{-1} - e)$$
$$= e - \frac{3}{e}.$$

5. $$\int_0^1 x2^x\,dx = \int_0^1 x\left(\frac{2^x}{\log 2}\right)'dx$$

$$=\left[x\frac{2^x}{\log 2}\right]_0^1-\int_0^1\frac{2^x}{\log 2}dx$$
$$=\frac{2}{\log 2}-\left[\frac{2^x}{(\log 2)^2}\right]_0^1$$
$$=\frac{2}{\log 2}-\left\{\frac{2}{(\log 2)^2}-\frac{1}{(\log 2)^2}\right\}$$
$$=\frac{2}{\log 2}-\frac{1}{(\log 2)^2}.$$

積分 22（部分積分）

1. $\displaystyle\int_0^{\frac{\pi}{2}}x\cos^2 x\,dx$

$$=\int_0^{\frac{\pi}{2}}x\cdot\frac{1+\cos 2x}{2}dx$$
$$=\int_0^{\frac{\pi}{2}}\frac{x}{2}dx+\int_0^{\frac{\pi}{2}}\frac{x}{2}\cos 2x\,dx$$
$$=\left[\frac{x^2}{4}\right]_0^{\frac{\pi}{2}}+\int_0^{\frac{\pi}{2}}x\left(\frac{1}{4}\sin 2x\right)'dx$$
$$=\frac{\pi^2}{16}+\left[x\cdot\frac{1}{4}\sin 2x\right]_0^{\frac{\pi}{2}}-\int_0^{\frac{\pi}{2}}\frac{1}{4}\sin 2x\,dx$$
$$=\frac{\pi^2}{16}-\left[-\frac{1}{8}\cos 2x\right]_0^{\frac{\pi}{2}}$$
$$=\frac{\pi^2}{16}-\frac{1}{4}.$$

2. $x^2=t$ とおくと，

$$2x\,dx=dt.$$
$$x\,dx=\frac{1}{2}dt.$$

x	$0\to 1$
t	$0\to 1$

$$\int_0^1 x^3e^{x^2}dx=\int_0^1 te^t\cdot\frac{1}{2}dt=\int_0^1\frac{t}{2}(e^t)'dt$$
$$=\left[\frac{t}{2}e^t\right]_0^1-\int_0^1\frac{1}{2}e^t dt$$
$$=\frac{e}{2}-\left[\frac{1}{2}e^t\right]_0^1$$
$$=\frac{e}{2}-\frac{1}{2}(e-1)=\frac{1}{2}.$$

3. $x^2=t$ とおくと，

$$2x\,dx=dt.$$
$$x\,dx=\frac{1}{2}dt.$$

x	$0\to\sqrt{\frac{\pi}{4}}$
t	$0\to\frac{\pi}{4}$

$$(\text{与式})=\int_0^{\frac{\pi}{4}}(t\sin t)\cdot\frac{1}{2}dt=\int_0^{\frac{\pi}{4}}\frac{t}{2}(-\cos t)'dt$$
$$=\left[\frac{t}{2}(-\cos t)\right]_0^{\frac{\pi}{4}}-\int_0^{\frac{\pi}{4}}\left(-\frac{1}{2}\cos t\right)dt$$
$$=-\frac{\sqrt{2}}{16}\pi+\frac{1}{2}\Big[\sin t\Big]_0^{\frac{\pi}{4}}$$
$$=-\frac{\sqrt{2}}{16}\pi+\frac{\sqrt{2}}{4}.$$

4. $\displaystyle\int_0^1\log(x^2+1)\,dx$

$$=\int_0^1(x)'\log(x^2+1)\,dx$$
$$=\Big[x\log(x^2+1)\Big]_0^1-\int_0^1 x\cdot\frac{2x}{x^2+1}dx$$
$$=\log 2-\int_0^1 2\left(1-\frac{1}{x^2+1}\right)dx$$
$$=\log 2-\int_0^1 2\,dx+2\int_0^1\frac{1}{x^2+1}dx.$$

$x=\tan\theta\ \left(-\frac{\pi}{2}<\theta<\frac{\pi}{2}\right)$ とおくと，

$$dx=\frac{1}{\cos^2\theta}d\theta$$
$$=(1+\tan^2\theta)\,d\theta.$$

x	$0\to 1$
θ	$0\to\frac{\pi}{4}$

$$\int_0^1\frac{1}{x^2+1}dx=\int_0^{\frac{\pi}{4}}d\theta$$
$$=\frac{\pi}{4}.$$

よって，

$$(\text{与式})=\log 2-2+\frac{\pi}{2}.$$

5. $\sqrt{t}=u$ とおくと，

$$t=u^2.$$
$$dt=2u\,du.$$

t	$0\to x^2$
u	$0\to x$

$$(\text{与式})=\int_0^x\sin(u+a)\cdot 2u\,du$$
$$=\int_0^x 2u\{-\cos(u+a)\}'du$$
$$=\Big[2u\{-\cos(u+a)\}\Big]_0^x-\int_0^x\{-2\cos(u+a)\}du$$
$$=-2x\cos(x+a)$$

$$+2\Big[\sin(u+a)\Big]_0^x$$
$$=-2x\cos(x+a)+2\sin(x+a)-2\sin a.$$

積分 23（部分積分）

1. $\displaystyle\int_0^1\frac{1}{(2+x)^2}\log(1+2x)\,dx$

$$=\int_0^1\left(-\frac{1}{2+x}\right)'\log(1+2x)\,dx$$
$$=\left[-\frac{1}{2+x}\log(1+2x)\right]_0^1-\int_0^1\left(-\frac{1}{2+x}\right)\frac{2}{1+2x}dx$$
$$=-\frac{1}{3}\log 3+\int_0^1\frac{2}{(x+2)(2x+1)}dx$$
$$=-\frac{1}{3}\log 3+\int_0^1\frac{2}{3}\left(\frac{2}{2x+1}-\frac{1}{x+2}\right)dx$$
$$=-\frac{1}{3}\log 3+\frac{2}{3}\Big[\log(2x+1)-\log(x+2)\Big]_0^1$$
$$=-\frac{1}{3}\log 3+\frac{2}{3}\log 2.$$

2. $\displaystyle\int_0^{\frac{\pi}{4}}\frac{x}{\cos^2 x}dx=\int_0^{\frac{\pi}{4}}x(\tan x)'\,dx$

$$=\Big[x\tan x\Big]_0^{\frac{\pi}{4}}-\int_0^{\frac{\pi}{4}}\tan x\,dx$$
$$=\frac{\pi}{4}-\Big[-\log|\cos x|\Big]_0^{\frac{\pi}{4}}$$
$$=\frac{\pi}{4}+\log\frac{1}{\sqrt{2}}$$
$$=\frac{\pi}{4}-\frac{1}{2}\log 2.$$

3. $\displaystyle\int_0^{\frac{\pi}{2}}x\sin^3 x\,dx$

$$=\int_0^{\frac{\pi}{2}}x(1-\cos^2 x)\sin x\,dx$$
$$=\int_0^{\frac{\pi}{2}}x\left(-\cos x+\frac{1}{3}\cos^3 x\right)'dx$$
$$=\left[x\left(-\cos x+\frac{1}{3}\cos^3 x\right)\right]_0^{\frac{\pi}{2}}-\int_0^{\frac{\pi}{2}}\left(-\cos x+\frac{1}{3}\cos^3 x\right)dx$$
$$=\int_0^{\frac{\pi}{2}}\cos x\,dx-\frac{1}{3}\int_0^{\frac{\pi}{2}}(1-\sin^2 x)\cos x\,dx$$
$$=\Big[\sin x\Big]_0^{\frac{\pi}{2}}-\frac{1}{3}\left[\sin x-\frac{1}{3}\sin^3 x\right]_0^{\frac{\pi}{2}}$$
$$=1-\frac{1}{3}\left(1-\frac{1}{3}\right)=\frac{7}{9}.$$

［注］ $\sin 3x=3\sin x-4\sin^3 x$ より，

$$\sin^3 x=\frac{1}{4}(3\sin x-\sin 3x).$$

$$(与式)=\int_0^{\frac{\pi}{2}}x\cdot\frac{1}{4}(3\sin x-\sin 3x)\,dx$$
$$=\int_0^{\frac{\pi}{2}}\frac{x}{4}\left(-3\cos x+\frac{1}{3}\cos 3x\right)'dx$$
$$=\left[\frac{x}{4}\left(-3\cos x+\frac{1}{3}\cos 3x\right)\right]_0^{\frac{\pi}{2}}-\int_0^{\frac{\pi}{2}}\frac{1}{4}\left(-3\cos x+\frac{1}{3}\cos 3x\right)dx$$
$$=-\frac{1}{4}\left[-3\sin x+\frac{1}{9}\sin 3x\right]_0^{\frac{\pi}{2}}$$
$$=-\frac{1}{4}\left(-3-\frac{1}{9}\right)$$
$$=\frac{7}{9}.$$

［注終り］

4. $\displaystyle\int_0^{\frac{1}{\sqrt{2}}}\log\frac{1-x}{1+x}dx$

$$=\int_0^{\frac{1}{\sqrt{2}}}\{\log(1-x)-\log(1+x)\}\,dx$$
$$=\int_0^{\frac{1}{\sqrt{2}}}\log(1-x)\,dx-\int_0^{\frac{1}{\sqrt{2}}}\log(1+x)\,dx.$$

$$\int_0^{\frac{1}{\sqrt{2}}}\log(1-x)\,dx$$
$$=\int_0^{\frac{1}{\sqrt{2}}}\{-(1-x)\}'\log(1-x)\,dx$$
$$=\Big[-(1-x)\log(1-x)\Big]_0^{\frac{1}{\sqrt{2}}}-\int_0^{\frac{1}{\sqrt{2}}}\{-(1-x)\}\frac{-1}{1-x}dx$$
$$=-\left(1-\frac{1}{\sqrt{2}}\right)\log\left(1-\frac{1}{\sqrt{2}}\right)-\int_0^{\frac{1}{\sqrt{2}}}dx$$
$$=\left(\frac{1}{\sqrt{2}}-1\right)\log\left(1-\frac{1}{\sqrt{2}}\right)-\frac{1}{\sqrt{2}}.$$

$$\int_0^{\frac{1}{\sqrt{2}}}\log(1+x)\,dx$$

$$=\int_0^{\frac{1}{\sqrt{2}}}(1+x)'\log(1+x)\,dx$$

$$=\Big[(1+x)\log(1+x)\Big]_0^{\frac{1}{\sqrt{2}}}-\int_0^{\frac{1}{\sqrt{2}}}(1+x)\frac{1}{1+x}\,dx$$

$$=\left(1+\frac{1}{\sqrt{2}}\right)\log\left(1+\frac{1}{\sqrt{2}}\right)-\int_0^{\frac{1}{\sqrt{2}}}dx$$

$$=\left(1+\frac{1}{\sqrt{2}}\right)\log\left(1+\frac{1}{\sqrt{2}}\right)-\frac{1}{\sqrt{2}}.$$

$$(\text{与式})=\left(\frac{1}{\sqrt{2}}-1\right)\log\left(1-\frac{1}{\sqrt{2}}\right)-\frac{1}{\sqrt{2}}$$
$$-\left\{\left(1+\frac{1}{\sqrt{2}}\right)\log\left(1+\frac{1}{\sqrt{2}}\right)-\frac{1}{\sqrt{2}}\right\}$$
$$=\frac{1}{\sqrt{2}}\left\{\log\left(1-\frac{1}{\sqrt{2}}\right)-\log\left(1+\frac{1}{\sqrt{2}}\right)\right\}$$
$$-\left\{\log\left(1-\frac{1}{\sqrt{2}}\right)+\log\left(1+\frac{1}{\sqrt{2}}\right)\right\}$$
$$=\frac{1}{\sqrt{2}}\log\frac{1-\frac{1}{\sqrt{2}}}{1+\frac{1}{\sqrt{2}}}-\log\left(1-\frac{1}{\sqrt{2}}\right)\left(1+\frac{1}{\sqrt{2}}\right)$$
$$=\frac{1}{\sqrt{2}}\log\frac{\sqrt{2}-1}{\sqrt{2}+1}-\log\frac{1}{2}$$
$$=\frac{1}{\sqrt{2}}\log(\sqrt{2}-1)^2+\log 2$$
$$=\sqrt{2}\log(\sqrt{2}-1)+\log 2.$$

［注］

$$(\text{与式})=\int_0^{\frac{1}{\sqrt{2}}}(1+x)'\log\frac{1-x}{1+x}\,dx$$

$$=\left[(1+x)\log\frac{1-x}{1+x}\right]_0^{\frac{1}{\sqrt{2}}}$$
$$-\int_0^{\frac{1}{\sqrt{2}}}(1+x)\cdot\frac{\frac{-(1+x)-(1-x)}{(1+x)^2}}{\frac{1-x}{1+x}}\,dx$$

$$=\left(1+\frac{1}{\sqrt{2}}\right)\log\frac{1-\frac{1}{\sqrt{2}}}{1+\frac{1}{\sqrt{2}}}-\int_0^{\frac{1}{\sqrt{2}}}\frac{-2}{1-x}\,dx$$

$$=\left(1+\frac{1}{\sqrt{2}}\right)\log\frac{\sqrt{2}-1}{\sqrt{2}+1}+2\Big[-\log(1-x)\Big]_0^{\frac{1}{\sqrt{2}}}$$

$$=\left(1+\frac{1}{\sqrt{2}}\right)\log(\sqrt{2}-1)^2-2\log\left(1-\frac{1}{\sqrt{2}}\right)$$

$$=(2+\sqrt{2})\log(\sqrt{2}-1)-2\{\log(\sqrt{2}-1)-\log\sqrt{2}\}$$
$$=\sqrt{2}\log(\sqrt{2}-1)+2\log\sqrt{2}$$
$$=\sqrt{2}\log(\sqrt{2}-1)+\log 2.$$

［注終り］

5. $\displaystyle\int_1^2\log(x+\sqrt{x^2-1})\,dx$

$$=\int_1^2(x)'\log(x+\sqrt{x^2-1})\,dx$$

$$=\Big[x\log(x+\sqrt{x^2-1})\Big]_1^2-\int_1^2 x\cdot\frac{1+\frac{2x}{2\sqrt{x^2-1}}}{x+\sqrt{x^2-1}}\,dx$$

$$=2\log(2+\sqrt{3})-\int_1^2\frac{x}{\sqrt{x^2-1}}\,dx$$

$$=2\log(2+\sqrt{3})-\Big[\sqrt{x^2-1}\Big]_1^2$$

$$=2\log(2+\sqrt{3})-\sqrt{3}.$$

積分 24（部分積分 2 回）

1. $\displaystyle\int_0^2 x^2e^x\,dx=\int_0^2 x^2(e^x)'\,dx$

$$=\Big[x^2e^x\Big]_0^2-\int_0^2 2xe^x\,dx$$
$$=4e^2-\int_0^2 2x(e^x)'\,dx$$
$$=4e^2-\left\{\Big[2xe^x\Big]_0^2-\int_0^2 2e^x\,dx\right\}$$
$$=4e^2-4e^2+\Big[2e^x\Big]_0^2$$
$$=2(e^2-1).$$

2. $\displaystyle\int_0^{\frac{\pi}{2}}x^2\cos x\,dx$

$$=\int_0^{\frac{\pi}{2}}x^2(\sin x)'\,dx$$

$$=\Big[x^2\sin x\Big]_0^{\frac{\pi}{2}}-\int_0^{\frac{\pi}{2}}2x\sin x\,dx$$

$$=\frac{\pi^2}{4}-\int_0^{\frac{\pi}{2}}2x(-\cos x)'\,dx$$

$$=\frac{\pi^2}{4}-\left\{\Big[2x(-\cos x)\Big]_0^{\frac{\pi}{2}}-\int_0^{\frac{\pi}{2}}2(-\cos x)\,dx\right\}$$

$$=\frac{\pi^2}{4}-2\int_0^{\frac{\pi}{2}}\cos x\,dx$$

$$=\frac{\pi^2}{4}-2\Big[\sin x\Big]_0^{\frac{\pi}{2}}$$

$$=\frac{\pi^2}{4}-2.$$

3. $\displaystyle\int_1^e(\log x)^2\,dx$

$$=\int_1^e(x)'(\log x)^2\,dx$$

$$=\Big[x(\log x)^2\Big]_1^e-\int_1^e x\cdot 2\log x\cdot\frac{1}{x}\,dx$$

$$=e-2\int_1^e(x)'\log x\,dx$$

$$=e-2\left\{\Big[x\log x\Big]_1^e-\int_1^e x\cdot\frac{1}{x}\,dx\right\}$$

$$=e-2\left(e-\Big[x\Big]_1^e\right)$$

$$=e-2.$$

4. $\displaystyle\int_{-\pi}^{\pi}x^2\cos nx\,dx=2\int_0^{\pi}x^2\left(\frac{1}{n}\sin nx\right)'dx$

$$=2\left\{\left[x^2\cdot\frac{1}{n}\sin nx\right]_0^{\pi}-\int_0^{\pi}2x\cdot\frac{1}{n}\sin nx\,dx\right\}$$

$$=-\frac{4}{n}\int_0^{\pi}x\sin nx\,dx$$

$$=-\frac{4}{n}\int_0^{\pi}x\left(-\frac{1}{n}\cos nx\right)'dx$$

$$=-\frac{4}{n}\left\{\left[x\left(-\frac{1}{n}\cos nx\right)\right]_0^{\pi}-\int_0^{\pi}\left(-\frac{1}{n}\cos nx\right)dx\right\}$$

$$=-\frac{4}{n}\left\{-\frac{\pi}{n}(-1)^n+\left[\frac{1}{n^2}\sin nx\right]_0^{\pi}\right\}$$

$$=\frac{4\pi}{n^2}(-1)^n.$$

5. $\displaystyle\int_0^{\pi}x^2\sin^2 x\,dx$

$$=\int_0^{\pi}x^2\cdot\frac{1-\cos 2x}{2}\,dx$$

$$=\int_0^{\pi}\frac{x^2}{2}\,dx-\frac{1}{2}\int_0^{\pi}x^2\cos 2x\,dx.$$

$$\int_0^{\pi}\frac{x^2}{2}\,dx=\left[\frac{x^3}{6}\right]_0^{\pi}=\frac{\pi^3}{6}.$$

$$\int_0^{\pi}x^2\cos 2x\,dx$$

$$=\int_0^{\pi}x^2\left(\frac{1}{2}\sin 2x\right)'dx$$

$$=\left[x^2\cdot\frac{1}{2}\sin 2x\right]_0^{\pi}-\int_0^{\pi}2x\cdot\frac{1}{2}\sin 2x\,dx$$

$$=-\int_0^{\pi}x\sin 2x\,dx$$

$$=\int_0^{\pi}x\left(\frac{1}{2}\cos 2x\right)'dx$$

$$=\left[x\cdot\frac{1}{2}\cos 2x\right]_0^{\pi}-\int_0^{\pi}\frac{1}{2}\cos 2x\,dx$$

$$=\frac{\pi}{2}-\left[\frac{1}{4}\sin 2x\right]_0^{\pi}$$

$$=\frac{\pi}{2}.$$

よって，

$$(与式)=\frac{\pi^3}{6}-\frac{\pi}{4}.$$

積分 25（部分積分 2 回）

1. $\displaystyle I=\int_0^{\pi}e^x\sin x\,dx=\int_0^{\pi}(e^x)'\sin x\,dx$

$$=\Big[e^x\sin x\Big]_0^{\pi}-\int_0^{\pi}e^x\cos x\,dx$$

$$=-\int_0^{\pi}e^x\cos x\,dx$$

$$=-\int_0^{\pi}(e^x)'\cos x\,dx$$

$$=-\Big[e^x\cos x\Big]_0^{\pi}+\int_0^{\pi}e^x(-\sin x)\,dx$$

$$=e^{\pi}+1-I.$$

$$2I=e^{\pi}+1.$$

よって，

$$(与式)=I=\frac{e^{\pi}+1}{2}.$$

［注］ 部分積分法を用いない次のような方法もある．

$$\begin{cases}(e^x\sin x)'=e^x\sin x+e^x\cos x, & \cdots ①\\ (e^x\cos x)'=e^x\cos x+e^x(-\sin x). & \cdots ②\end{cases}$$

(①－②)÷2 より，

$$e^x\sin x=\frac{1}{2}\{(e^x\sin x)'-(e^x\cos x)'\}$$

$$=\left\{\frac{1}{2}e^x(\sin x-\cos x)\right\}'.$$

よって，

$$(与式)=\left[\frac{1}{2}e^x(\sin x-\cos x)\right]_0^{\pi}$$

$$=\frac{1}{2}(e^{\pi}+1).$$

同様にして，

(①＋②)÷2 より，

$$e^{x}\cos x=\frac{1}{2}\{(e^{x}\sin x)'+(e^{x}\cos x)'\}.$$

よって，

$$\int e^{x}\cos x\,dx=\frac{1}{2}e^{x}(\sin x+\cos x)+C.$$

(C：定数)

［注終り］

2. $I=\int_0^1 e^{-x}\cos 2\pi x\,dx=\int_0^1(-e^{-x})'\cos 2\pi x\,dx$

$$=\left[-e^{-x}\cos 2\pi x\right]_0^1-\int_0^1(-e^{-x})(-2\pi)\sin 2\pi x\,dx$$

$$=-e^{-1}+1+2\pi\int_0^1(e^{-x})'\sin 2\pi x\,dx$$

$$=-e^{-1}+1+2\pi\left\{\left[e^{-x}\sin 2\pi x\right]_0^1-\int_0^1 e^{-x}\cdot 2\pi\cos 2\pi x\,dx\right\}$$

$$=-e^{-1}+1-4\pi^2 I.$$

$$(1+4\pi^2)I=1-e^{-1}.$$

よって，

$$(\text{与式})=I=\frac{e-1}{e(1+4\pi^2)}.$$

［注］

$$\begin{cases}(e^{-x}\cos 2\pi x)'=-e^{-x}\cos 2\pi x-2\pi e^{-x}\sin 2\pi x, & \cdots ①\\ (e^{-x}\sin 2\pi x)'=-e^{-x}\sin 2\pi x+2\pi e^{-x}\cos 2\pi x. & \cdots ②\end{cases}$$

(②×2π－①)÷(1＋4π²) より，

$$e^{-x}\cos 2\pi$$

$$=\frac{1}{1+4\pi^2}\{2\pi(e^{-x}\sin 2\pi x)'-(e^{-x}\cos 2\pi x)'\}$$

$$=\left\{\frac{1}{1+4\pi^2}\cdot e^{-x}(2\pi\sin 2\pi x-\cos 2\pi x)\right\}'.$$

よって，

$$(\text{与式})=\frac{1}{1+4\pi^2}\left[e^{-x}(2\pi\sin 2\pi x-\cos 2\pi x)\right]_0^1$$

$$=\frac{e-1}{e(1+4\pi^2)}.$$

［注終り］

3. $\log x=t$ とおくと，$x=e^t$.

$$dx=e^t\,dt.$$

x	$1\to e^{\pi}$
t	$0\to\pi$

$$I=\int_1^{e^{\pi}}\cos(\log x)\,dx$$

$$=\int_0^{\pi}\cos t\cdot e^t\,dt$$

$$=\int_0^{\pi}(e^t)'\cos t\,dt$$

$$=\left[e^t\cos t\right]_0^{\pi}-\int_0^{\pi}e^t(-\sin t)\,dt$$

$$=-e^{\pi}-1+\int_0^{\pi}(e^t)'\sin t\,dt$$

$$=-(e^{\pi}+1)+\left[e^t\sin t\right]_0^{\pi}-\int_0^{\pi}e^t\cos t\,dt$$

$$=-(e^{\pi}+1)-I.$$

$$2I=-(e^{\pi}+1).$$

よって，

$$(\text{与式})=I=-\frac{e^{\pi}+1}{2}.$$

［注］

$$\begin{cases}(e^t\cos t)'=e^t\cos t+e^t(-\sin t), & \cdots ①\\ (e^t\sin t)'=e^t\sin t+e^t\cos t. & \cdots ②\end{cases}$$

(①＋②)÷2 より，

$$e^t\cos t=\frac{1}{2}\{(e^t\cos t)'+(e^t\sin t)'\}$$

$$=\left\{\frac{1}{2}e^t(\cos t+\sin t)\right\}'.$$

$$(\text{与式})=\frac{1}{2}\left[e^t(\cos t+\sin t)\right]_0^{\pi}$$

$$=\frac{1}{2}(-e^{\pi}-1)$$

$$=-\frac{e^{\pi}+1}{2}.$$

［注終り］

4. $I=\int_0^t e^{-ax}\cos(x-a)\,dx$

$$=\int_0^t\left(-\frac{1}{a}e^{-ax}\right)'\cos(x-a)\,dx$$

$$=\left[-\frac{1}{a}e^{-ax}\cos(x-a)\right]_0^t$$

$$-\int_0^t\left(-\frac{1}{a}e^{-ax}\right)\{-\sin(x-a)\}\,dx$$

$$=-\frac{1}{a}e^{-at}\cos(t-a)+\frac{1}{a}\cos a$$

$$-\frac{1}{a}\int_0^t\left(-\frac{1}{a}e^{-ax}\right)'\sin(x-a)\,dx$$

$$=\frac{1}{a}\{\cos a-e^{-at}\cos(t-a)\}$$
$$-\frac{1}{a}\left\{\left[-\frac{1}{a}e^{-ax}\sin(x-a)\right]_0^t-\int_0^t\left(-\frac{1}{a}e^{-ax}\right)\cos(x-a)\,dx\right\}$$
$$=\frac{1}{a}\{\cos a-e^{-at}\cos(t-a)\}$$
$$-\frac{1}{a}\left\{-\frac{1}{a}e^{-at}\sin(t-a)-\frac{1}{a}\sin a\right\}-\frac{1}{a^2}I.$$

$$\frac{a^2+1}{a^2}I=\frac{1}{a}\{\cos a-e^{-at}\cos(t-a)\}$$
$$+\frac{1}{a^2}\{e^{-at}\sin(t-a)+\sin a\}.$$

よって,

(与式) $=I$
$$=\frac{1}{a^2+1}[a\{\cos a-e^{-at}\cos(t-a)\}$$
$$+e^{-at}\sin(t-a)+\sin a]$$
$$=\frac{1}{a^2+1}[a\cos a+\sin a+e^{-at}\{\sin(t-a)$$
$$-a\cos(t-a)\}].$$

[注]

$\{e^{-ax}\cos(x-a)\}'=-ae^{-ax}\cos(x-a)+e^{-ax}(-\sin(x-a))$, …①

$\{e^{-ax}\sin(x-a)\}'=-ae^{-ax}\sin(x-a)+e^{-ax}\cos(x-a)$. …②

(②−①×a)÷(a^2+1) より,

$$e^{-ax}\cos(x-a)$$
$$=\frac{1}{a^2+1}[\{e^{-ax}\sin(x-a)\}'-\{ae^{-ax}\cos(x-a)\}']$$
$$=\left[\frac{1}{a^2+1}e^{-ax}\{\sin(x-a)-a\cos(x-a)\}\right]'.$$

$$(\text{与式})=\left[\frac{1}{a^2+1}e^{-ax}\{\sin(x-a)-a\cos(x-a)\}\right]_0^t$$
$$=\frac{1}{a^2+1}[e^{-at}\{\sin(t-a)-a\cos(t-a)\}$$
$$+a\cos a+\sin a].$$

[注終り]

5. $I=\int e^{-x}(\sqrt{3}\sin x-\cos x)\,dx$

$$=\int(-e^{-x})'(\sqrt{3}\sin x-\cos x)\,dx$$
$$=-e^{-x}(\sqrt{3}\sin x-\cos x)$$
$$-\int(-e^{-x})(\sqrt{3}\cos x+\sin x)\,dx$$
$$=-e^{-x}(\sqrt{3}\sin x-\cos x)$$
$$-\int(e^{-x})'(\sqrt{3}\cos x+\sin x)\,dx$$
$$=-e^{-x}(\sqrt{3}\sin x-\cos x)$$
$$-\left\{e^{-x}(\sqrt{3}\cos x+\sin x)-\int e^{-x}(-\sqrt{3}\sin x+\cos x)\,dx\right\}$$
$$=-e^{-x}(\sqrt{3}\sin x-\cos x)$$
$$-e^{-x}(\sqrt{3}\cos x+\sin x)-I$$
$$=-e^{-x}\{(\sqrt{3}+1)\sin x+(\sqrt{3}-1)\cos x\}-I.$$

よって,

(与式) $=I$
$$=-\frac{1}{2}e^{-x}\{(\sqrt{3}+1)\sin x$$
$$+(\sqrt{3}-1)\cos x\}+C.\ (C:\text{定数})$$

積分 26（部分積分）

1. $x-(k-1)\pi=t$ とおくと,

$x=(k-1)\pi+t.$

$dx=dt.$

x	$(k-1)\pi\ \to\ k\pi$
t	$0\ \to\ \pi$

$$e^x=e^{(k-1)\pi+t}=e^{(k-1)\pi}\cdot e^t.$$
$$|\sin x|=|\sin((k-1)\pi+t)|$$
$$=|\sin t|.$$
$$(\text{与式})=\int_0^\pi e^{(k-1)\pi}\cdot e^t|\sin t|\,dt$$
$$=e^{(k-1)\pi}\int_0^\pi e^t|\sin t|\,dt$$
$$=e^{(k-1)\pi}\int_0^\pi e^t\sin t\,dt.$$

$$\begin{cases}(e^t\sin t)'=e^t\sin t+e^t\cos t, & \cdots①\\ (e^t\cos t)'=e^t\cos t+e^t(-\sin t). & \cdots②\end{cases}$$

(①−②)÷2 より,

$$e^t\sin t=\frac{1}{2}\{e^t(\sin t-\cos t)\}'.$$
$$\int_0^\pi e^t\sin t\,dt=\frac{1}{2}\left[e^t(\sin t-\cos t)\right]_0^\pi$$
$$=\frac{1}{2}(e^\pi+1).$$

よって,

$$(\text{与式})=\frac{e^\pi+1}{2}e^{(k-1)\pi}.$$

[注] $(k-1)\pi\leqq x\leqq k\pi$ のとき,

$$|\sin x|=(-1)^{k-1}\sin x.$$

$$(\text{与式})=(-1)^{k-1}\int_{(k-1)\pi}^{k\pi}e^x\sin x\,dx$$
$$=(-1)^{k-1}\int_{(k-1)\pi}^{k\pi}(e^x)'\sin x\,dx$$
$$=(-1)^{k-1}\left\{\Big[e^x\sin x\Big]_{(k-1)\pi}^{k\pi}-\int_{(k-1)\pi}^{k\pi}e^x\cos x\,dx\right\}$$
$$=(-1)^k\int_{(k-1)\pi}^{k\pi}(e^x)'\cos x\,dx$$
$$=(-1)^k\left\{\Big[e^x\cos x\Big]_{(k-1)\pi}^{k\pi}-\int_{(k-1)\pi}^{k\pi}e^x(-\sin x)\,dx\right\}$$
$$=(-1)^k\left\{e^{k\pi}(-1)^k-e^{(k-1)\pi}(-1)^{k-1}+\int_{(k-1)\pi}^{k\pi}e^x\sin x\,dx\right\}$$
$$=e^{k\pi}+e^{(k-1)\pi}+(-1)^k\int_{(k-1)\pi}^{k\pi}e^x\sin x\,dx$$
$$=(e^\pi+1)e^{(k-1)\pi}-(-1)^{k-1}\int_{(k-1)\pi}^{k\pi}e^x\sin x\,dx.$$
$$(\text{与式})=\frac{e^\pi+1}{2}e^{(k-1)\pi}.$$

［注終り］

2. $$I=\int_n^{n+1}e^{-x}\cos\pi x\,dx$$
$$=\int_n^{n+1}(-e^{-x})'\cos\pi x\,dx$$
$$=\Big[-e^{-x}\cos\pi x\Big]_n^{n+1}-\int_n^{n+1}(-e^{-x})(-\pi\sin\pi x)\,dx$$
$$=-e^{-(n+1)}(-1)^{n+1}+e^{-n}(-1)^n+\pi\int_n^{n+1}(e^{-x})'\sin\pi x\,dx$$
$$=(-1)^ne^{-n}(e^{-1}+1)+\pi\left\{\Big[e^{-x}\sin\pi x\Big]_n^{n+1}-\int_n^{n+1}e^{-x}\cdot\pi\cos\pi x\,dx\right\}$$
$$=(-1)^ne^{-n}(e^{-1}+1)-\pi^2I.$$
$$(\pi^2+1)I=(-1)^ne^{-n}(e^{-1}+1).$$
$$(\text{与式})=I=\frac{(-1)^n}{\pi^2+1}e^{-n}\left(\frac{1}{e}+1\right).$$

［注］

$$\begin{cases}(e^{-x}\cos\pi x)'=-e^{-x}\cos\pi x+e^{-x}(-\pi)\sin\pi x, & \cdots ①\\ (e^{-x}\sin\pi x)'=-e^{-x}\sin\pi x+e^{-x}\pi\cos\pi x. & \cdots ②\end{cases}$$

$(②\times\pi-①)\div(\pi^2+1)$ より，

$$e^{-x}\cos\pi x=\frac{1}{\pi^2+1}\{e^{-x}(\pi\sin\pi x-\cos\pi x)\}'.$$
$$(\text{与式})=\frac{1}{\pi^2+1}\Big[e^{-x}(\pi\sin\pi x-\cos\pi x)\Big]_n^{n+1}$$
$$=\frac{1}{\pi^2+1}[e^{-(n+1)}\{-(-1)^{n+1}\}+e^{-n}\cdot(-1)^n]$$
$$=\frac{(-1)^n}{\pi^2+1}e^{-n}\left(\frac{1}{e}+1\right).$$

［注終り］

3. $k\pi\leqq x\leqq(k+1)\pi$ のとき，

$$|\sin x|=(-1)^k\sin x.$$
$$(\text{与式})=(-1)^k\int_{k\pi}^{(k+1)\pi}x^2\sin x\,dx$$
$$=(-1)^k\int_{k\pi}^{(k+1)\pi}x^2(-\cos x)'\,dx$$
$$=(-1)^k\left\{\Big[x^2(-\cos x)\Big]_{k\pi}^{(k+1)\pi}-\int_{k\pi}^{(k+1)\pi}2x(-\cos x)\,dx\right\}$$
$$=(-1)^k\left[(k+1)^2\pi^2\{-(-1)^{k+1}\}+k^2\pi^2(-1)^k+\int_{k\pi}^{(k+1)\pi}2x(\sin x)'\,dx\right]$$
$$=(k+1)^2\pi^2+k^2\pi^2+(-1)^k\left\{\Big[2x\sin x\Big]_{k\pi}^{(k+1)\pi}-\int_{k\pi}^{(k+1)\pi}2\sin x\,dx\right\}$$
$$=(2k^2+2k+1)\pi^2+2(-1)^k\Big[\cos x\Big]_{k\pi}^{(k+1)\pi}$$
$$=(2k^2+2k+1)\pi^2+2(-1)^k\{(-1)^{k+1}-(-1)^k\}$$
$$=(2k^2+2k+1)\pi^2-4.$$

［注］ $x-k\pi=t$ とおくと，

$$x=t+k\pi.$$
$$dx=dt.$$

x	$k\pi\to(k+1)\pi$
t	$0\to\pi$

$$|\sin x|=|\sin(t+k\pi)|=|\sin t|.$$

$$(\text{与式})=\int_0^{\pi}(t+k\pi)^2|\sin t|\,dt$$
$$=\int_0^{\pi}(t+k\pi)^2\sin t\,dt$$
$$=\int_0^{\pi}(t+k\pi)^2(-\cos t)'\,dt$$
$$=\Big[(t+k\pi)^2(-\cos t)\Big]_0^{\pi}-\int_0^{\pi}2(t+k\pi)(-\cos t)\,dt$$
$$=(k+1)^2\pi^2+k^2\pi^2+2\int_0^{\pi}(t+k\pi)(\sin t)'\,dt$$
$$=(2k^2+2k+1)\pi^2+2\left\{\Big[(t+k\pi)\sin t\Big]_0^{\pi}-\int_0^{\pi}\sin t\,dt\right\}$$
$$=(2k^2+2k+1)\pi^2+2\Big[\cos t\Big]_0^{\pi}$$
$$=(2k^2+2k+1)\pi^2-4.$$

［注終り］

4. $$\int_{(k-1)\pi}^{k\pi}(e^{-x}\cos x)^2\,dx$$
$$=\int_{(k-1)\pi}^{k\pi}e^{-2x}\cos^2 x\,dx$$
$$=\int_{(k-1)\pi}^{k\pi}e^{-2x}\cdot\frac{1+\cos 2x}{2}\,dx$$
$$=\frac{1}{2}\int_{(k-1)\pi}^{k\pi}e^{-2x}\,dx+\frac{1}{2}\int_{(k-1)\pi}^{k\pi}e^{-2x}\cos 2x\,dx.$$

$$\int_{(k-1)\pi}^{k\pi}e^{-2x}\,dx$$
$$=\left[-\frac{1}{2}e^{-2x}\right]_{(k-1)\pi}^{k\pi}$$
$$=-\frac{1}{2}\{e^{-2k\pi}-e^{-2(k-1)\pi}\}$$
$$=\frac{1}{2}(e^{2\pi}-1)e^{-2k\pi}.$$

$$\int_{(k-1)\pi}^{k\pi}e^{-2x}\cos 2x\,dx$$
$$=\int_{(k-1)\pi}^{k\pi}\left(-\frac{1}{2}e^{-2x}\right)'\cos 2x\,dx$$
$$=\left[-\frac{1}{2}e^{-2x}\cos 2x\right]_{(k-1)\pi}^{k\pi}-\int_{(k-1)\pi}^{k\pi}\left(-\frac{1}{2}e^{-2x}\right)(-2\sin 2x)\,dx$$
$$=-\frac{1}{2}e^{-2k\pi}+\frac{1}{2}e^{-2(k-1)\pi}-\int_{(k-1)\pi}^{k\pi}e^{-2x}\sin 2x\,dx$$
$$=\frac{1}{2}(e^{2\pi}-1)e^{-2k\pi}-\int_{(k-1)\pi}^{k\pi}\left(-\frac{1}{2}e^{-2x}\right)'\sin 2x\,dx$$
$$=\frac{1}{2}(e^{2\pi}-1)e^{-2k\pi}-\left(\left[-\frac{1}{2}e^{-2x}\cdot\sin 2x\right]_{(k-1)\pi}^{k\pi}-\int_{(k-1)\pi}^{k\pi}\left(-\frac{1}{2}e^{-2x}\right)\cdot 2\cos 2x\,dx\right)$$
$$=\frac{1}{2}(e^{2\pi}-1)e^{-2k\pi}-\int_{(k-1)\pi}^{k\pi}e^{-2x}\cos 2x\,dx.$$

よって，

$$\int_{(k-1)\pi}^{k\pi}e^{-2x}\cos 2x\,dx=\frac{1}{4}(e^{2\pi}-1)e^{-2k\pi}.$$

$$(\text{与式})=\frac{1}{4}(e^{2\pi}-1)e^{-2k\pi}+\frac{1}{8}(e^{2\pi}-1)e^{-2k\pi}$$
$$=\frac{3}{8}(e^{2\pi}-1)e^{-2k\pi}.$$

5. $nx=t$ とおくと，

$$x=\frac{t}{n}.$$
$$dx=\frac{1}{n}\,dt.$$

x	$0\to n\pi$
t	$0\to n^2\pi$

$$(\text{与式})=\int_0^{n^2\pi}e^{-\frac{t}{n}}|\sin t|\frac{1}{n}\,dt$$
$$=\frac{1}{n}\left\{\int_0^{\pi}e^{-\frac{t}{n}}|\sin t|\,dt+\int_{\pi}^{2\pi}e^{-\frac{t}{n}}|\sin t|\,dt+\int_{2\pi}^{3\pi}e^{-\frac{t}{n}}|\sin t|\,dt+\cdots+\int_{(n^2-1)\pi}^{n^2\pi}e^{-\frac{t}{n}}|\sin t|\,dt\right\}$$
$$=\frac{1}{n}\sum_{k=1}^{n^2}\int_{(k-1)\pi}^{k\pi}e^{-\frac{t}{n}}|\sin t|\,dt.$$

$(k-1)\pi\leqq t\leqq k\pi$ のとき，

$$|\sin t|=(-1)^{k-1}\sin t.$$

$$I=\int_{(k-1)\pi}^{k\pi}e^{-\frac{t}{n}}|\sin t|\,dt$$
$$=(-1)^{k-1}\int_{(k-1)\pi}^{k\pi}e^{-\frac{t}{n}}\sin t\,dt$$
$$=(-1)^{k-1}\int_{(k-1)\pi}^{k\pi}e^{-\frac{t}{n}}(-\cos t)'\,dt$$

$$=(-1)^{k-1}\left\{\left[e^{-\frac{t}{n}}(-\cos t)\right]_{(k-1)\pi}^{k\pi}-\int_{(k-1)\pi}^{k\pi}\left(-\frac{1}{n}\right)e^{-\frac{t}{n}}(-\cos t)\,dt\right\}$$

$$=(-1)^{k-1}\left\{e^{-\frac{k}{n}\pi}(-1)^{k-1}+e^{-\frac{k-1}{n}\pi}(-1)^{k-1}-\frac{1}{n}\int_{(k-1)\pi}^{k\pi}e^{-\frac{t}{n}}\cos t\,dt\right\}$$

$$=e^{-\frac{k}{n}\pi}+e^{-\frac{k-1}{n}\pi}-\frac{(-1)^{k-1}}{n}\int_{(k-1)\pi}^{k\pi}e^{-\frac{t}{n}}(\sin t)'\,dt$$

$$=\left(e^{-\frac{\pi}{n}}+1\right)e^{-\frac{k-1}{n}\pi}-\frac{(-1)^{k-1}}{n}\left\{\left[e^{-\frac{t}{n}}\sin t\right]_{(k-1)\pi}^{k\pi}-\int_{(k-1)\pi}^{k\pi}\left(-\frac{1}{n}\right)e^{-\frac{t}{n}}\sin t\,dt\right\}$$

$$=\left(e^{-\frac{\pi}{n}}+1\right)e^{-\frac{k-1}{n}\pi}-\frac{(-1)^{k-1}}{n^2}\int_{(k-1)\pi}^{k\pi}e^{-\frac{t}{n}}\sin t\,dt$$

$$=\left(e^{-\frac{\pi}{n}}+1\right)e^{-\frac{k-1}{n}\pi}-\frac{1}{n^2}I.$$

$$\left(1+\frac{1}{n^2}\right)I=\left(e^{-\frac{\pi}{n}}+1\right)\left(e^{-\frac{\pi}{n}}\right)^{k-1}.$$

$$I=\frac{n^2}{n^2+1}\left(e^{-\frac{\pi}{n}}+1\right)\left(e^{-\frac{\pi}{n}}\right)^{k-1}.$$

$$(与式)=\frac{n}{n^2+1}\left(1+e^{-\frac{\pi}{n}}\right)\sum_{k=1}^{n^2}\left(e^{-\frac{\pi}{n}}\right)^{k-1}$$

$$=\frac{n}{n^2+1}\left(1+e^{-\frac{\pi}{n}}\right)\frac{1-\left(e^{-\frac{\pi}{n}}\right)^{n^2}}{1-e^{-\frac{\pi}{n}}}$$

$$=\frac{n}{n^2+1}\left(1+e^{-\frac{\pi}{n}}\right)\frac{1-e^{-n\pi}}{1-e^{-\frac{\pi}{n}}}.$$

［注］ $\int_0^{n\pi}e^{-x}|\sin nx|\,dx$

$$=\int_0^{\frac{\pi}{n}}e^{-x}|\sin nx|\,dx+\int_{\frac{\pi}{n}}^{\frac{2}{n}\pi}e^{-x}|\sin nx|\,dx+\cdots+\int_{\frac{n^2-1}{n}\pi}^{\frac{n^2}{n}\pi}e^{-x}|\sin nx|\,dx$$

$$=\sum_{k=1}^{n^2}\int_{\frac{k-1}{n}\pi}^{\frac{k}{n}\pi}e^{-x}|\sin nx|\,dx.$$

$x-\frac{k-1}{n}\pi=t$ とおくと，
$dx=dt.$

x	$\frac{k-1}{n}\pi \to \frac{k}{n}\pi$
t	$0 \to \frac{\pi}{n}$

$$e^{-x}=e^{-\frac{k-1}{n}\pi}\cdot e^{-t}.$$

$$|\sin nx|=|\sin((k-1)\pi+nt)|=|\sin nt|.$$

$$\int_{\frac{k-1}{n}\pi}^{\frac{k}{n}\pi}e^{-x}|\sin nx|\,dx$$

$$=\int_0^{\frac{\pi}{n}}e^{-\frac{k-1}{n}\pi}\cdot e^{-t}|\sin nt|\,dt$$

$$=e^{-\frac{k-1}{n}\pi}\int_0^{\frac{\pi}{n}}e^{-t}\sin nt\,dt.$$

$$\begin{cases}(e^{-t}\sin nt)'=-e^{-t}\sin nt+e^{-t}n\cdot\cos nt, & \cdots ① \\ (e^{-t}\cos nt)'=-e^{-t}\cos nt+e^{-t}(-n)\sin nt. & \cdots ②\end{cases}$$

$(①+②\times n)\div(-(n^2+1))$ より，

$$e^{-t}\sin nt=-\frac{1}{n^2+1}\{e^{-t}(\sin nt+n\cos nt)\}'.$$

$$\int_0^{\frac{\pi}{n}}e^{-t}\sin nt\,dt$$

$$=-\frac{1}{n^2+1}\left[e^{-t}(\sin nt+n\cos nt)\right]_0^{\frac{\pi}{n}}$$

$$=-\frac{1}{n^2+1}\{e^{-\frac{\pi}{n}}\cdot(-n)-n\}$$

$$=\frac{n}{n^2+1}\left(1+e^{-\frac{\pi}{n}}\right).$$

$$(与式)=\sum_{k=1}^{n^2}e^{-\frac{k-1}{n}\pi}\cdot\frac{n}{n^2+1}\left(1+e^{-\frac{\pi}{n}}\right)$$

$$=\frac{n}{n^2+1}\left(1+e^{-\frac{\pi}{n}}\right)\sum_{k=1}^{n^2}\left(e^{-\frac{\pi}{n}}\right)^{k-1}.$$

［注終り］

積分 27（部分積分）

1. $\int_0^2|x-1|e^x\,dx$

$$=\int_0^1|x-1|e^x\,dx+\int_1^2|x-1|e^x\,dx$$

$$=-\int_0^1(x-1)e^x\,dx+\int_1^2(x-1)e^x\,dx.$$

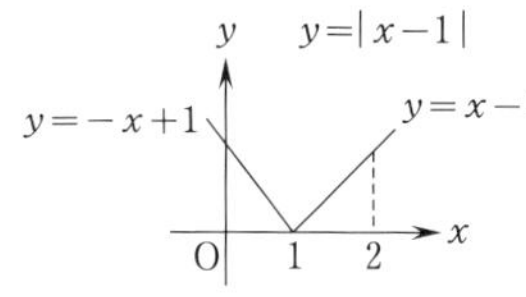

$$\int(x-1)e^x\,dx$$
$$=\int(x-1)(e^x)'\,dx$$
$$=(x-1)e^x-\int e^x\,dx$$
$$=(x-1)e^x-e^x+C$$
$$=(x-2)e^x+C\quad(C:\text{定数})$$

より，

$$(\text{与式})=-\Big[(x-2)e^x\Big]_0^1+\Big[(x-2)e^x\Big]_1^2$$
$$=-(-e+2)+e=2(e-1).$$

2. $$\int_0^{2\pi}x|\sin x|\,dx$$
$$=\int_0^{\pi}x|\sin x|\,dx+\int_{\pi}^{2\pi}x|\sin x|\,dx$$
$$=\int_0^{\pi}x\sin x\,dx-\int_{\pi}^{2\pi}x\sin x\,dx.$$

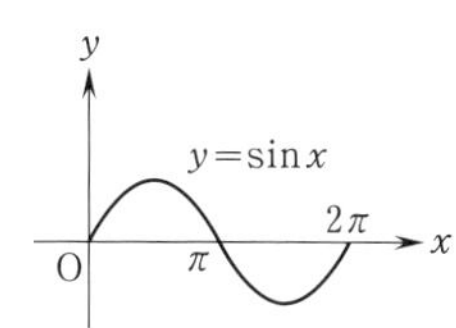

$$\int x\sin x\,dx$$
$$=\int x(-\cos x)'\,dx$$
$$=x(-\cos x)-\int(-\cos x)\,dx$$
$$=-x\cos x+\sin x+C\quad(C:\text{定数})$$

より，

$$(\text{与式})=\Big[-x\cos x+\sin x\Big]_0^{\pi}-\Big[-x\cos x+\sin x\Big]_{\pi}^{2\pi}$$
$$=\pi-(-2\pi-\pi)=4\pi.$$

3. $$\int_1^e|x-2|\log x\,dx$$
$$=\int_1^2|x-2|\log x\,dx+\int_2^e|x-2|\log x\,dx$$
$$=-\int_1^2(x-2)\log x\,dx+\int_2^e(x-2)\log x\,dx$$

y　y=|x−2|　y=x−2　y=−x+2　O　1　2　e　x

$$\int(x-2)\log x\,dx$$
$$=\int\left(\frac{x^2}{2}-2x\right)'\log x\,dx$$
$$=\left(\frac{x^2}{2}-2x\right)\log x-\int\left(\frac{x^2}{2}-2x\right)\frac{1}{x}\,dx$$
$$=\left(\frac{x^2}{2}-2x\right)\log x-\int\left(\frac{x}{2}-2\right)dx$$
$$=\left(\frac{x^2}{2}-2x\right)\log x-\frac{x^2}{4}+2x+C.\ (C:\text{定数})$$

$$(\text{与式})=-\left[\left(\frac{x^2}{2}-2x\right)\log x-\frac{x^2}{4}+2x\right]_1^2$$
$$+\left[\left(\frac{x^2}{2}-2x\right)\log x-\frac{x^2}{4}+2x\right]_2^e$$
$$=-\left(-2\log 2+3-\frac{7}{4}\right)+\left(\frac{e^2}{2}-2e\right)$$
$$-\frac{e^2}{4}+2e-(-2\log 2+3)$$
$$=4\log 2+\frac{e^2}{4}-\frac{17}{4}.$$

4. $$\int_{-1}^2te^{-|t|}\,dt=\int_{-1}^0te^{-|t|}\,dt+\int_0^2te^{-|t|}\,dt$$
$$=\int_{-1}^0te^{t}\,dt+\int_0^2te^{-t}\,dt.$$

y　y=−|t|　−1　O　2　t　y=t　y=−t

$$\int_{-1}^0te^t\,dt$$
$$=\int_{-1}^0t(e^t)'\,dt=\Big[te^t\Big]_{-1}^0-\int_{-1}^0e^t\,dt$$
$$=e^{-1}-\Big[e^t\Big]_{-1}^0=e^{-1}-(1-e^{-1})$$

$$=2e^{-1}-1=\frac{2}{e}-1.$$

$$\int_0^2 te^{-t}dt=\int_0^2 t(-e^{-t})'\,dt$$
$$=\Big[t(-e^{-t})\Big]_0^2-\int_0^2(-e^{-t})\,dt$$
$$=-2e^{-2}-\Big[e^{-t}\Big]_0^2$$
$$=-2e^{-2}-e^{-2}+1=1-\frac{3}{e^2}.$$

$$(\text{与式})=\frac{2}{e}-1+1-\frac{3}{e^2}=\frac{2e-3}{e^2}.$$

5. $\displaystyle\int_0^\pi |t-x|\sin^2 x\,dx$

$$=\int_0^t |t-x|\sin^2 x\,dx+\int_t^\pi |t-x|\sin^2 x\,dx$$
$$=\int_0^t (t-x)\sin^2 x\,dx-\int_t^\pi (t-x)\sin^2 x\,dx.$$

$y=-x+t$　y　$y=|t-x|$　$y=x-t$　O　t　π　x

$$\int (t-x)\sin^2 x\,dx$$
$$=\int (t-x)\frac{1-\cos 2x}{2}\,dx$$
$$=\int\frac{1}{2}(t-x)\,dx-\int\frac{1}{2}(t-x)\cos 2x\,dx$$
$$=-\frac{1}{4}(t-x)^2-\int\frac{1}{2}(t-x)\left(\frac{1}{2}\sin 2x\right)'dx$$
$$=-\frac{1}{4}(t-x)^2-\left\{\frac{1}{4}(t-x)\sin 2x-\int\left(-\frac{1}{2}\right)\cdot\frac{1}{2}\sin 2x\,dx\right\}$$
$$=-\frac{1}{4}(t-x)^2-\frac{1}{4}(t-x)\sin 2x+\frac{1}{8}\cos 2x+C.\ (C:\text{定数})$$

$$(\text{与式})=\left[-\frac{1}{4}(t-x)^2-\frac{1}{4}(t-x)\sin 2x+\frac{1}{8}\cos 2x\right]_0^t-\left[-\frac{1}{4}(t-x)^2-\frac{1}{4}(t-x)\sin 2x+\frac{1}{8}\cos 2x\right]_t^\pi$$
$$=\frac{1}{8}\cos 2t+\frac{t^2}{4}-\frac{1}{8}+\frac{1}{4}(t-\pi)^2-\frac{1}{8}+\frac{1}{8}\cos 2t$$
$$=\frac{1}{4}\cos 2t+\frac{t^2}{4}-\frac{1}{4}+\frac{1}{4}(t^2-2\pi t+\pi^2)$$
$$=\frac{1}{4}\cos 2t+\frac{t^2}{2}-\frac{\pi}{2}t+\frac{\pi^2-1}{4}.$$

積分 28（部分積分）

1. $\displaystyle\int_0^2 |x-p|e^{-x}dx$

$$=\int_0^p |x-p|e^{-x}dx+\int_p^2 |x-p|e^{-x}dx$$
$$=-\int_0^p (x-p)e^{-x}dx+\int_p^2 (x-p)e^{-x}dx.$$

y　$y=|x-p|$　$y=-x+p$　$y=x-p$　O　p　2　x

$$\int (x-p)e^{-x}dx$$
$$=\int (x-p)(-e^{-x})'\,dx$$
$$=-(x-p)e^{-x}-\int(-e^{-x})\,dx$$
$$=-(x-p)e^{-x}-e^{-x}+C$$
$$=-(x+1-p)e^{-x}+C\quad(C:\text{定数})$$

より，

$$\int_0^2 |x-p|e^{-x}dx$$
$$=\Big[(x+1-p)e^{-x}\Big]_0^p+\Big[-(x+1-p)e^{-x}\Big]_p^2$$
$$=e^{-p}-(1-p)-(3-p)e^{-2}+e^{-p}$$
$$=2e^{-p}+(1+e^{-2})p-1-3e^{-2}.$$

2.

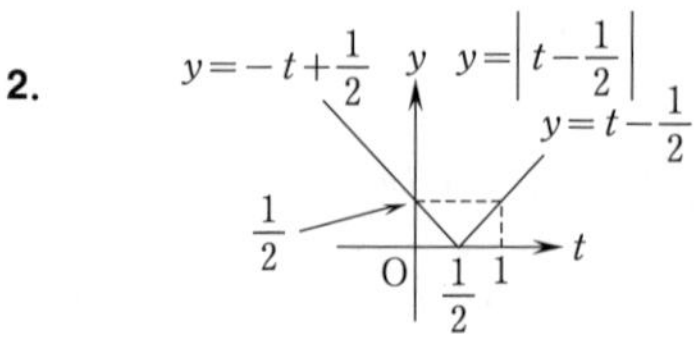

$$\int_0^1 t\log\left(\left|t-\frac{1}{2}\right|+\frac{1}{2}\right)dt$$

$$=\int_0^{\frac{1}{2}} t\log\left(\left|t-\frac{1}{2}\right|+\frac{1}{2}\right)dt+\int_{\frac{1}{2}}^1 t\log\left(\left|t-\frac{1}{2}\right|+\frac{1}{2}\right)dt$$

$$=\int_0^{\frac{1}{2}} t\log\left(-t+\frac{1}{2}+\frac{1}{2}\right)dt+\int_{\frac{1}{2}}^1 t\log\left(t-\frac{1}{2}+\frac{1}{2}\right)dt$$

$$=\int_0^{\frac{1}{2}} t\log(1-t)\,dt+\int_{\frac{1}{2}}^1 t\log t\,dt$$

$$=\int_0^{\frac{1}{2}}\left(\frac{t^2-1}{2}\right)'\log(1-t)\,dt+\int_{\frac{1}{2}}^1\left(\frac{t^2}{2}\right)'\log t\,dt$$

$$=\left[\frac{t^2-1}{2}\log(1-t)\right]_0^{\frac{1}{2}}-\int_0^{\frac{1}{2}}\frac{t^2-1}{2}\cdot\frac{-1}{1-t}dt$$

$$+\left[\frac{t^2}{2}\log t\right]_{\frac{1}{2}}^1-\int_{\frac{1}{2}}^1\frac{t^2}{2}\cdot\frac{1}{t}dt$$

$$=-\frac{3}{8}\log\frac{1}{2}-\int_0^{\frac{1}{2}}\frac{t+1}{2}dt-\frac{1}{8}\log\frac{1}{2}-\int_{\frac{1}{2}}^1\frac{t}{2}dt$$

$$=\frac{1}{2}\log 2-\left[\frac{t^2}{4}+\frac{t}{2}\right]_0^{\frac{1}{2}}-\left[\frac{t^2}{4}\right]_{\frac{1}{2}}^1$$

$$=\frac{1}{2}\log 2-\frac{5}{16}-\frac{3}{16}$$

$$=\frac{1}{2}(\log 2-1).$$

3. $nx=t$ とおくと，$x=\frac{1}{n}t$.

$dx=\frac{1}{n}dt.$

x	$0\to\pi$
t	$0\to n\pi$

$$(与式)=\int_0^{n\pi}\frac{1}{n^2}t^2|\sin t|\frac{1}{n}dt$$

$$=\frac{1}{n^3}\int_0^{n\pi}t^2|\sin t|dt$$

$$=\frac{1}{n^3}\left(\int_0^{\pi}t^2|\sin t|dt+\int_{\pi}^{2\pi}t^2|\sin t|dt+\cdots+\int_{(n-1)\pi}^{n\pi}t^2|\sin t|dt\right)$$

$$=\frac{1}{n^3}\sum_{k=1}^{n}\int_{(k-1)\pi}^{k\pi}t^2|\sin t|dt.$$

$(k-1)\pi\leqq t\leqq k\pi$ のとき，
$|\sin t|=(-1)^{k-1}\sin t$ より，

$$\int_{(k-1)\pi}^{k\pi}t^2|\sin t|dt$$

$$=(-1)^{k-1}\int_{(k-1)\pi}^{k\pi}t^2\sin t\,dt$$

$$=(-1)^{k-1}\int_{(k-1)\pi}^{k\pi}t^2(-\cos t)'\,dt$$

$$=(-1)^{k-1}\left\{\left[t^2(-\cos t)\right]_{(k-1)\pi}^{k\pi}-\int_{(k-1)\pi}^{k\pi}(-2t)\cos t\,dt\right\}$$

$$=(-1)^{k-1}\{-k^2\pi^2(-1)^k+(k-1)^2\pi^2(-1)^{k-1}\}+2(-1)^{k-1}\int_{(k-1)\pi}^{k\pi}t(\sin t)'\,dt$$

$$=(2k^2-2k+1)\pi^2+2(-1)^{k-1}\times\left\{\left[t\sin t\right]_{(k-1)\pi}^{k\pi}-\int_{(k-1)\pi}^{k\pi}\sin t\,dt\right\}$$

$$=(2k^2-2k+1)\pi^2+2(-1)^{k-1}\left[\cos t\right]_{(k-1)\pi}^{k\pi}$$

$$=(2k^2-2k+1)\pi^2+2(-1)^{k-1}\{(-1)^k-(-1)^{k-1}\}$$

$$=(2k^2-2k+1)\pi^2-4.$$

$$(与式)=\frac{1}{n^3}\sum_{k=1}^{n}\{(2k^2-2k+1)\pi^2-4\}$$

$$=\frac{1}{n^3}\left[\left\{2\cdot\frac{1}{6}n(n+1)(2n+1)-2\cdot\frac{1}{2}n(n+1)+n\right\}\pi^2-4n\right]$$

$$=\frac{1}{3n^2}\{(2n^2+1)\pi^2-12\}.$$

4. $$\int_0^2 e^{-2x}\left|x-2\left[\frac{x+1}{2}\right]\right|dx$$

$$=\int_0^1 e^{-2x}\left|x-2\left[\frac{x+1}{2}\right]\right|dx+\int_1^2 e^{-2x}\left|x-2\left[\frac{x+1}{2}\right]\right|dx$$

$$=\int_0^1 e^{-2x}|x|dx+\int_1^2 e^{-2x}|x-2|dx$$

$$=\int_0^1 xe^{-2x}dx+\int_1^2(2-x)e^{-2x}dx$$

$$=\int_0^1 xe^{-2x}dx+\int_1^2(2e^{-2x}-xe^{-2x})\,dx.$$

$$\int xe^{-2x}dx$$

$$=\int x\left(-\frac{1}{2}e^{-2x}\right)'dx$$

$$=-\frac{x}{2}e^{-2x}-\int\left(-\frac{1}{2}e^{-2x}\right)dx$$

$$=-\frac{x}{2}e^{-2x}-\frac{1}{4}e^{-2x}+C=-\frac{2x+1}{4}e^{-2x}+C.\quad(C:定数)$$

$$(与式)=\left[-\frac{2x+1}{4}e^{-2x}\right]_0^1$$

$$+\left[-e^{-2x}+\frac{2x+1}{4}e^{-2x}\right]_1^2$$

$$=-\frac{3}{4}e^{-2}+\frac{1}{4}-e^{-4}+\frac{5}{4}e^{-4}$$

$$-\left(-e^{-2}+\frac{3}{4}e^{-2}\right)$$

$$=\frac{1}{4}e^{-4}-\frac{1}{2}e^{-2}+\frac{1}{4}$$

$$=\frac{1}{4}\left(1-\frac{1}{e^2}\right)^2.$$

5. $I=\int_1^e|\log t-x|\,dt$ とする．

$$\int\log t\,dt=\int(t)'\log t\,dt$$

$$=t\log t-\int t\cdot\frac{1}{t}\,dt$$

$$=t\log t-t+C.\ (C：定数)$$

$\log t=x$ より，$t=e^x$.

(i) $x\leqq 0$ のとき，

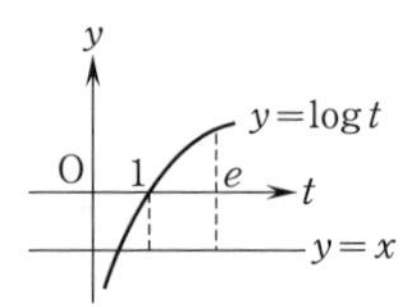

$$I=\int_1^e(\log t-x)\,dt$$

$$=[t\log t-t-xt]_1^e$$

$$=-ex+1+x=(1-e)x+1.$$

(ii) $0<x<1$ のとき，

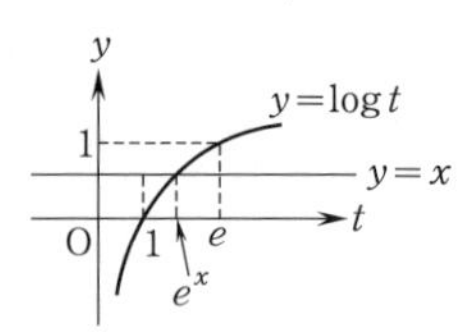

$$I=\int_1^{e^x}|\log t-x|\,dt+\int_{e^x}^e|\log t-x|\,dt$$

$$=\int_1^{e^x}(-\log t+x)\,dt+\int_{e^x}^e(\log t-x)\,dt$$

$$=\Big[-t\log t+t+xt\Big]_1^{e^x}$$

$$+\Big[t\log t-t-xt\Big]_{e^x}^e$$

$$=-xe^x+e^x+xe^x-1-x-ex$$

$$-(xe^x-e^x-xe^x)$$

$$=2e^x-(e+1)x-1.$$

(iii) $x\geqq 1$ のとき，

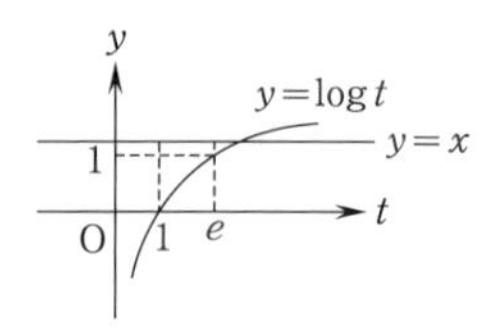

$$I=-\int_1^e(\log t-x)\,dx$$

$$=(e-1)x-1.$$

積分 29（パラメーター）

1. $$\frac{dx}{dt}=-e^{-t}\cos t+e^{-t}(-\sin t)$$

$$=-e^{-t}(\cos t+\sin t)$$

より，$dx=-e^{-t}(\cos t+\sin t)\,dt$.

x	$0\ \to\ 1$
t	$\frac{\pi}{2}\ \to\ 0$

$$\int_0^1 y\,dx$$

$$=\int_{\frac{\pi}{2}}^0 e^{-t}\sin t(-e^{-t})(\cos t+\sin t)\,dt$$

$$=\int_0^{\frac{\pi}{2}}e^{-2t}(\sin t\cos t+\sin^2 t)\,dt$$

$$=\int_0^{\frac{\pi}{2}}e^{-2t}\left(\frac{1}{2}\sin 2t+\frac{1-\cos 2t}{2}\right)dt$$

$$=\int_0^{\frac{\pi}{2}}\frac{1}{2}e^{-2t}\,dt+\int_0^{\frac{\pi}{2}}\frac{1}{2}e^{-2t}\sin 2t\,dt$$

$$-\int_0^{\frac{\pi}{2}}\frac{1}{2}e^{-2t}\cos 2t\,dt$$

$$=\left[-\frac{1}{4}e^{-2t}\right]_0^{\frac{\pi}{2}}+\int_0^{\frac{\pi}{2}}\left(-\frac{1}{4}e^{-2t}\right)'\sin 2t\,dt$$

$$-\int_0^{\frac{\pi}{2}}\frac{1}{2}e^{-2t}\cos 2t\,dt$$

$$=\frac{1}{4}(1-e^{-\pi})+\left[-\frac{1}{4}e^{-2t}\sin 2t\right]_0^{\frac{\pi}{2}}$$

$$-\int_0^{\frac{\pi}{2}}\left(-\frac{1}{4}e^{-2t}\right)\cdot 2\cos 2t\,dt-\int_0^{\frac{\pi}{2}}\frac{1}{2}e^{-2t}\cos 2t\,dt$$

$$=\frac{1}{4}(1-e^{-\pi}).$$

［注］ $\int_0^{\frac{\pi}{2}} e^{-2t}\left(\frac{1}{2}\sin 2t+\frac{1-\cos 2t}{2}\right)dt$

$$=\int_0^{\frac{\pi}{2}}\left\{\frac{1}{2}e^{-2t}+\frac{1}{2}e^{-2t}\sin 2t-\frac{1}{2}e^{-2t}\cos 2t\right\}dt$$

$$=\left[-\frac{1}{4}e^{-2t}-\frac{1}{4}e^{-2t}\sin 2t\right]_0^{\frac{\pi}{2}}$$

$$=\frac{1}{4}(1-e^{-\pi}).$$

［注終り］

2. $\frac{dx}{dt}=\frac{1}{\cos^2 t}$ より，

$$dx=\frac{1}{\cos^2 t}dt.$$

x	$0 \to 1$
t	$0 \to \frac{\pi}{4}$

$\int_0^1 y\,dx$

$$=\int_0^{\frac{\pi}{4}}\{-\log(\cos t)\}\cdot\frac{1}{\cos^2 t}dt$$

$$=\int_0^{\frac{\pi}{4}}\{-\log(\cos t)\}(\tan t)'\,dt$$

$$=\Big[-\log(\cos t)\cdot\tan t\Big]_0^{\frac{\pi}{4}}-\int_0^{\frac{\pi}{4}}\frac{\sin t}{\cos t}\cdot\tan t\,dt$$

$$=-\log\frac{1}{\sqrt{2}}-\int_0^{\frac{\pi}{4}}\tan^2 t\,dt$$

$$=-\log 2^{-\frac{1}{2}}-\int_0^{\frac{\pi}{4}}\left(\frac{1}{\cos^2 t}-1\right)dt$$

$$=\frac{1}{2}\log 2-\Big[\tan t-t\Big]_0^{\frac{\pi}{4}}$$

$$=\frac{1}{2}\log 2-\left(1-\frac{\pi}{4}\right)$$

$$=\frac{1}{2}\log 2-1+\frac{\pi}{4}.$$

3. $\frac{dx}{dt}=1+\frac{1}{e}e^{\frac{t}{e}}$ より，

$$dx=\left(1+\frac{1}{e}e^{\frac{t}{e}}\right)dt.$$

x	$1 \to 2e$
t	$0 \to e$

$\int_1^{2e} y\,dx$

$$=\int_0^e\left(-t+e^{\frac{t}{e}}\right)\left(1+\frac{1}{e}e^{\frac{t}{e}}\right)dt$$

$$=\int_0^e\left\{-t+\left(1-\frac{t}{e}\right)e^{\frac{t}{e}}+\frac{1}{e}e^{\frac{2}{e}t}\right\}dt$$

$$=\left[-\frac{t^2}{2}+\frac{1}{2}e^{\frac{2}{e}t}\right]_0^e+\int_0^e\left(1-\frac{t}{e}\right)\left(e\cdot e^{\frac{t}{e}}\right)'dt$$

$$=-\frac{e^2}{2}+\frac{e^2}{2}-\frac{1}{2}+\left[\left(1-\frac{t}{e}\right)e\cdot e^{\frac{t}{e}}\right]_0^e-\int_0^e\left(-\frac{1}{e}\right)e\cdot e^{\frac{t}{e}}dt$$

$$=-\frac{1}{2}-e+\Big[e\cdot e^{\frac{t}{e}}\Big]_0^e$$

$$=-\frac{1}{2}-e+e^2-e$$

$$=e^2-2e-\frac{1}{2}.$$

4. $\frac{dx}{dt}=2(\sin t+t\cos t)$ より，

$$dx=2(\sin t+t\cos t)\,dt.$$

x	$0 \to \pi$
t	$0 \to \frac{\pi}{2}$

$\int_0^{\pi} y\,dx$

$$=\int_0^{\frac{\pi}{2}}2(\sin t-t\cos t)\cdot 2(\sin t+t\cos t)\,dt$$

$$=\int_0^{\frac{\pi}{2}}4(\sin^2 t-t^2\cos^2 t)\,dt$$

$$=\int_0^{\frac{\pi}{2}}4\left(\frac{1-\cos 2t}{2}-t^2\cdot\frac{1+\cos 2t}{2}\right)dt$$

$$=\int_0^{\frac{\pi}{2}}2(1-\cos 2t-t^2)\,dt-\int_0^{\frac{\pi}{2}}2t^2\cos 2t\,dt$$

$$=2\left[t-\frac{1}{2}\sin 2t-\frac{t^3}{3}\right]_0^{\frac{\pi}{2}}-\int_0^{\frac{\pi}{2}}t^2(\sin 2t)'\,dt$$

$$=2\left(\frac{\pi}{2}-\frac{\pi^3}{24}\right)-\left\{\Big[t^2\sin 2t\Big]_0^{\frac{\pi}{2}}-\int_0^{\frac{\pi}{2}}2t\sin 2t\,dt\right\}$$

$$=\pi-\frac{\pi^3}{12}+\int_0^{\frac{\pi}{2}}t(-\cos 2t)'\,dt$$

$$=\pi-\frac{\pi^3}{12}+\Big[t(-\cos 2t)\Big]_0^{\frac{\pi}{2}}-\int_0^{\frac{\pi}{2}}(-\cos 2t)\,dt$$

$$=\pi-\frac{\pi^3}{12}+\frac{\pi}{2}+\left[\frac{1}{2}\sin 2t\right]_0^{\frac{\pi}{2}}$$

$$=\frac{3}{2}\pi-\frac{\pi^3}{12}.$$

5. $\frac{dy}{dt}=-2(1-t)$ より，

$$dy=2(t-1)\,dt.$$

y	$0 \to 1$
t	$1 \to 0$

$\int_0^1 x^2\,dy$

$$=\int_1^0 \sin^2 2t\cdot 2(t-1)\,dt$$
$$=\int_1^0 (1-\cos 4t)(t-1)\,dt$$
$$=\int_1^0 (t-1)\,dt-\int_1^0 (t-1)\left(\frac{1}{4}\sin 4t\right)'dt$$
$$=\left[\frac{1}{2}(t-1)^2\right]_1^0-\left\{\left[(t-1)\cdot\frac{1}{4}\sin 4t\right]_1^0-\int_1^0\frac{1}{4}\sin 4t\,dt\right\}$$
$$=\frac{1}{2}+\left[-\frac{1}{16}\cos 4t\right]_1^0$$
$$=\frac{1}{2}-\frac{1}{16}+\frac{1}{16}\cos 4$$
$$=\frac{1}{16}(\cos 4+7).$$

積分 30（部分積分（漸化式））

1. $$I_n=\int_0^{\frac{\pi}{2}}\sin^{n-1}x(-\cos x)'\,dx$$
$$=\left[\sin^{n-1}x(-\cos x)\right]_0^{\frac{\pi}{2}}-\int_0^{\frac{\pi}{2}}(n-1)\sin^{n-2}x\cos x(-\cos x)\,dx$$
$$=(n-1)\int_0^{\frac{\pi}{2}}\sin^{n-2}x(1-\sin^2 x)\,dx$$
$$=(n-1)(I_{n-2}-I_n).$$
$$nI_n=(n-1)I_{n-2}.$$
$$I_n=\frac{n-1}{n}I_{n-2}.$$

2. $$I_{n+1}=\int_0^1 x^{n+1}(e^x)'\,dx$$
$$=\left[x^{n+1}e^x\right]_0^1-\int_0^1(n+1)x^n e^x\,dx$$
$$=e-(n+1)I_n.$$

3. $$I_{n+1}=\int_1^e (x)'(\log x)^{n+1}\,dx$$
$$=\left[x(\log x)^{n+1}\right]_1^e-\int_1^e x(n+1)(\log x)^n\frac{1}{x}\,dx$$
$$=e-(n+1)I_n.$$

4. $$I(m,\ n)$$
$$=\int_\alpha^\beta\left\{\frac{1}{m+1}(x-\alpha)^{m+1}\right\}'(\beta-x)^n\,dx$$
$$=\left[\frac{1}{m+1}(x-\alpha)^{m+1}(\beta-x)^n\right]_\alpha^\beta-\int_\alpha^\beta\frac{1}{m+1}(x-\alpha)^{m+1}n(\beta-x)^{n-1}(-1)\,dx$$
$$=\frac{n}{m+1}I(m+1,\ n-1).$$

5. $$a_n=\int_0^1 x^{n-1}\cdot x\sqrt{1-x^2}\,dx$$
$$=\int_0^1 x^{n-1}\left\{-\frac{1}{3}(1-x^2)^{\frac{3}{2}}\right\}'dx$$
$$=\left[x^{n-1}\left\{-\frac{1}{3}(1-x^2)^{\frac{3}{2}}\right\}\right]_0^1-\int_0^1(n-1)\cdot x^{n-2}\left\{-\frac{1}{3}(1-x^2)^{\frac{3}{2}}\right\}dx$$
$$=\frac{n-1}{3}\int_0^1 x^{n-2}(1-x^2)\sqrt{1-x^2}\,dx$$
$$=\frac{n-1}{3}\left(\int_0^1 x^{n-2}\sqrt{1-x^2}\,dx-\int_0^1 x^n\sqrt{1-x^2}\,dx\right)$$
$$=\frac{n-1}{3}(a_{n-2}-a_n).$$
$$3a_n=(n-1)(a_{n-2}-a_n).$$
$$(n+2)a_n=(n-1)a_{n-2}.$$
$$a_n=\frac{n-1}{n+2}a_{n-2}.$$

［注］ $x=\sin\theta\left(-\frac{\pi}{2}\leqq\theta\leqq\frac{\pi}{2}\right)$ とおくと，

$$x^n\sqrt{1-x^2}=\sin^n\theta\sqrt{1-\sin^2\theta}=\sin^n\theta\sqrt{\cos^2\theta}=\sin^n\theta\cos\theta.$$

$dx=\cos\theta\,d\theta.$

x	$0\to 1$
θ	$0\to\frac{\pi}{2}$

$$(\text{与式})=\int_0^{\frac{\pi}{2}}\sin^n\theta\cos^2\theta\,d\theta$$
$$=\int_0^{\frac{\pi}{2}}\sin^n\theta(1-\sin^2\theta)\,d\theta$$
$$=\int_0^{\frac{\pi}{2}}\sin^n\theta\,d\theta-\int_0^{\frac{\pi}{2}}\sin^{n+2}\theta\,d\theta.$$

演習1の結果を用いると，

$$a_n=I_n-I_{n+2}$$

$$= I_n - \frac{n+1}{n+2} I_n$$

$$= \frac{1}{n+2} I_n.$$

$$I_n = (n+2) a_n.$$

$I_n = \dfrac{n-1}{n} I_{n-2}$ より，

$$(n+2) a_n = \frac{n-1}{n} \cdot n a_{n-2}.$$

よって，

$$a_n = \frac{n-1}{n+2} a_{n-2}.$$

［注終り］

積分 31（微分）

1. $f'(x) = \dfrac{x}{x^2+1}.$

2. $f'(x) = (x+1) e^{-|x+1|} - x e^{-|x|}.$

3. $f'(x) = 2x^2 e^{-2x^2} \cdot 4x - x e^{-x}$
$\qquad = 8x^3 e^{-2x^2} - x e^{-x}.$

4. $f(x) = \displaystyle\int_0^x (x^2 - 2xt + t^2) \sin t\, dt$

$$= x^2 \int_0^x \sin t\, dt - 2x \int_0^x t \sin t\, dt + \int_0^x t^2 \sin t\, dt.$$

$$f'(x) = 2x \int_0^x \sin t\, dt + x^2 \sin x - 2\int_0^x t \sin t\, dt - 2x \cdot x \sin x + x^2 \sin x$$

$$= 2x \int_0^x \sin t\, dt - 2\int_0^x t \sin t\, dt$$

$$= 2x \Big[-\cos t \Big]_0^x - 2\int_0^x t(-\cos t)'\, dt$$

$$= 2x(1-\cos x) - 2\left\{ \Big[t(-\cos t) \Big]_0^x - \int_0^x (-\cos t)\, dt \right\}$$

$$= 2x(1-\cos x) + 2x\cos x - 2\Big[\sin t \Big]_0^x$$

$$= 2x - 2\sin x.$$

5. $e^t = x$ より，$t = \log x.$

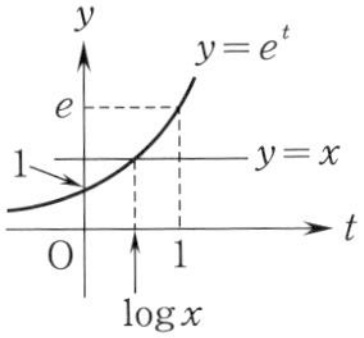

$$f(x) = \int_0^{\log x} |e^t - x|\, dt + \int_{\log x}^1 |e^t - x|\, dt$$

$$= \int_0^{\log x} (-e^t + x)\, dt + \int_{\log x}^1 (e^t - x)\, dt$$

$$= -\int_0^{\log x} e^t\, dt + \Big[xt \Big]_0^{\log x} - \int_1^{\log x} e^t\, dt - \Big[xt \Big]_{\log x}^1$$

$$= -\int_0^{\log x} e^t\, dt + x\log x - \int_1^{\log x} e^t\, dt - x(1-\log x)$$

$$f'(x) = -e^{\log x} \cdot \frac{1}{x} + \log x + x \cdot \frac{1}{x} - e^{\log x} \cdot \frac{1}{x} - (1-\log x) - x \cdot \left(-\frac{1}{x} \right)$$

$$= -1 + \log x + 1 - 1 - 1 + \log x + 1$$

$$= 2\log x - 1.$$

第7講 区分求積法

積分 32（区分求積）

1. $$(\text{与式})=\lim_{n\to\infty}\frac{1}{n}\sum_{k=1}^{n}\frac{\frac{k}{n}}{1+\left(\frac{k}{n}\right)^2}$$

$$=\int_0^1\frac{x}{1+x^2}\,dx$$

$$=\left[\frac{1}{2}\log(1+x^2)\right]_0^1=\frac{1}{2}\log 2.$$

2. $$(\text{与式})=\lim_{n\to\infty}\frac{1}{n}\sum_{k=1}^{n}\frac{1}{\left(\frac{k}{n}\right)^2+3}$$

$$=\int_0^1\frac{1}{x^2+3}\,dx.$$

$x=\sqrt{3}\tan\theta\ \left(-\frac{\pi}{2}<\theta<\frac{\pi}{2}\right)$ とおくと，

$$dx=\frac{\sqrt{3}}{\cos^2\theta}\,d\theta$$
$$=\sqrt{3}\,(1+\tan^2\theta)\,d\theta.$$

x	$0\ \to\ 1$
θ	$0\ \to\ \frac{\pi}{6}$

$$(\text{与式})=\int_0^{\frac{\pi}{6}}\frac{1}{3(1+\tan^2\theta)}\cdot\sqrt{3}\,(1+\tan^2\theta)\,d\theta$$

$$=\int_0^{\frac{\pi}{6}}\frac{\sqrt{3}}{3}\,d\theta=\frac{\sqrt{3}}{18}\pi.$$

3. $$(\text{与式})=\lim_{n\to\infty}\frac{\pi}{n}\sum_{k=1}^{n}\left(\sin\frac{k}{n}\pi\right)^3$$

$$=\int_0^1\pi(\sin\pi x)^3\,dx$$

$$=\int_0^1\pi\sin^2\pi x\cdot\sin\pi x\,dx$$

$$=\int_0^1\pi(1-\cos^2\pi x)\sin\pi x\,dx.$$

$\cos\pi x=t$ とおくと，
$-\pi\sin\pi x\,dx=dt.$

x	$0\ \to\ 1$
t	$1\ \to\ -1$

$$(\text{与式})=\int_1^{-1}(1-t^2)(-\,dt)$$

$$=\int_{-1}^1(1-t^2)\,dt$$

$$=2\int_0^1(1-t^2)\,dt$$

$$=2\left[t-\frac{t^3}{3}\right]_0^1$$

$$=\frac{4}{3}.$$

［**注**］ $$(\text{与式})=\int_0^{\pi}(\sin\theta)^3\,d\theta$$

$$=\int_0^{\pi}\sin^2\theta\cdot\sin\theta\,d\theta$$

$$=\int_0^{\pi}(1-\cos^2\theta)\sin\theta\,d\theta$$

$$=\int_0^{\pi}(\sin\theta-\cos^2\theta\sin\theta)\,d\theta$$

$$=\left[-\cos\theta+\frac{1}{3}\cos^3\theta\right]_0^{\pi}$$

$$=\frac{2}{3}-\left(-\frac{2}{3}\right)$$

$$=\frac{4}{3}.$$

［注終り］

4. $$(\text{与式})=\lim_{n\to\infty}\frac{1}{n}\sum_{k=1}^{n}\frac{1}{\left(2+\frac{k}{n}\right)^2}\log\left(1+\frac{2k}{n}\right)$$

$$=\int_0^1\frac{1}{(2+x)^2}\log(1+2x)\,dx$$

$$=\int_0^1\left(-\frac{1}{2+x}\right)'\log(1+2x)\,dx$$

$$=\left[-\frac{1}{2+x}\log(1+2x)\right]_0^1-\int_0^1\left(-\frac{1}{2+x}\right)\frac{2}{1+2x}\,dx$$

$$=-\frac{1}{3}\log 3+\int_0^1\frac{2}{3}\left(\frac{2}{1+2x}-\frac{1}{2+x}\right)dx$$

$$=-\frac{1}{3}\log 3+\frac{2}{3}\Big[\log(1+2x)-\log(2+x)\Big]_0^1$$

$$=-\frac{1}{3}\log 3+\frac{2}{3}\log 2=\frac{1}{3}\log\frac{4}{3}.$$

5. $(\text{与式})=\lim_{n\to\infty}\sum_{k=1}^{n}\frac{n+2k}{n^2+k^2}$

$$=\lim_{n\to\infty}\frac{1}{n}\sum_{k=1}^{n}\frac{1+2\cdot\frac{k}{n}}{1+\left(\frac{k}{n}\right)^2}$$

$$=\int_0^1\frac{1+2x}{1+x^2}\,dx$$

$$=\int_0^1\frac{1}{1+x^2}\,dx+\int_0^1\frac{2x}{1+x^2}\,dx.$$

$x=\tan\theta\ \left(-\frac{\pi}{2}<\theta<\frac{\pi}{2}\right)$ とおくと，

$$dx=\frac{1}{\cos^2\theta}\,d\theta$$
$$=(1+\tan^2\theta)\,d\theta.$$

x	$0\to1$
θ	$0\to\frac{\pi}{4}$

$$\int_0^1\frac{1}{1+x^2}\,dx=\int_0^{\frac{\pi}{4}}d\theta=\frac{\pi}{4}.$$

また，

$$\int_0^1\frac{2x}{1+x^2}\,dx=\Big[\log(1+x^2)\Big]_0^1=\log 2.$$

よって，

$$(\text{与式})=\frac{\pi}{4}+\log 2.$$

積分 33（区分求積）

1. $\sum_{k=1}^{n}\left(\frac{1}{2k-1}-\frac{1}{2k}\right)$

$$=\left(1-\frac{1}{2}\right)+\left(\frac{1}{3}-\frac{1}{4}\right)+\cdots+\left(\frac{1}{2n-1}-\frac{1}{2n}\right)$$

$$=1+\frac{1}{2}+\frac{1}{3}+\cdots+\frac{1}{2n-1}+\frac{1}{2n}-2\left(\frac{1}{2}+\frac{1}{4}+\cdots+\frac{1}{2n}\right)$$

$$=1+\frac{1}{2}+\frac{1}{3}+\cdots+\frac{1}{2n-1}+\frac{1}{2n}-\left(1+\frac{1}{2}+\cdots+\frac{1}{n}\right)$$

$$=\frac{1}{n+1}+\cdots+\frac{1}{n+n}$$

$$=\sum_{k=1}^{n}\frac{1}{n+k}$$

$$=\frac{1}{n}\sum_{k=1}^{n}\frac{1}{1+\frac{k}{n}}.$$

$$(\text{与式})=\lim_{n\to\infty}\frac{1}{n}\sum_{k=1}^{n}\frac{1}{1+\frac{k}{n}}$$

$$=\int_0^1\frac{1}{1+x}\,dx=\Big[\log(1+x)\Big]_0^1$$

$$=\log 2.$$

2. $(\text{与式})=\lim_{n\to\infty}\left\{\frac{1}{n+1}+\frac{1}{n+2}+\frac{1}{n+3}+\frac{1}{n+4}\right.$

$$\left.+\cdots+\frac{1}{n+2n}-\left(\frac{1}{n+2}+\frac{1}{n+4}+\cdots+\frac{1}{n+2n}\right)\right\}$$

$$=\lim_{n\to\infty}\left(\sum_{k=1}^{2n}\frac{1}{n+k}-\sum_{k=1}^{n}\frac{1}{n+2k}\right)$$

$$=\lim_{n\to\infty}\left(\frac{1}{2n}\sum_{k=1}^{2n}\frac{1}{\frac{1}{2}+\frac{k}{2n}}-\frac{1}{n}\sum_{k=1}^{n}\frac{1}{1+2\cdot\frac{k}{n}}\right)$$

$$=\int_0^1\frac{1}{\frac{1}{2}+x}\,dx-\int_0^1\frac{1}{1+2x}\,dx$$

$$=\int_0^1\frac{1}{1+2x}\,dx$$

$$=\left[\frac{1}{2}\log(1+2x)\right]_0^1$$

$$=\frac{1}{2}\log 3.$$

［注］ $(\text{与式})=\lim_{n\to\infty}\sum_{k=1}^{n}\frac{1}{n+(2k-1)}$

$$=\lim_{n\to\infty}\frac{1}{n}\sum_{k=1}^{n}\frac{1}{1+\frac{2k-1}{n}}$$

$$=\lim_{n\to\infty}\frac{1}{n}\sum_{k=1}^{n}\frac{1}{1+2\cdot\frac{k-\frac{1}{2}}{n}}$$

$$=\int_0^1\frac{1}{1+2x}\,dx$$

$$=\left[\frac{1}{2}\log(1+2x)\right]_0^1$$

$$=\frac{1}{2}\log 3.$$

［注終り］

3. $(\text{与式})=\lim_{n\to\infty}\sum_{k=1}^{n}(-2)\sin\frac{k}{n}x\sin\frac{x}{2n}$

$$=\lim_{n\to\infty}(-2)\sin\frac{x}{2n}\sum_{k=1}^{n}\sin\frac{k}{n}x$$

$$=\lim_{n\to\infty}(-x)\frac{\sin\frac{x}{2n}}{\frac{x}{2n}}\frac{1}{n}\sum_{k=1}^{n}\sin\frac{k}{n}x$$

$$=-x\int_0^1\sin xt\,dt$$

$$=\Big[\cos xt\Big]_0^1$$

$$=\cos x-1.$$

4. $a_n=\dfrac{1}{n}\sqrt[n]{(n+1)(n+2)\cdots(n+n)}$ とおくと，

$$a_n=\left\{\left(\frac{1}{n}\right)^n(n+1)(n+2)\cdots(n+n)\right\}^{\frac{1}{n}}$$

$$=\left\{\left(1+\frac{1}{n}\right)\left(1+\frac{2}{n}\right)\cdots\left(1+\frac{n}{n}\right)\right\}^{\frac{1}{n}}.$$

$$\log a_n=\frac{1}{n}\log\left\{\left(1+\frac{1}{n}\right)\left(1+\frac{2}{n}\right)\cdots\left(1+\frac{n}{n}\right)\right\}$$

$$=\frac{1}{n}\sum_{k=1}^{n}\log\left(1+\frac{k}{n}\right).$$

$\displaystyle\lim_{n\to\infty}\log a_n$

$$=\int_0^1\log(1+x)\,dx$$

$$=\int_0^1(1+x)'\log(1+x)\,dx$$

$$=\Big[(1+x)\log(1+x)\Big]_0^1-\int_0^1(1+x)\frac{1}{1+x}\,dx$$

$$=2\log2-\int_0^1dx$$

$$=2\log2-1$$

$$=\log\frac{4}{e}.$$

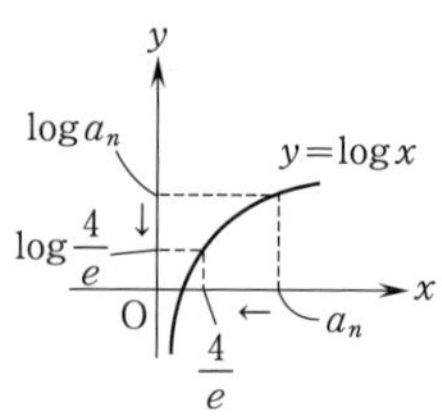

よって，

$$(\text{与式})=\lim_{n\to\infty}a_n$$

$$=\frac{4}{e}.$$

5. $a_n=\left(\dfrac{{}_{3n}\mathrm{C}_n}{{}_{2n}\mathrm{C}_n}\right)^{\frac{1}{n}}$ とおくと，

$$a_n=\left\{\frac{(3n)!}{n!(2n)!}\cdot\frac{n!n!}{(2n)!}\right\}^{\frac{1}{n}}$$

$$=\left\{\frac{3n(3n-1)\cdots(2n+1)}{2n(2n-1)\cdots(n+1)}\right\}^{\frac{1}{n}}$$

$$=\left\{\frac{(2n+1)(2n+2)\cdots(2n+n)}{(n+1)(n+2)\cdots(n+n)}\right\}^{\frac{1}{n}}$$

$$=\frac{\left\{\left(2+\frac{1}{n}\right)\left(2+\frac{2}{n}\right)\cdots\left(2+\frac{n}{n}\right)\right\}^{\frac{1}{n}}}{\left\{\left(1+\frac{1}{n}\right)\left(1+\frac{2}{n}\right)\cdots\left(1+\frac{n}{n}\right)\right\}^{\frac{1}{n}}}.$$

$\log a_n$

$$=\log\left\{\left(2+\frac{1}{n}\right)\left(2+\frac{2}{n}\right)\cdots\left(2+\frac{n}{n}\right)\right\}^{\frac{1}{n}}$$

$$-\log\left\{\left(1+\frac{1}{n}\right)\left(1+\frac{2}{n}\right)\cdots\left(1+\frac{n}{n}\right)\right\}^{\frac{1}{n}}$$

$$=\frac{1}{n}\sum_{k=1}^{n}\log\left(2+\frac{k}{n}\right)-\frac{1}{n}\sum_{k=1}^{n}\log\left(1+\frac{k}{n}\right).$$

$\displaystyle\lim_{n\to\infty}\log a_n$

$$=\int_0^1\log(2+x)\,dx-\int_0^1\log(1+x)\,dx.$$

$\displaystyle\int_0^1\log(2+x)\,dx$

$$=\int_0^1(2+x)'\log(2+x)\,dx$$

$$=\Big[(2+x)\log(2+x)\Big]_0^1-\int_0^1(2+x)\cdot\frac{1}{2+x}\,dx$$

$$=3\log3-2\log2-1$$

$$=\log\frac{27}{4e}.$$

$\displaystyle\int_0^1\log(1+x)\,dx$

$$=\int_0^1(1+x)'\log(1+x)\,dx$$

$$=\Big[(1+x)\log(1+x)\Big]_0^1-\int_0^1(1+x)\cdot\frac{1}{1+x}\,dx$$

$$=2\log2-1$$

$$=\log\frac{4}{e}.$$

$$\lim_{n\to\infty}\log a_n=\log\frac{27}{4e}-\log\frac{4}{e}$$

$$=\log\frac{27}{16}.$$

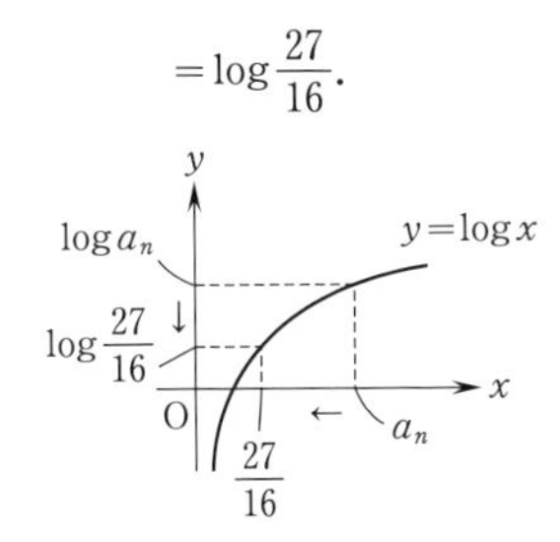

よって,

$$(\text{与式})=\lim_{n\to\infty}a_n$$

$$=\frac{27}{16}.$$

24810